CHER

N

車諾比的聲音

來自二十世紀最大災難的見證

斯維拉娜・亞歷塞維奇◎著　陳志豪◎譯　林龍吟◎攝影／文字

Чернобыльская молитва. Хроника будущего

BYL

Алексиевич Святлана Аляксандраўна

II 作家與作品 30　　ISBN 978-986-262-327-5

車諾比的聲音：來自二十世紀最大災難的見證（首次完整俄文直譯，台灣版特別收錄核災30周年紀實攝影）

作　　者　斯維拉娜．亞歷塞維奇
譯　　者　陳志豪
攝影文字　林龍吟（〈車諾比影像敘事二〇一四〉）
選書責編　張瑞芳
協力編輯　李鳳珠、王上豪
校　　對　魏秋綢、張瑞芳
版面構成　吳海妘
封面設計　林宜賢
總 編 輯　謝宜英
行銷業務　鄭詠文、陳昱甄
出 版 者　貓頭鷹出版
發 行 人　涂玉雲
發　　行　英屬蓋曼群島商家庭傳媒股份有限公司城邦分公司
　　　　　104 台北市中山區民生東路二段 141 號 11 樓
　　　　　劃撥帳號：19863813；戶名：書虫股份有限公司
城邦讀書花園：www.cite.com.tw　購書服務信箱：service@readingclub.com.tw
24 小時傳真專線：02-25001990 ～ 1
香港發行所　城邦（香港）出版集團／電話：852-25086231 ／傳真：852-25789337
馬新發行所　城邦（馬新）出版集團／電話：603-90563833 ／傳真：603-90562833
印 製 廠　中原造像股份有限公司
初　　版　2018 年 6 月　四刷 2021 年 6 月

定　　價　新台幣 640 元／港幣 213 元

歡迎上網訂購；
【大量採購　請洽專線】02-2500-1919
讀者意見信箱　owl@cph.com.tw
貓頭鷹知識網　http://www.owls.tw

城邦讀書花園
www.cite.com.tw

國家圖書館出版品預行編目資料

車諾比的聲音：來自二十世紀最大災難的見證 / 斯維拉娜.亞歷塞維奇著；林龍吟攝影；陳志豪譯. -- 第1版. -- 臺北市：貓頭鷹出版：家庭傳媒城邦分公司發行, 2018.06
　面；　公分. -- (作家與作品 ; 30)
ISBN 978-986-262-327-5(平裝)

1.核子事故 2.訪談 3.俄國

449.8448　　107007347

一九九〇年代白俄羅斯及周邊

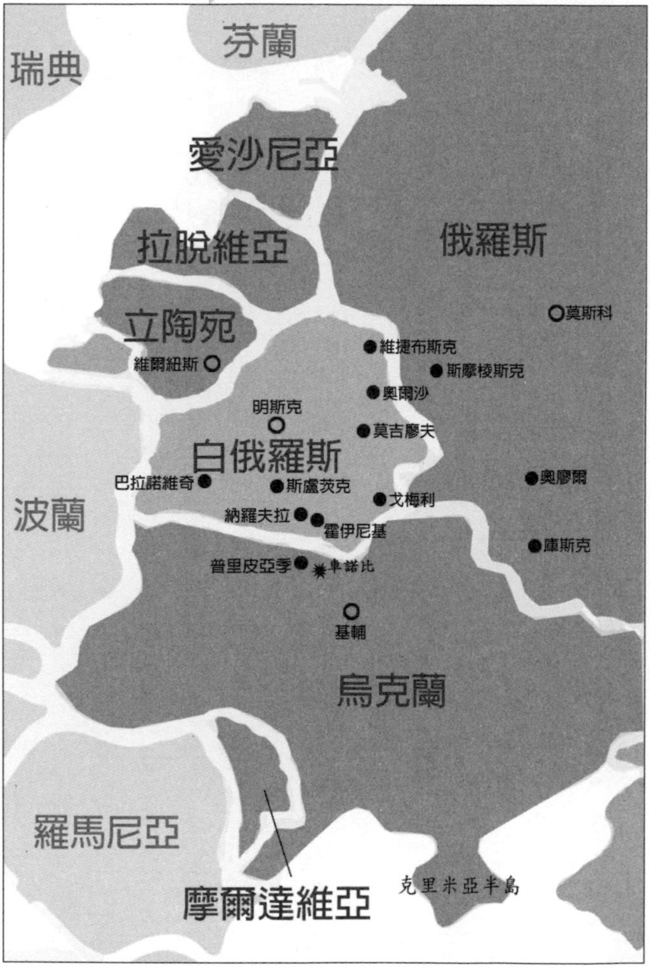

編輯室報告

車諾比的「聲」與「影」

車諾比三個字，在台灣人的耳裡並不陌生。它是核災的代名詞，但鮮少有人真正知曉車諾比位於何處。不過，本書的主角，依然不是核災本身，而是核災之後的世界。這場「災難」從各種意義上都為人類帶來了影響，不論是「輻射汙染」或對核能抱持的態度立場。借用亞歷塞維奇的話，我們一不小心就很容易陷入恐懼的窠臼。

何況遠離恐懼不會促其消失。作為體制下的犧牲者，車諾比事件對蘇聯人猶如投下了原子彈般的震撼，使他們在極端的變異中，質疑原本認知的世界。本書中，透過多人口述，我們聽見不同聲音，也因而能由此思索人與科技、自然、政治的關係，以及人類的本質為何。

本書原出版於一九九七年，期間歷經多次增修，作者在新版裡增加一篇出版十年後的自我訪談，且在書末收錄了二〇〇五年車諾比旅行風潮的一則新聞。這使我們想去了解，在原著完成後的那個世界，變成了何種模樣？在二〇一八年的台灣版裡，貓頭鷹與林導演合作，收錄他四年前前往白俄羅斯拍攝的作品。在這個分化／多樣的時代，從這些文字與圖像之中，讓我們一同尋找屬於自己的價值與判斷。

體例說明：

1. 本書共分三章，每章收錄數篇人物獨白。多為一人獨白，偶爾有兩人或三人的回憶敘述。各章末最後一篇「大合唱」均為眾人輪流發言，為你一言我一語的情境。為了呈現這些不同情況，在多人同時出場的篇章，用引號來表現同一個人的講述內容，有時僅是一句話，有時則是連續數段敘述都含括在同一組引號之間，表均為同一人所言。
2. 除訪談內容外，在採訪文字前後或之間，偶有作者的觀察，以括弧內楷體字呈現。
3. 部分標題旁寫有楷體字，表敘述者或是採訪地點資訊。

好評推薦

一九八六年四月二十八日發生的車諾比核災，是人類史上重大的人禍之一。不僅是事件的發生與現場處理是個錯誤，舉報這場核災，是因輻射汙染已經空飄到鄰近國家，因為這些國家的舉發，才讓世人知道災難的發生，然而在這段時間，核災區中已有許多無知的救災者與附近居民，嚴重地感染輻射，但政府當局與醫療單位卻愚蠢地隱瞞，導致連核災爆發後的事後處置，更是難以估算的災難。作者亞歷塞維奇透過訪談記錄，就是要據實呈現這場荒謬的人禍。或許我們可以「樂觀」地說：戈巴契夫就是因為車諾比核災，看透蘇聯共產黨的顢頇無能，決意徹底進行政治改革，才有今日東歐與蘇聯共黨瓦解的歷史巨變。同樣地，我們也可從閱讀亞歷塞維奇所出版的一連串口述記錄，細數俄羅斯民族中的芸芸眾生從二戰以來到二十一世紀初的血淚心聲，當我們仔細拜讀她的作品後，若聽到媒體慣用「戰鬥民族」來稱呼俄羅斯民族時，體貼的讀者們應該能深刻感受到支撐強悍性格背後的無情創傷，是如何病態地扭曲人性，讓一個民族的心靈習慣於「戰鬥」。

——莊德仁／北市建國中學歷史教師、台灣師範大學歷史所博士一九七五年某夜，我一口氣讀完柏楊的《異域》，邊讀邊掉淚，閱畢馬上點燃三炷香祭拜該書；亞歷塞維奇的《車諾比的音聲》看沒幾頁，我直想焚身致哀！

這根本不是一本書，它超越了文字符號所能傳達或負荷的內涵，它癱瘓了歷史的悲劇、悲劇的歷史；不是死過幾百次的人是寫不出來的，也可以讓稍過敏的人死了幾百次！最重要的是，作者不是為了報導或文學而寫作，而是對科技與人性進行史無前例的超級控訴，顛覆了人類一切的成就；作者也改寫了「愛」的意象。

我接到文字稿迄今，焦慮、恐懼、痛苦不堪。出版社要我寫推薦短文，我卻一個字也不敢引用。我有個夢，我要向上帝與撒旦募資，請出版社印製二千三百萬冊，恭贈給每一個台灣人放在枕頭下，不久的將來，台灣成為世界盡頭的救贖！

——陳玉峯／成功大學台灣文學系教授兼系所主任

幾乎含著老淚讀完此書，讓我想起中國古傳的幾句名言：「讀出師表不墮淚者，其人必不忠。讀陳情表不墮淚者，其人必不孝。讀祭十二郎文不墮淚者，其人必不慈。」

我念核子工程，一生的黃金歲月都在與核共舞，我很清楚核電的風險在那裡，也親耳聽到掌管核電官員說的另一句名言：「我們也只不過是吃一口飯而已。」這是多麼可怕的事。

這本書的發行除了提醒廣大社會大眾核災的可怕之外，政府中掌管核電安全的官員們，更應仔細的閱讀，好好的反省，核災離我們是多麼的近。

在此向上蒼祈禱：「願在天上的神明，在二〇二五年非核家園日來到之前，確保我們幾座核電廠的安全，都能夠安全下崗。願神明讓我們的子子孫孫不要永遠面臨核廢無處可去的窘境。請祢賜給掌管核電的官員智慧，能讓全民免於凶惡。我們不希望看到在未來的歲月裡，有人也寫了這麼一本描述台灣核災的書。在此祈求天佑台灣。」

——賀立維／退休教授，美國愛荷華州立大學核子工程博士

一九八六年的車諾比核災，是人類使用核電史上最慘痛的教訓，沒有之一。滿目瘡痍的廢墟、禁忌的輻射陰影、百萬人死於癌症……恭喜你，完全相信了後人為了利益而製造的「風評被害」。

《車諾比的聲音》是二十世紀的經典之作，也讓作者斯維拉娜・亞歷塞維奇拿下二〇一五年的諾貝爾文學獎。她記錄了多位當事人的口述歷史，在那個科學真相未被揭露的年代，此書儼然成為反核運動的聖經。

車諾比核電廠是為了軍事用途而建造，其物理設計與西方的輕水式反應爐完全不同，甚至連圍阻體都沒有。當時為了進行實驗，嚴重違反操作程序，才釀成了核子事故。

台灣反核運動的起源，正是在車諾比核災的隔年，由甫成立的台灣環境保護聯盟推動。民主進步黨在草創初期，也深受反核運動影響，將非核家園作為行動綱領持續至今。

然而鮮有人知道，車諾比核電廠在事故之後仍然繼續運轉，直到二〇〇〇年才關閉。被撤

離的普里皮亞季鎮居民之中，有一些人無法忍受外界對他們的歧視，悄悄回到禁區內定居，那裡也成為野生動物的天堂。

根據WHO、UNSCEAR、IAEA等各國際組織的調查報告，車諾比核災的輻射外洩，確實造成了數十人死亡，卻不是數十萬人。並列最嚴重核子事故的三浬島核災和福島核災，則沒有人因輻射而死亡或罹癌。這些都是一般人難以想像的真實，因為與反核人士告訴大家的完全相反。

在二十一世紀的今天，貓頭鷹出版社重新出版此書，有其特殊的意義。讓我們細讀作者採訪當事人的紀錄，體會那個年代的人們對於核災的詮釋，「風評被害」讓他們一輩子活在恐懼的陰影之下，甚至影響了後世許多國家的能源政策。

這才是車諾比核災作為一個時代悲劇，帶給我們的真正教訓。

——黃士修／核能流言終結者創辦人

延續著二戰時對核彈的憂慮，車諾比事故無疑將人們對核能的恐懼推至最高峰；從事發當下前蘇聯刻意隱瞞的資訊，到現在關於災區眾口鑠金的恐怖謠言與變造影像，車諾比事故中爆炸的不僅是核電廠，而是仍瀰漫在民眾頭上、未見其半衰消滅的「風評被害」。三十多年後，我親自踏上這塊紛擾的土地，驚奇地發現蓬勃的自然生態，聽著仍居住災區的回歸者聊著當年的種種，也見證了科技如何以嶄新的面貌重新看照著當地，災難的故事依舊如同瞎子摸象的寓言，每個人都只觸摸到車諾比大象的一隅。回過頭來看，白俄羅斯是車諾比事故中至今獲得最少國際支援的國家，在獨裁政府刪減各項災民醫療福利的狀況下，人民更對政府與核能都徹底失去信任。作者藉由數百篇告白，重新勾勒出核災後那一張張驚惶的臉孔，以及無助的心情。這是屬於白俄羅斯人民的受難記憶。

——蔣雅郁／去過車諾比核電廠兩次但沒死的人

世界上大多數人從未經歷本書所言及的那種生離死別、傷痛、絕望、強制和剝奪、歧視與忽視。在這個意義上，這本書仍然如其原書副題所示，是一個「未來的故事」。

二〇一一年，福島第一核電廠事故發生後，很多日本人切身感到「未來」可能變成「現在（現實）」的那種恐怖，但福島幸運地免於完全重現車諾比的歷史，就這樣過了七年。如今，我們甚至打從心底相信，「這樣的『未來』不會到來」。

可是，無論在科學技術上，或是在社會機制上，人類還沒辦法把這些「未來」變成「過去」。所以，我們需要把這些看似超現實的真實紀錄當成「隨時可能變成『現在』的『未來』」，存在心中，時時思量，並傳給下一代。

——uedada／《絆：後311，日本社會關鍵詞》、《日本製造：日本廣告人的潮流觀察筆記》作者

■總導讀

亞歷塞維奇的口述紀實文學——聆觀世人的心聲與風塵

劉心華／政治大學斯拉夫語文學系教授

二〇一六年七月底，甫從波蘭返台，旅程中，實地訪視了其境內的奧斯威辛集中營，這是二戰期間德國納粹屠殺猶太人的發生地；令人真正感受到聆觀世間風塵的靜默與激盪，內心糾結，久久不能平息。

當代「新物質主義」談論到，物質或物件本身有著默默陳述它與人們生存活動之間相互關係的話語功能，譬如博物館所展出的文物正是呈現不同時代的文明內涵。奧斯威辛集中營所展現的遺留物，也正哭訴著當年被屠殺者悲慘命運的心聲，是那麼淒厲！是那麼悲鳴！當人們在現場看到一間間的陳列室——散落的鞋子、慌亂中丟棄的眼鏡……，立即在腦中浮現出當年他們是在怎麼樣的情境下被毒氣集體屠殺；另外，當人們再看到以死者頭髮做成的毯子，更可以了解他們在生死兩岸間的生命尊嚴是如何被踐踏的，真是慘絕人寰啊！這些遺留的物件真的會說話；它們正細述著物主在那個年代所承受的種種苦難。是怎樣的時空環境，又是怎樣的錯置，悲慘竟發生在他們的身上——他們的生命就這樣消失了，無聲無息，身體在極端的痛苦中、心靈在無助和驚恐的煎熬下，讓人熱淚盈眶；透過物件反映著當年的哀號，思想跨越時空的體會，喚起了人們對二戰這段歷史的傷痕記憶。

無論在歐洲、亞洲，甚至全世界，施暴者與被殘害者，是什麼樣的年代讓人類承受這樣的痛苦，甚至到了今天還牽扯著後代的子子孫孫。這也令人想起同時代承受相同苦難的中國人，還有發生在其他地區無數的痛苦靈魂。凡此種種都讓我想起一位白俄羅斯女作家斯維拉娜·亞歷塞維奇（Светлана А. Алексиевич）——二〇一五年諾貝爾文學獎得主。她的大部分作品描述著上個世紀的戰爭、政治、環境汙染等事件，帶給人類的迫害，陳述得那樣深刻、那麼令人感動。

斯維拉娜·亞歷塞維奇是一九四八年出生於烏克蘭斯坦利斯拉夫城的白俄羅斯人；出生後，舉家又遷回了白俄羅斯。一九七二年她畢業於國立白俄羅斯大學新聞系，前後在報社與雜誌社工作。一九九〇年起，因批判白俄羅斯的當權者，先後移居義大利、法國、德國等地。她的主要文學作品有：《戰爭沒有女人的臉》（原文直譯為：戰爭的面孔不是女人的，一九八五年出版）、《我還是想你，媽媽》（原文直譯為：最後的證人，一九八五年出版）、《鋅皮娃娃兵》（一九九一年出版）、《被死亡迷住的人》（一九九三年出版，目前已絕版）、《車諾比的聲音》（原文直譯為：車諾比的祈禱，一九九七年出版）、《二手時代》（二〇一三年出版）。

亞歷塞維奇的創作手法有別於傳統文本模式的文字敘述，也與一般的報導文學相異，而是透過現場訪談採取一種口述記錄的方式，呈現事件的真實感情。口述紀實文學是二十世紀後半葉發生於世界文壇的一種新文學體裁。它與電子科技的發展有密切的關係，譬如，錄音電子器材的廣泛運用，讓口述紀實文學的創作便捷可行。若與其他文學體裁相比，它最凸顯的特點在於作者本身放棄了敘述的話語權，將自己置身於受話者（聽眾）和記錄者的地位，但又維護了自己身為作者的身分。另外，這種創作，不像傳統文學，以「大敘事」為主，而是選擇「小人物」擔任敘事者，激發他們對事件的看法及觀點，抒發感情，讓眾聲喧譁，以致開放了作者／敘事者／讀者對故事或事件的對話空間，創造了多元共生的事件情境。

儘管口述紀實文學的文體尚未發展成熟，然而它具備了一些傳統文學所不及的特性：

一、作者在文本中的存在與缺席

口述紀實文學最突出的特點是作者於文本建構中所扮演的角色與發揮的功能。作者讓出了講述的發言權利，作為中立者隱身於文本之後，但是又成功地以引導訪談方向保有作者的地位。也就是說，一般的文學敘事，作者通常扮演著主要講述者的角色，無論講述自己的所見所聞，或是運用虛構人物講述事件，或是參與事件，或是隱身於事件之後，講述者終歸是作者。作者因此可藉此建立穩固的話語霸權。而在口述紀實文學中，作者處於受話者（receiver or listener）的地位，換句話說，作者已經不再是一般所認知的「作者」，他成了相關事件講述者的第一聽眾；他不再顯示自己的價值觀或偏好，對事件的人、事、物做直接的判斷或評論。然而，作者並非完全放棄自己的功能和身分，文本的總體構思仍掌握於作者本身；他雖然放棄講述者的地位，並不意味著他放棄了選擇、刪節與整合的功能和任務。因此，在口述紀實文學中，從讀者的閱讀和感覺來看，作者好像是缺席的，可是他又始終在場。

二、以多元的小人物為主角，並採取集結式整合的論述結構

大多數的口述紀實文學作品皆以「小人物」作為主角，以廣大、普遍、世俗的市民生活為主。作者面對所有人的是是非非只是真實記錄，而不隨意妄加判斷或褒貶；他將此權利保留給讀者。在眾多小人物從不同角度或途徑所呈現的表述中，真是名副其實的眾聲喧譁，對於事件常常表現出既矛盾又統一、既傳統又現代的面貌，其特色就是可以完整保留事件的「第一手文獻」。其實，從眾多小人物的言說中往往才能看到事件的真實性及完整性，也才能展示出當時背景的標本與足跡。

然而，從另一個角度來說，小人物畢竟是「人微言輕」，對事件的觀察或陳述過於表象，不夠深入；因此，口述內容也常出現陳述失衡的現象，這種現象就需由作者來調和。一般而言，大部分的口述紀實文學都不約而同採用了獨特的結構形式——集結式整合，亦即集合多數人的訪問稿，依事件的理路邏輯整合而成。讀者如果把一篇篇的個人訪問從整部作品中抽離出來，其陳述的內容就會顯得單薄而不具代表性與說服力。但是，一旦將它們納入整體，內容連貫起來，那麼每個單篇作品就會超越其原有的局限，從整體中獲得新的生命，共同結合成為一個有機的完整結構，呈現出深遠的意義和文學內涵。當然，為了使結構不分散，每部作品一定會環繞一個中心的話題發展，呈現出既向中心集中又如輻射般的放射結構。

三、採用作者與講述者之間直接對應方式的話語

一般的文學敘事，受話者即是讀者，是一個不確定的群體。因此，可以確定的是一種個體

（講述者）對群體（讀者）的單向對應話語。而口述紀實文學的講述者是受訪者，他雖是被採訪者的身分，卻是事件陳述的實際作者；在整個創作過程中，形式上，採訪者是次要身分出現，然而在受訪者與作者之間卻能夠形成一種直接而明確的個體對應關係，也只有在這種對應關係中才能產生真實、坦率、鮮活的話語，呈現著真相，吸引著讀者。

由於受到複雜社會關係和其他種種因素的限制，人在現實生活中的話語常常會加以偽裝，甚至於個人的自傳作品也不可信，往往最後呈現出來的是別人的他傳。因此，只有無直接利害關係的陌生人或事件的旁觀者，才可能講出真實的觀感。口述紀實文學中的作者（採訪者）與受訪者都是素不相識的陌生人，一般也不會繼續交往，因此，其間的個體對應話語成為最能坦露心扉、最真實的話語。

了解了口述紀實文學的特性後，接著我們回頭來探討白俄羅斯女作家亞歷塞維奇的文學作品；它是有關戰爭事件的口述紀實，這裡將進一步分析她的創作特色及其作品的價值。

亞歷塞維奇之所以會採用此種獨特的方式從事文學創作，主要是來自於童年的經驗。她曾如此描述這種經驗：「我們的男人都戰死了，女人工作了一整天之後，到了夜晚，便聚在一起彼此分享她們的心事。我從小就坐在旁邊靜靜聆聽，看著她們如何將痛苦說出來；這本身就是一種藝術。」除此之外，她的創作也深受亞當莫維奇（一九二七～一九九四）的影響，這位文學界前輩可以說是其寫作生涯的領航者。亞當莫維奇的作品《我來自燃燒的村莊》（一九七七），描寫二戰期間，隸屬蘇聯紅軍的白俄羅斯軍隊在前線與納粹德國的交戰情景，戰況慘烈，死傷人數多達白俄羅斯的四分之一人口。亞當莫維奇親自下鄉訪問生還者，這種寫作的模式和作品呈現的內容帶給了亞歷塞維奇莫大的震撼。

亞歷塞維奇也曾這樣描述自己的寫作方式：「我雖然像記者一樣蒐集資料，但可是用文學的手法來寫作。」她在寫一本書之前，都得先訪問好幾百個事件相關的人，平均需要花五到十年的時間。其實，透過採訪、蒐集資料，並非一般人想像得那麼容易。她也特別提到：「每個人身上都有些祕密，不願意讓別人知道，採訪時必須一再嘗試各種方法，幫助他們願意把噩夢說出來。……每個人身上也都有故事，我試著將每個人的心聲和經驗組合成整體的事件；如此一來，寫作對我來說，便是一種掌握時代的嘗試。」

亞歷塞維奇在文壇初露頭角的作品《戰爭沒有女人的臉》，就是以二戰為背景，對當時蘇聯女兵進行採訪的話語集結；這部作品在一九八四年二月刊載於蘇聯時代的重要文學刊物——《十月》，其主要內容是陳述五百個蘇聯女兵參與衛國戰爭的血淚故事。作品問世後，讚譽有加，評論界與讀者一致認為該書作者從另一種新的角度成功展現了這場偉大而艱苦的戰爭。當時，大家都難以置信，一位名不見經傳的白俄羅斯女作家，一位沒有參加過戰爭的女性，竟然能寫出男性作家無法感受到的層面。亞歷塞維奇用女性獨特的心靈觸動，揭示了戰爭的真實面，深刻陳述了戰爭本質的殘酷。她以非常感慨的口吻說：「按照官方的說法，戰爭是英雄的事蹟，但在女人的眼中，戰爭是謀殺。」

在這本文學作品的寫作過程，亞歷塞維奇用了四年的時間，跑了兩百多個城鎮與農村，用錄音機採訪了數百名參與這場衛國戰爭的婦女，記錄了她們的陳述，刻繪了她們的心聲與感受。作品最後做了動人的結語，它說到：戰爭中的蘇聯婦女和男人一樣，冒著槍林彈雨，衝鋒陷陣，爬冰臥雪，有時也要背負比自己重一倍的傷員。戰爭結束後，許多婦女在戰爭的洗禮下改變了自己作為女人的天性，變得嚴峻與殘酷；這也可以說是戰爭所導致的另一層悲慘的結局。

亞歷塞維奇成功讓這本書中的女人陳述了男人無法描述的戰爭，一場我們所不知道的戰爭面向——戰場上的女人對戰爭的認知。

> 男人喜歡談功勳、前線的布局、行動與軍事長官等事物；而女人敘述了戰爭的另一種面貌：第一次殺人的恐怖，或者戰鬥後走在躺滿死屍的田野上，這些屍體像豆子一樣撒落滿地。他們都好年輕：有德國人和我們俄國士兵。

接著，亞歷塞維奇又寫道：

> 戰爭結束後，女人也要面臨另一場戰鬥；她們必須將戰時的紀錄與傷殘證明收藏起來，因為她們必須回到現實生活再學會微笑，穿上高跟鞋、嫁人……而男人則可以忘了自己的戰友，甚至背叛他們，從戰友處偷走了勝利，而不是分享……

這本書出版後，亞歷塞維奇於一九八六年以其另一部著作《我還是想你，媽媽》獲頒列寧青年獎章。

《我還是想你，媽媽》基本上也是描述戰爭，只不過不是從女人眼光和體驗看戰爭，而是透過二到十五歲孩子的眼睛，陳述他們如何觀察成人的戰爭以及戰爭帶給家庭與人們的不幸。這部作品和《戰爭沒有女人的臉》一樣，它不是訪談錄，也不是證言集，而是集合了一百零一個人回憶發生在他們童年時代的那場戰爭。主角不是政治家，不是士兵，不是哲學家，而是兒童。書中彙集了孩子的感受和心聲：在童稚純真的年齡，他們如何面對親人的死亡，以及生存的鬥爭；在親眼目睹戰爭的殘酷與非理性時，他們如何克服心中的恐懼與無奈。書中雖然沒有描述大規模的戰爭場面，許多受訪的孩子都表示，從目睹法西斯份子發動戰爭、進行殘忍大屠殺的那一刻起，他們就已經不是孩子了。他們也不自覺學會了殺人。

……戰爭爆發的很長時間以來，一直有一個相同的夢折磨著我；我經常夢見那個被我打死的德國人……他一直跟著我不放，一直跟著我幾十年，直到不久前他才消失。當時在他們的機關槍掃射下，我目睹了我的爺爺和奶奶中彈而死；他們用槍托猛擊我媽媽的頭部，她黑色的頭髮變成了紅色，眼看著她死去時，我打死了這個德國人。因為我搶先用了槍，他的槍掉在地上。不，我從來就不曾是個孩子。我不記得自己是個孩子……

整體來說，毫無疑義，亞歷塞維奇的紀實文學擺脫了傳統戰爭文學的視角。與擅長描寫戰爭題材的蘇聯男性作家，如西蒙諾夫（一九一五～一九七九）、邦達列夫（一九二四～）、貝科夫（一九二四～二〇〇三）等人相較起來，她的作品既沒有表現悲壯宏大的戰爭場面，也沒有刻意塑造的英雄形象和歌頌衛國的民族救星，更沒有以戰爭作為考驗人民是否忠誠的試金石。

亞歷塞維奇所關注的是對戰爭本身的意義及個人生命價值的思考；她力圖粉碎戰爭的神話，希望能喚起參戰民族自我反省的意識；她應該可以說是一位典型的反戰作家。

其次，就敘事的風格而言，亞歷塞維奇的口述紀實文學是透過實地訪談的資料整理，是眾多被採訪者的心聲所共構的合唱曲。其中除了清唱獨白，有詠嘆曲調，也有宣敘曲調。而作家既是沉默的聆聽者，也是統籌調度眾聲的協調者。作者從眾人深刻的內心感受和記憶中，拼貼出時代的悲劇，並喚起大眾對生命與人性尊嚴的重視。

亞歷塞維奇還有另外一部關於戰爭的紀實作品——《鋅皮娃娃兵》；它並非描述蘇聯人民衛國戰爭的作品，反而是敘述從一九七九年十二月蘇聯入侵阿富汗到一九八九年二月撤軍，這段期間所歷經的戰爭故事。這場戰爭的蘇聯士兵已經不是保衛國家的英雄，而是成為入侵的殺人者，變成破壞別人家園的罪犯。在這本作品中，亞歷塞維奇寫出了蘇聯軍隊的內幕，描述了蘇聯軍隊上下官兵的心態和他們在阿富汗令人髮指的行徑。

該作品同樣是由數十位與入侵阿富汗有關人員的陳述內容組合而成的。這場戰爭歷時長達十年，時間比蘇聯衛國戰爭多出一倍，死亡人數不下萬人，而且主要的士兵是一群年僅二十歲左右的青年，即稚嫩的娃娃兵。也就是說，他們將十年的青春葬送在一場莫名其妙的戰場廝殺中。

《鋅皮娃娃兵》中的陳述者除了參戰的士兵、軍官、政治領導員外，還有等待兒子或丈夫歸來的母親與妻子等人，內容都是他／她們含著血淚的回憶。作品中幾乎沒有作者任何的描述，但是透過戰爭的參與者描述出來的潛在思維與意識，讓人有更深一層的感受。從這部作品開始，亞歷塞維奇對於生命有更高、更深的看法，也讓她的作品有了新的發展方向：她企圖更深入探討人類生命的意義、揭露人間的悲劇與人內心的觸動。

在作品的創作上，亞歷塞維奇宣稱自己是以女性的視角探討戰爭中人的情感歷程，而非描述戰爭本身；她不諱飾訪談者的錄音紀錄，以毫不遮掩的方式，試圖探索一種真實。然而，除了真實外，讀者也可以感受到作者的反戰意態和情感；她反對殺人，反對戰爭（無論何種戰爭），她想明白告訴人們，戰爭就是殺人，而軍人就是殺人的工具。亞歷塞維奇就是極力想喚醒人們的認知：戰爭是一種將人帶進情感邊緣的極端場景，而文學作家就是要在這種特殊環境下重塑人的心靈感受與情感世界。

在《鋅皮娃娃兵》的作品裡，亞歷塞維奇對阿富汗戰爭進行了深刻的反思，進而還原了士兵在戰場上的真實面目，例如一位普通士兵回憶他在戰場上殘忍地殺死阿富汗孩子的瘋狂行為，與回國後的心理矛盾和反思：

> 對於打仗的人來說，死亡已沒有什麼祕密了。只要隨隨便便扣一下扳機就能殺人。我們接受的教育是：誰第一個開槍，誰就能活下來；戰爭的法則就是如此。指揮官說：「你們在這裡要學會兩件事，一是走得快，二是射得準。至於思考嘛，由我來承擔。」他讓我們往哪裡射擊，我們就往哪裡射。我就學會了聽從命令執行射擊。射擊時，沒有一個人是可憐的，就算擊斃嬰兒也行，因為那裡的男女老少都在和我們作戰。有一次，部隊經過一個村子，走在前面的汽車突然馬達不響了，司機下了車，掀開車蓋……一個十來

歲的孩子，一刀子刺入他的背後……正刺在心臟上。士兵撲倒在發動機上……那個孩子被子彈打成了篩子……如果此時此刻下了命令，這座村子就會變成一片焦土。每個人都想活下去，沒有考慮的時間。我們的年齡都只有十八到二十歲啊！但我已經看慣了別人死，可是也害怕自己的死。我親眼看見一個人在一秒鐘內變得無影無蹤，彷彿此人根本不曾存在過。

作品當中亦有許多母親敘述著她們接到兒子死訊或屍體時那種難以形容的傷痛，例如有一位母親每天到墓地去探望在戰爭中死去的兒子，持續了四年，內心的痛楚一直無法平復。

……我急急忙忙向墓地奔去，如同趕赴約會。我彷彿在那兒能見到自己的兒子。頭幾天，我就在那兒過夜，一點也不害怕。到了現在，我非常理解鳥兒為什麼要遷飛，草兒為什麼要搖曳。春天一到，我就等待花朵從地裡探出頭來看我。我種了一些雪花蓮……為的就是儘早得到兒子的問候……問候是從地下向我傳來的……是從他那兒傳來的……我在他那兒一直坐到傍晚，坐到深夜。有時候，我會大喊大叫，甚至把鳥兒都驚飛了，可是卻聽不見自己的聲音。烏鴉像一陣颶風掠過。牠們在我的頭頂上盤旋，拍打翅膀，這時我才會清醒過來……我不再大叫了……一連四年，我天天到這兒來，有時早晨，有時傍晚。當我患了血管栓塞症，躺在醫院病床不許下床時，我有十一天沒去看他。等我能起來，能悄悄走到盥洗室時……我覺得我也可以走到兒子那兒去了。如果摔倒了，就撲倒在他的小墳頭上……我穿著病服跑了出來……

在這之前，我做了個夢：瓦列拉出現了！他喊著：

「媽媽，明天你別到墓地來，不要來了。」

可是我來了，悄悄地，就像現在悄悄地跑來了。

彷彿他已不在那兒，而我的心也覺得他不在那兒了。

書中，來自各個階層類似這樣哀慟的敘述比比皆是。然而，這種真實情景的呈現，在讀者眼前，卻換來兩極化的批評。有人感動不已，感謝終於有人說出真相；但是，同時也招致了許多嚴厲的批評，有些民族主義者就認為作者在汙衊蘇聯軍隊所做出的貢獻；甚至還有人告上法院，認為這種陳述是誹謗為國家付出貢獻的人。對於這些批評，亞歷塞維奇也在其作品的最後書頁中忠實反映出來。例如，書中把某位以電話表達的讀者批評摘錄如下：

好吧！我們不是英雄，照你說，我們現在反而成了殺人的凶手——殺婦女、殺兒童、殺牲畜的凶手。或許再過三十年，說不定我會親口告訴自己的兒子：「兒子啊，一切並不像一般書中寫得那麼英雄豪邁，也有過汙泥濁水。」我會親口告訴他，但是這要過三十年以後……而現在，這還是血淋淋的傷口，剛剛開始癒合，結了一層薄痂。請不要撕破它！痛……痛得很……

> 您怎麼能這麼做呢！您怎麼敢往我們孩子的墳上潑髒水，他們自始至終完成了自己對祖國應盡的責任。您希望將他們忘掉……全國各地創辦了幾百處紀念館、紀念堂。我也把兒子的軍大衣送去了，還有他學生時代的作業本。他們應該可以做榜樣！您說的那些可怕的真實，對我們有什麼用呢？我不願意知道那些！您根本就是想靠我們兒子的鮮血撈取榮譽。我堅信：他們是英雄！是英雄！您應當寫出關於他們優美的書來，而不是把他們當成砲灰。

亞歷塞維奇的戰爭紀實文學，表面上看來，是作家在受訪者面前傾聽並錄音，然後將這些口述的錄音資料轉成文字；而實際上，作者在這過程中並非單純的聽眾，她一方面要設法打開敘述者的沉痛記憶，同時必須將所有的痛苦先吞下，然後再吐出來，細細咀嚼，最後再組合成具有邏輯性、說服性、感性及共鳴性的文本。這對於受訪者與作者來說，他們的工作皆非易事。受訪者須遭受第二次的傷害，喚起他們沉重的回憶，共同回顧那段殘酷的歲月。通常他們開始講述的時候，語調還很平靜，講到快結束時，他們已經不是在說，而是在嘶喊，然後失魂落魄地呆坐著；那一刻，作者真覺得自己是個罪人。另外，還有許多自阿富汗回來的受訪士兵對作者的詢問懷有敵意，他們不願打開傷痛的記憶；有的退伍士兵走了，有的不願意說，有的又回頭再來找到作者。

亞歷塞維奇在這本書一九九〇年舊版的後記放上了自己的日記談到，她是「**透過人說話的聲音來聆聽世界的**」，這是作者觀察世界的一種方法。開始，她覺得前兩部戰爭作品的「講話體」會成為之後寫作的障礙；然而，作者的擔心似乎成了多餘之物。亞歷塞維奇不願在作品中無時無刻地重複自己的角色及自己的觀點。她在寫作中認為，將娃娃兵們從日常生活、學校、音樂、舞蹈等地強拉出來，投入汙穢的戰場之中，將會扭曲他們的價值觀，以為自己參加的是偉大的衛國戰爭。但是，有一天他們終究會了解，自己投入的是另一場不是保國衛民的戰爭。引用某些娃娃兵的話說：**「我本想當英雄，如今我卻不知道自己變成了什麼人」**；根據這樣的訪談，亞歷塞維奇深信，總有一天，人性會覺醒的。顯然，口述戰爭紀實文學讓人以多角度的途徑看到了事件的真實面向，其作品帶給人們的震撼和感動，不亞於傳統的書寫文學經典，它們必然會在歷史的記憶中留下足跡。

除了上述三部戰爭題材的作品外，亞歷塞維奇的另外三部作品寫的是人類的災難：《被死亡迷住的人》寫的是政治災難；《車諾比的聲音》寫的是生態的災難；而二〇一三年的《二手時代》則是闡述共產主義的災難。

其中，《車諾比的聲音》描述一九八六年四月二十六日車諾比核電廠發生嚴重爆炸的核洩漏事故，該事故造成了蘇聯人生命與財產的巨大損失，並震驚了全世界。車諾比核電廠雖然位於烏克蘭境內，但由於氣流風向等因素，受害最嚴重的反而是相毗鄰的白俄羅斯，導致的災害難以估計。於是，亞歷塞維奇再次投入蒐集傷亡文獻的創作，著手書寫另一部口述紀實文學作品。與過去不同的特點在於此次的主題由戰爭轉向了人與科技發展、人與自然關係的哲學思考。

《二手時代》是屬於晚近的作品，談的是蘇聯瓦解前後之間各加盟共和國人們的生活寫照。蘇聯解體前後，許多曾經活在蘇聯時代的人認為，七十多年來馬、列實驗室的最大貢獻在於創造出獨特進化類型的人種——「蘇維埃人種」——這個詞充滿了負面的涵義，諷刺當年的共產主義政權堅信蘇聯體制將創造一個嶄新的、更進步的新蘇維埃人。然而，到了一九九一年的年終，這個夢想終究幻滅了。蘇聯解體後，人們極力避免去談它，現在二十多年過後，人們從創傷中走出來，反而開始回憶那段屬於彼此的共同歲月。這種情感的失落及殘餘，亞歷塞維奇有著深入的觀察及細緻的描述，她這樣寫道：

共產主義有很瘋狂的計畫——改造亞當「舊」人。而這件事實現了……，也許是唯一的，但是做到了。七十多年以來，馬克思—列寧實驗室製造出獨特的人種——蘇維埃人。有些人認為這是悲劇性的人物，有些人稱他為蘇維埃公民。我知道這個人，我和他很熟識，我在他身旁，並肩活了多年，他就是我。這是我認識的人、朋友、父母。若干年以來，我走遍了前蘇聯，因為蘇維埃人不只是俄國人，他們也是白俄羅斯人、土庫曼人、烏克蘭人、哈薩克人……。現在我們住在不同的國家，說著不同的語言，但是我們不會和其他的人弄混，你立即就認出他們！我們所有的人都是從共產主義走過來的人，與其他世界的人相像，但又不相似：我們有自己的字典，自己對善與惡、悲哀與苦難的認知，我們對死亡有特別的態度。我所抄錄的小說裡，那些「射擊」、「槍決」、「整肅」、「驅離」等字眼已漸漸被拿掉；或者蘇聯時期的用語，如「逮捕」、「十年無權通信」、「移民」都消失了。個人的生命價值多少？如果我們還記得不久前才死了好幾百萬人。我們充滿了恨與偏見。所有的人都從「古拉格」（集中營）和可怕的戰爭走來。集體化、清算富農、人民大遷徙……

事實上，亞歷塞維奇本人可能也存有部分的「蘇聯人」殘留意識或情感；她承認自己在寫《二手時代》的時候，還是能感受到史達林不只是無所不在，甚至曾經是生活的價值座標。「……**我們告別了蘇聯時代，告別了那個屬於我們的生活。我試圖忠實聆聽這部社會主義戲劇每個參與者的聲音……**。」接著，她又回頭去探索人們對那一段歷史的殘留感情，「**歷史其實正在走回頭路，人類的生活沒有創新……多數人仍活在『用過』的語言和概念，停留在自己仍是強國的幻覺裡……**」。受到這種「蘇維埃人」殘留的優越感，這些人對於外來的挑戰，油然發出了對抗的意識，亞歷塞維奇談到：「……**莫斯科的街頭，到處都可聽到有人在辱罵美國總統歐巴馬，全國人的腦袋裡住著一個普丁，相信俄羅斯正被敵國包圍。**」

從人類文明的進化路程來看，人類行為雖然一再犯下重複性的錯誤，然而透過文學作品的記錄與反省，深刻認知到人類具有的殘酷本質，也讓人們能夠從歷史的真相與經驗中學習與成長，期待能夠在上帝的救贖下，引領自我救贖，創造和諧的世界。

二〇一六・八・十五

■推薦文1

凝視他人，遙想未來

鄢定嘉／政治大學斯拉夫語系副教授兼系主任

人間四月天，復活節、地球日、閱讀日串連世界各地，年復一年提醒世人重視心靈與環境。春日頻繁發生的沙塵爆影響空氣品質，也引爆空汙議題。僅頭髮直徑二十八分之一的細懸浮微粒（PM2.5）可以穿透肺部氣泡，直接進入血管並循環全身，嚴重傷害人的呼吸器官，令人聞之色變，口罩與空氣清新機順勢成為熱賣商品。

請試著想像，假若空中飄散的並非懸浮微粒，而是肉眼無法看見的輻射落塵，世界將成何種樣貌？萬物有情何以維生？

二〇一一年三月十一日，日本東部大地震連帶引發海嘯，是日本在二戰後傷亡最慘重的自然災害，海嘯淹沒福島第一核電廠緊急發電室，冷卻系統停止運作，導致設備毀損、爐心熔毀、輻射釋放。核電廠所屬的東京電力為降低原子反應爐氣壓與溫度，將堆內氣體排放至大氣層，並注入大量冷卻水，廢水則排放太平洋。東電不當的危機處理，反使大量輻射性物質釋入空氣、土壤與海洋。天災加上人禍致使風土水汙染，使地球食物鏈霸主——人類——陷入恐慌。這起特大（七級）核事件也將世人拉回上個世紀的車諾比。

車諾比（Chernobyl）位於烏克蘭與白俄羅斯邊境，十三世紀以來歷經立陶宛大公國、波蘭王國、俄羅斯帝國統治，一九二二年併入烏克蘭蘇維埃社會主義共和國。為了減輕烏克蘭、白俄羅斯與俄羅斯西南部地區的用電負荷，蘇聯政府計畫在烏克蘭修建裝備六座核子反應爐的電廠，最初規畫地點離基輔僅二十五公里，因考量電廠對首都潛藏威脅，最後決定設在北方的車諾比與普里皮亞季（Pripyat）。一九八六年四月二十六日，車諾比核電廠四號反應爐爆炸，因官方刻意隱藏與操作人員操作失誤，大量輻射塵逸散，隨氣流變化飄散世界各地。雖然蘇聯當局始終沒有透露真實的傷亡數字，但車諾比核災不僅讓全世界為之震撼，也撼動蘇聯政體，成為帝國解體的重要原因之一。

車諾比事件發生後，國際社會的焦點多放在蘇聯與烏克蘭，忽略夾在其中的**蕞爾小國**——白俄羅斯（Belarus）。根據歷史資料，車諾比核災造成白俄羅斯百分之二十三的土地受放射性同位素汙染，每年受微量輻射影響而罹患癌症、神經功能異常、基因突變或智能遲緩的人數不斷增加，國民死亡率逐年攀升，核災對該國的影響，遠超過兩個鄰近的共和國。

在台灣人的世界圖景中，白俄羅斯常與「白俄」（支持沙皇的白色俄羅斯，與支持布爾什維克的紅色俄羅斯對立）混淆。白俄羅斯介於立陶宛、拉脫維亞、俄羅斯、烏克蘭、波蘭之間，國土面積近二十一萬平方公里，森林覆蓋面積則達百分之三十六，人口總數約一千一百萬人，農業為其主要產業。這個國家東北方的小城維捷布斯克（Vitebsk）是畫家夏卡爾（Marc Chagall，一八八七～一九八五）的故鄉，也是二十世紀初俄羅斯文化藝術重要聚點之一，幾何抽象派畫家馬列維奇（Kazimir Malevich，一八七九～一九五三）和學者巴赫金（Mikhail

Bakhtin，一八九五～一九七五）一九二〇年初都曾居住於此。

正因白俄羅斯是世人眼中的 terra incognito（陌生之地），其遭遇往往成為世界歷史的「空白點」。為了挖掘車諾比核災的真實面目，記錄普通百姓在科技浩劫中經受的悲喜哀痛，白俄羅斯女記者兼作家亞歷塞維奇（Svetlana Alexievich，一九四八～）費時十年，採訪包括消防員、善後人員、官員、醫護人員、撤離區災民、難民、自願返鄉者在內的五百位核災見證人，**蒐羅、記錄平凡的感情、思緒與話語**，並運用文學手法，以歷史資料包裹個人故事，將車諾比災民的獨白與合唱部署成多聲複音的非虛構作品（Nonfiction Novel）《車諾比的聲音》。

報導文學的功能在於解密和揭祕，它有助讀者洞察歷史，了解事件始末與真相。亞歷塞維奇認為，只是了解事實並不足夠，她還冀求**看穿事實的表面，深究箇中意義**，追求**撼動人心的效果**。《車諾比的聲音》首尾兩篇「孤獨人聲」中愛情與死亡緊緊相扣，鋪設濃重的感性基調，在作者引導下，讀者聆聽敘事者訴說失去摯愛的悲苦，同胞鄰人的陌然以對甚或排擠，核災後對時間空間、宇宙萬物觀感的變化，面對未來的惶惶不可而知，同時體驗災難時人性的面貌和斯拉夫人特有的宿命觀。我們看到災難現場的人們以面對戰爭的心情面對反應爐爆炸，卻不知敵人確切的位置，不知為何而戰的茫然，而人以外的昆蟲動物，只能無辜被被殺害、遺棄。

猶記留學時曾與一位俄國老師漫步莫斯科市中心林蔭道，她注視街上獨行踽踽的灰鴉，悄聲對我說：「俄國核汙染相當嚴重，已經造成許多動物基因突變，連首都都難以倖免。曾有記者在莫斯科近郊看見一隻烏鴉，展翅時與人張開的雙臂同寬，這隻烏鴉飛到記者車上，搖晃車身力道之大，好似一位彪形大漢攔車猛搖。」那是蘇聯解體後五年的俄羅斯，電腦網路尚未普及，世界仍處於相對封閉的階段，當時的我只覺老師講了一則科幻故事，不了解這也是一種核災焦慮症。

蘇珊．桑塔格（Susan Sontag，一九三三～二〇〇四）以《論攝影》（一九七七）厲聲批判戰地攝影記者是**他國災劫的旁觀者**，多年後她反思戰災照片的意義，認為旁觀他人之苦痛也有正面助益：

> 點出一個地獄，當然不能完全告訴我們如何去拯救地獄中的眾生，或如何減緩地獄中的烈燄。然而，承認並擴大了解我們共有的寰宇之內，人禍招來的幾許苦難，仍是件好事。一個動不動就對人的庸闇腐敗大驚小怪，面對陰森猙獰的暴行證據就感到幻滅（或不願置信）的人，於道德及心智仍未成熟。
>
> 人長大到某一年紀之後，再沒有權利如此天真、膚淺、無知、健忘。

《車諾比的聲音》譯自俄語原文，貼切傳達東斯拉夫人特殊的情感結構和與生俱來的哲學因子。建議您慢慢閱讀，一面思考是否只要**躡著腳**，**走到世界的門邊停下來**，**好好讚嘆一番世界的美妙**，**然後乖乖安身立命就好**……，或者可以借這本「未來史話」凝視他人的痛苦，仔細讀取**「黑盒子」**中所**承載給未來世代的訊息**，同時預想我們可能遭遇的未來。

■推薦文2

噤聲下的奏鳴、安魂與未來進行曲：亞歷塞維奇的車諾比寫作

陳相因／中央研究院中國文哲研究所副研究員

甫讀完此書後，我所做的首件事情便是立即驅車前往賣場，買了一瓶伏特加回家開飲——諸君請小心！這是一本至少需要喝乾一杯伏特加後，始能有點勇氣去面對人類與人性諸多問題的書籍。

之所以需要些伏特加的原因，絕非出於筆者、前蘇聯人，或者書中一些敘述者真心相信伏特加可以對抗輻射、治癒百病的瞎話，更與斯拉夫民族的日常生活少不了杯中文化無關。而是因為本書內容血淚斑斑，最為可怕的是字裡行間噤聲的沉默，實在使人屏息到窒息，無法不勾起所有曾經在蘇聯末期，或者是葉爾欽時代下生活過的人民的集體回憶。那段歷史的集體回憶，無疑是前蘇聯全民心中最為深沉的驚恐疑懼，更是難以抹滅的心理創傷。

然而，正當這一試圖被前蘇聯當局、全民，甚至是全世界追求現代化的便利性而刻意選擇遺忘的心理傷痛，再度被書中諸多魅影召回時，身為人類的理性已經全然無法解釋箇中原因，

對科學與國家的堅定信仰頓成泡影。人們首當其衝的反應與竭力索求的行動恰恰與理性相反，不僅是麻痺自我，甚至忍不住發出一聲叫罵：「去他的強大國家、科學與科技！」或許，讓閱讀中壓抑許久的百種情感先行隨著酒精釋放，將會是讀者對本書眾生／聲的最初共鳴，亦能解釋為何此書選擇了以死亡和愛情為主題作為開端的主要原因。除死無大事，還有什麼能比愛情更能打動人心呢？誠如斯拉夫民族的知識份子常引用的一句拉丁文諺語：「酒中有真理」（*In vino veritas*），書中許多敘述者談論著事發當時的無知、現狀的無奈與未來的未知時，伏特加的瞎話與笑話始終如影隨形，終成了車諾比的一則神話與鬼話。

其實能勇敢面對個人的心理創傷已屬不易，有些人甚至得終其一生來處理自身的問題。因此，當作家亞歷塞維奇帶著既生為蘇聯人，又為白俄羅斯魂的自我認同與「原罪」，提起筆與勇氣來正視並審視蘇聯時期該段集體、群體，甚至是共同體的創傷時，距離車諾比核災發生後已經事過境遷逾十年。一九九七年在首刊的俄文版本《車諾比的祈禱：未來編年史》（Чернобыльская молитва: хроника будущего）[1]中，作者在「自我的訪談」這一章節內說明撰寫此書的動機，主要源於記錄一段被遺漏的歷史。正因我們對於這段歷史幾乎不了解，是以作者欲揭露的並非車諾比災變，而是車諾比的世界。然而，隨著災變事件過去的時間愈長，亞歷塞維奇的反省也益發深刻精闢。現今此版的翻譯則是根據二〇〇六年以後多次重版出來的俄文印本，因此可以得見，亞歷塞維奇在新版中不僅增加了訪談者，更進一步增修了十年前的自我訪談。作家在此書中進而自我闡述，儘管這一段曾被忽略的過去隨著蘇聯解體、物換星移而使事件本身得到更多研究和關注，但是更讓她覺得值得留心與思索的是，車諾比事件後迄今仍舊為我們所處的世界景象帶來不安與懷疑的終極原因。她希望喚起更多人注意，如同她自己書寫這本書將近二十年，卻仍舊在眾聲喧譁中挖掘真相與事件背後的深刻意義，而不是耽於膚淺的表面歸咎，或者沉溺在熟悉的過往歷史中。

職是，亞歷塞維奇在本書其他章節及自我訪談內一再凸顯一個重要問題：我們所面對的世界早已不是舊有冷戰時期認知的世界，面對的戰爭也不再是有形的侵略而已，而是超越國界的無色、無味、無形、無聲的放射性物質。為了追求科學與科技帶來的便利性，和平核能早已超越國家的框架與疆界，而是全人類現在必須肩負的責任，以及未來必須承擔的議題。這也是為什麼亞歷塞維奇繼承了俄羅斯作家傳統的使命，提起筆與勇氣，聚集車諾比災變見證者的聲音與悲鳴，將之融合成為一首以眾聲喧譁為方式來記錄歷史的奏鳴曲，每一個體的獨白猶如一種樂器，意圖對蘇聯時期習於噤聲下的社會振聾發聵。

本書的三個章節除了個人獨白，終了都安排了匯聚成眾聲的大合唱，從士兵、百姓到兒童不同職業與年齡的聲音敘述著末日的亂象、景象與意象。這些獨白與合唱當中有請求垂憐、怒吼控訴、無助呻吟與滿懷祈禱等等，在進入俄羅斯轉型的社會後，許多人處於共產主義、民族主義與新興宗教交錯的信仰真空內，亞歷塞維奇此書的創作提供了另類的靈魂治療選擇，具備文學性的沉重，社會性的道德責任，以及安魂曲中帶有宗教意味的莊嚴效果。透過眾生發聲，撫慰這些未受重視且被刻意遺忘的靈魂。更重要的是，作家在此再版的書中對未來發出痛心疾呼，希望能以勾勒車諾比的世界為全人類作為一個借鑑，召喚全人類的情感、睿智與使命，共同重視個體生命與關懷一般人日常生活。

當亞歷塞維奇以二十年光陰更深入思索車諾比事件背後的問題，重版此書之際，當時誰都料想不到在不久後的將來，日本福島核災會再度重蹈覆轍。儘管災變發生原因與其後影響各有差異，不論天災抑或人禍也僅為事件表面的膚淺歸咎，然而在第一時間內當權者的刻意隱瞞，百姓人性中各種面向的表露無遺，以及事後隨著時間的淡忘，這些紀錄都在在印證著亞歷塞維奇的憂思與先知。「有時候我覺得自己記錄的是未來」，作家的話語言猶在耳……

《車諾比的聲音》不僅只是紀實寫作如此簡單而已。如果細究書中結構，關注話語的用字遣詞，並傾聽箇中聲音，我們會發現此書的焦點，誠如作家所云，不是也不該聚集在車諾比災變本身的責任問題。這些聲音涵蓋並散發出相當多值得我們一而再、再而三探討的問題與議題。不論是種族與國族，民族與愛國主義，官僚與民粹，謊言與真實，自我認同如何定位，戒嚴時期愚民政策下的無知與無力等等，哪一個問題與議題不是與台灣當前社會息息相關？當然若要真論文化差異，與前蘇聯的白俄羅斯人、或是刻板印象下的「戰鬥民族」相比，台灣人的戰爭準備、安全與危險意識的匱乏自是遠遠不如。儘管我們眾聲喧譁的程度遠勝戰鬥民族，但鑑往知來，見災變而內自省，猶如書中某位主角在得知災變後的各種情況，不禁問道：「我們能做什麼？未來該做什麼？」我們也許在許多事情尚來得及阻止的時候，該問問自己現在在做什麼。

這或許是一本需要伏特加入腸後才有勇氣面對的書，但是它所呈現出來的問題意識卻遠非黃湯下肚就可以解決，恐怕有識之士，是酒入愁腸愁更愁。打開電視，映入眼簾的是一幕幕深澳電廠更新計畫的爭議。一些政客打著科學家與專家的旗幟嚷著專業與安全，嘴臉全是《車諾比的聲音》中所描繪的高層形象。而另一些外表貌似溫和的官僚，竟然發出了重啟核四的恐怖聲音……「和平核能」的議題像是打開了潘朵拉的盒子，映照出我們從戒嚴時期的非黑即白，到解嚴後非藍即綠等等相當貧乏的二分法邏輯與思考模式；它同是又像是一把照妖鏡，映照出我們貪求現代性的便利，而不願面對痛苦痛定思痛的思考惰性。選出這些代表、官員和政府，並讓社會走到這一步的，都是我們自己。

我們需要車諾比的聲音，需要面對醜陋現實並肩負起未來的自我批判與勇氣，走出一條與書中主角截然不同的命運道路。

注解

1 此為原文書名直譯，台灣版正式發行書名為：《車諾比的聲音：來自二十世紀最大災難的見證》。

目次

第二章

第三章

車諾比的聲音

未來史話

斯維拉娜・亞歷塞維奇

我們是空氣，我們不是土地……

——馬馬爾達什維利[1]

歷史資料

「世人眼中的白俄羅斯是terra incognito——未知之境，英文大概還會用『白色俄羅斯』來指稱我國。車諾比核災雖然家喻戶曉，但為人熟知的僅止於烏克蘭和俄羅斯的情況，所以我們也應該要談談自己的故事……」

——《人民報》一九九六年四月二十七日

「一九八六年四月二十六日凌晨一點二十三分五十八秒，鄰近白俄羅斯邊境的車諾比核電廠發生一連串爆炸，四號發電機組的反應爐及機房嚴重損毀。車諾比核災堪稱二十世紀影響規模最廣的科技災害。

蕞爾小國白俄羅斯人口僅一千萬人，本身雖無核電廠，卻因為這起事故遭逢全國性的災厄。農業至今仍是該國主要產業，居民多以務農為生。德蘇戰爭[2]期間，納粹德國摧毀白俄羅斯六百一十九座村莊並屠殺村民；車諾比核災則導致該國喪失一百八十五座村莊及鄉鎮，其中七十處慘遭永久掩埋。過去有四分之一的白俄羅斯人民在戰爭中罹難，如今有五分之一的國民居住在輻射汙染區，相當於二百一十萬人，其中七十萬是兒童。輻射是造成人口減少的主因。戈梅利州及莫吉廖夫州（兩地受災情況最為慘重）的死亡率遠高於出生率百分之二十。

核災爆發後，有五千萬居禮[3]的放射性同位素釋放至大氣，百分之七十散落在白俄羅斯境內，使得該國百分之二十三的領土受到放射性同位素汙染，每平方公里就有一居禮以上的銫137；與此相比，烏克蘭國土的汙染面積僅百分之四點八，俄羅斯更只有百分之零點五。白俄羅斯超過一百八十萬公頃的農業用地測有每平方公里一居禮以上的輻射物質，將近五十萬公頃的土地測有每平方公里零點三居禮以上的鍶90。二十六萬四千公頃的土地無法耕作。白俄羅斯是森林王國，然而百分之二十六的林地，以及一半以上生長在普里皮亞季河、聶伯河、索日河等河川高灘地的草原，皆屬於輻射汙染範圍……

白俄羅斯國人因持續受到微量輻射的影響，每年罹患癌症、智能遲緩、神經心理功能異常及基因突變等疾病的人數不斷攀升……」

——《文集：車諾比》，《白俄羅斯百科全書》一九九六年，頁七、二四、四九、一〇一、一四九

「觀測資料顯示，波蘭、德國、奧地利、羅馬尼亞於一九八六年四月二十九日測出高劑量的背景輻射，隨後瑞士及義大利北部於四月三十日，法國、比利時、荷蘭、英國、希臘北部於五月一日至三日，以色列、科威特、土耳其於五月三日皆相繼淪陷……

逸散至高空的氣體與揮發性物質甚而危及全球各地——日本於五月二日，中國於五月四日，印度於五月五日，美國及加拿大於五月五日至六日亦受到輻射汙染。不消一周，車諾比核災倏地殃及全世界……」

——《論文集：車諾比事故對白俄羅斯之影響》
明斯克：薩哈羅夫國際高等放射生態學院
一九九二年，頁八二

「興建於四號反應爐外，以鉛、鐵及混凝土打造而成，俗稱石棺的『防護罩』屏蔽著將近兩百公噸留存於內部的核燃料。部分燃料甚至混入了石墨[4]及混凝土。如今裡面情況究竟如何無人知曉。

石棺的施工工時短，結構獨特，或許可視為聖彼得堡工程設計團隊的得意之作。然而，石棺的役期原為三十年，卻因為當初採行「遠距」組裝，接合面板的工作也一律交由機器人及直升機代勞，才會產生隙縫。根據部分資料可知，目前大大小小的孔隙與裂縫加總起來，總面積超過兩百平方公尺，因而致使輻射塵持續逸散。倘若吹起北風，大量含鈾、鈽及銫的落塵勢必飄向南方。假使大晴天在反應爐機房內不開燈，還能見到一束束光線從屋頂射下。這意味著什麼？意味著雨水會滲入結構物，而一旦水分流進核燃料中，極有可能觸發連鎖反應……

苟延殘喘的石棺注定要走向死亡。只是它還能撐多久？這個問題沒有人能回答。至今仍有許多地方無法接近，所以無從得知安全係數。儘管如此，人人心知肚明：石棺若不幸崩壞，災情鐵定比一九八六年更加不堪設想……」

——《星火雜誌》第十七期，一九九六年四月

「車諾比核災發生前，每十萬名白俄羅斯人僅八十二起癌症病例，但統計數據顯示，現今每十萬人就有六千人罹癌，病例人數成長了將近七十四倍。

近十年來，死亡率提高百分之二十三點五。每十四人僅一人屬於高齡死亡，絕大多數的死者正值壯年，年紀約為四十六至五十歲。針對輻射汙染最嚴重的地區人民進行健康檢查後，發現每十人就有七人疾病纏身。若驅車下鄉查看，大片擴建的墓園委實令人怵目驚心……」

「至今仍有許多數據不為人知……就是因為這些資訊太過叫人震驚，所以遲遲未公開。蘇聯政府動員現役士兵並徵召善後人員，一共八十萬人受命前往事發現場。後者平均年齡三十三歲。許多年輕男子中學甫畢業便隨即收到兵單……

單單白俄羅斯登記在冊的善後人員就多達十一萬五千四百九十三名。據衛生部統計，自一九九〇年至二〇〇三年為止，總共八千五百五十三名善後人員殉職，相當於每天有兩人死亡……」

「故事開始……

一九八六年，審判車諾比核災肇事者的相關報導登上蘇聯國內及海外的報紙頭版……

現在，請想像一棟五層樓高的空屋，無人居住，可是東西、家具和衣物卻一應俱全，因為這棟房子就位在車諾比……然而就是在這座鬼城的空屋內，審理核災肇事者的負責人舉辦了一場小型記者會。原來蘇聯共產黨中央委員會的最高層裁示，這樁案件非得在案發地車諾比審理不可。開庭的場地就選在當地的文化中心。被告席上的六人分別是：核電廠廠長布留漢諾夫、總工程師弗明、副總工程師賈羅夫、值班主任羅戈日金、反應爐機房管理幹部柯瓦倫科，以及蘇聯國家原子能監督委員會視察員勞什金。

觀眾席除了記者之外，其餘位置空空如也。話說回來，居民早已全數撤離，城市也因劃為『強制輻射管制區』遭到封鎖，難不成是為了掩人耳目，避免騷動，才特地選擇這裡作為開庭地點？現場不見任何攝影師，也沒有西方國家的記者。人民當然希望將失職的數十名官員（包含遠在莫斯科的高層）全部列為被告，而且也認為現代科學應當負起相關責任，但最終還是由『代罪羔羊』替長官背下了黑鍋。

布留漢諾夫、弗明、賈羅夫獲判十年有期徒刑，其他人的刑期則較短。賈羅夫及勞什金因為吸收過量輻射，病死監牢；總工程師弗明後來罹患精神病；廠長布留漢諾夫是唯一徹底服完十年刑期的人，親人接他出獄時還有不少記者在場，只不過這件事並未獲得社會關注。

這名前廠長目前定居基輔，任職於某家公司，身分是普通職員……

故事結束……」

「烏克蘭政府準備在不久之後啟動一項規模空前的建設計畫——在一九八六年車諾比核電廠

四號發電機組失事後興建的石棺上方，另外打造一座名為『拱門』的全新防護罩。贊助這項計畫的二十八個國家近期之內將挹注超過七億六千八百萬美元作為前期投資。新型防護罩的服役期限將從原本的三十年拉長至一百年。為了保留足夠的空間以便進行核廢料掩埋作業，結構物的規模預計將比舊石棺大上許多，因此龐大的地基必不可少。首先必須使用混凝土地樁和面板製作人工礫石土層，接著整備貯存槽安置從舊石棺內挖出的核廢料。新石棺採用足以阻擋伽瑪射線的高品質鋼材，唯用量高達一萬八千公噸……

『拱門』將會是人類歷史上絕無僅有的建築奇景。其一，這座雙層的防護罩有一百五十公尺之高，論規模無人能比；再者，其設計之巧幾乎可以媲美艾菲爾鐵塔……」

——節錄自二〇〇二年至二〇〇五年白俄羅斯網路新聞

注解

1 馬馬爾達什維利（Мераб Мамардашвили，一九三〇～一九九〇）是喬治亞哲學家、莫斯科大學教授。

2 德蘇戰爭，即蘇聯習稱的「偉大衛國戰爭」（Великая Отечественная война），是第二次世界大戰期間納粹德國於一九四一至一九四五年攻打蘇聯的戰爭。

3 居禮是「活度」的舊制單位。「活度」是指放射性同位素在單位時間內衰變的次數，活度愈大放射性愈強。目前活度的國際專用單位改為「貝克」（Bq，即一次衰變）。（1居禮＝37億貝克）

4 車諾比原子爐，是用石墨當核反應過程中的中子緩速劑。石墨式原子爐，沒有自我保護作用，功率愈高時，核反應就愈激烈。今日許多原子爐都是用「水」當緩速劑。

孤獨人聲

我不知道該談什麼，死亡還是愛情？也許兩者沒什麼不一樣……到底要談什麼呢？

……我們新婚不久，出門逛街總是牽著手，就連去商店買個東西也是形影不離。我老對他說：「我愛你。」但是，那時候的我還不明白自己愛他愛得有多深，我從沒思考過這個問題……我們住在他服務的消防分隊的宿舍二樓，同一層樓還有另外三戶年輕家庭，大家共用一間廚房。一樓是停消防車用的，紅色的消防車。這是他的工作。我一向都知道他人在哪裡，或是發生什麼事情。那天晚上我聽見外頭一陣騷動，喊叫聲此起彼落。我探出窗外，他瞥見我，說道：「把氣窗關好，快回去睡。核電廠失火了。我去去就回來。」

爆炸我是沒看到，只見火焰把四周和整個天空照得通亮……火舌直衝天際，烏黑濃煙大量竄出，空氣熱得懾人。我左等右等，始終等不到他的蹤影。之所以會有黑煙是因為發電廠屋頂鋪的瀝青起火燃燒。事後回想起來，他說當時簡直像是走在樹脂上一樣黏答答的。其他人滅火的時候，他往上攀爬。碰到燃燒的石墨弟兄都是直接用腳踢開。他們沒穿消防衣，只套件襯衫就出發了。沒有人警告他們，大家以為只是一般的火警……

四點，五點，六點……我們本來打算六點要回他父母家種馬鈴薯。從普里皮亞季[1]到他父母親住的斯佩里日耶村[2]有四十公里遠。下田耕種是他的最愛……我婆婆常說，她和公公兩個人本來是不願意放他去大城市闖蕩的，甚至還蓋了棟新房子給他。但是，後來他被徵召入伍，去到莫斯科的消防隊服役。回老家的時候說：「我只想救火，其餘一概免談。」（沉默）

有時候我似乎聽得見他的聲音，好像他還活著一樣。我就是看相片都沒有這麼激動過。只不過他根本沒喚過我，即使是在夢中，也都是我在呼喚他……

七點……七點鐘有人通知我他人在醫院。我連忙飛奔過去，但警察在醫院四周築起人牆，誰也不放行，只見救護車陸續開進醫院。警察大喊：「車子輻射超標，不要靠近！」除了我，其他人的妻子也趕了過來。這些女人的先生都是當晚到核電廠出勤的人。我有個朋友正好是這家醫院的醫生，我四處找她。一見她下車，我隨即拉住她的袍子央求：「讓我進去！」「不行！他現在情況危急。他們所有人的情況都很不樂觀。」我抓著她不放：「讓我看一眼就好。」「好吧！」她說，「動作快，最多十五、二十分鐘。」我終於見到他的人——全身浮腫，腫到連眼睛都不見了……「我們需要牛奶。很多牛奶！」朋友告訴我，「他們每個人至少得喝三公升。」「可是他不喝牛奶。」「不喝也得喝。」這間醫院很多醫生、護理師，尤其是病服員後來都病死了。當時沒人料到會有這種下場……

作業員什申諾科早上十點死亡。他是頭一個走的，去世於事發當天……我們聽說瓦礫堆下還壓著另一個叫霍捷姆丘克的。他沒獲救，灌混凝土的時候一起給埋了。當時我們都沒料到他們所有人會是第一批喪命的犧牲者……

我問：「瓦西里，現在該怎麼辦？」「快離開這裡！快走！你懷了我們的孩子。」我雖然懷有身孕，但我怎麼能棄他不顧呢？他求我：「快走！保住孩子！」「我得先幫你買牛奶，其他的之後再說。」

我的好友塔妮婭趕到醫院……她先生齊貝諾科也在同一間病房。她的父親陪同她一起過來，不過他人待在車上沒下來。我們開車到最近的村莊買牛奶，大約在城外三公里處……我們買了很多罐三公升裝的牛奶，總共六大罐，免得有人沒喝到……他們個個喝完牛奶都吐得一塌糊塗……然後便一直處在昏迷的狀態，完全不省人事。醫護人員幫他們打點滴。不知道為什麼，醫生竟然斷定他們是毒氣中毒，完全沒人提到「輻射」這兩個字。至於城裡則是開進很多戰車，所有道路封閉，隨處可見軍人走動，電車和火車也一律停駛，甚至有人用一種白色的粉末在清洗街道……我很苦惱明天該怎麼到村裡買新鮮的牛奶給他喝。沒有人說是輻射。只見軍人個個戴著面罩……市民還是照常上街買麵包、糖果。店裡擺放著盒裝的甜點……生活再平常不過了。卻有人拿著不知名的粉末在清洗街道……

一到晚上，醫院便封鎖起來不准進入，周邊人滿為患……我站在病房窗戶的外頭，他朝我走近，吶喊著，模樣是那麼的絕望！有人聽說病患晚上將移送至莫斯科。在場的妻子聚在一塊兒決議：「我們要和先生一起走。讓我們見我們的丈夫！你們沒有權利這麼做！」女人又是打又是抓，站成兩列隊伍的士兵於是把我們往後推。這時一名醫生走了出來，證實他們的確要搭機前往莫斯科，吩咐我們回家幫先生帶些衣物，因為去核電廠出勤穿的都燒掉了。公車停駛，我們只好用跑的穿越整座城市……但等我們拎著大包小包趕回來時，飛機早就起飛了。他們故意要我們，好讓我們不要哭不要鬧……

入夜，道路的其中一向塞滿了公車（政府已經準備疏散民眾），另一向是一台又一台從各地調來的消防車。整條街覆蓋著白色的泡沫。我們踩著這些泡沫，一邊罵一邊哭……收音機廣播宣布：「全城居民將暫時撤離到森林紮營露宿三至五天左右，請攜帶保暖衣物及運動服裝。」民眾得知要到野外踏青，而且這次有別以往，可以在森林慶祝五一節[3]，樂不可支。大家忙著張羅烤肉料，添購葡萄酒，有人還帶上吉他和音響。五一假期人人都愛！只有我們這些看著丈夫受苦的女人哭哭啼啼。

我不記得當初是怎麼走回家的……見到婆婆那一刻我像大夢初醒般：「媽，瓦西里人在莫斯科！他們用專機把他載走了！」我們那時才剛把馬鈴薯和白菜種下（一個星期後政府就撤離了整座村莊）。有誰料想得到？到了晚上我開始害喜。我懷有六個月的身孕，身體非常不舒服……他人還在世的時候，我睡覺都會夢見他在叫我：「柳德蜜拉，我心愛的柳德蜜拉！」但是，他過世之後，我再也沒夢到他叫我。一次也沒有……（哭泣）一早起床我起了獨自前往莫斯科的念頭……「你這個樣子能去哪？」婆婆哭著說。於是，我們也幫公公打點上路的行李，婆婆說：「讓他帶你去吧。」公公把他們倆戶頭裡的積蓄全部提領出來。

一路上發生什麼事我已經沒有印象了……我們抵達莫斯科遇見第一個警察便問：「從車諾比送來的消防員住在哪家醫院？」由於當時我們已經習慣人家拿「國家機密」這種話來嚇唬我們，所以他肯告訴我們地點讓我十分訝異。

舒金斯基街上的第六醫院……

這是一家放射科的專門醫院，沒有通行證是進不去的。我塞了錢給守衛，她才說：「去吧！」並告訴我們在哪個樓層。後來我逢人就問，逢人就求，好不容易才進到放射科主任古思柯娃的辦公室等待。我當下並不知道她的名字，什麼都不記得，因為我一心只想見到他的人，一心只想找到他。

她見我就問：

「親愛的，有小孩了嗎？」

我怎麼能坦承呢？我得隱瞞懷孕的事，不然他們不會准許我去見他！幸好我的體型纖瘦，外表看不出什麼端倪。

「有。」我回答。

「幾個啦？」

我思考了一下：「要說兩個，如果說只有一個，他們還是不會讓我去看他的。」

「一男一女。」

「既然有兩個小孩，看樣子也不必再生了。你聽好了，他的中樞神經系統已經完全受損，骨髓也是。」

「應該沒關係，」我想，「頂多變得有點神經質吧。」

「我再說一次：如果你哭，我會馬上要你走人。不准擁抱，也不准接吻。不要走得太近。我給你半個鐘頭的時間。」

不過我心裡明白，我是不會離開的。就算要走也要帶他一起走。我對自己發誓！走進病房……我看見他們一群人坐在病床上打牌，笑得很開心。

「瓦西里！」其他人叫他。

他回過頭來：

「噢，兄弟啊！真是沒轍了，竟然連這裡她都找得到！」

他的樣子很逗趣。他平常衣服穿五十二號，現在卻套著四十八號[4]的病人服。袖子太短，褲管也不夠長。不過還好有醫生給他們注射一種不知道是什麼的溶液，臉上的浮腫已經消下去了……

「你怎麼一轉眼人就不見了？」我問他。

他想過來抱我。

「坐下，坐下。」醫生不許他靠近我。「有什麼好抱的。」

我們把這事拿來說笑。所有人一下子全湊了過來，連其他病房的也跑來。都是普里皮亞季來的同鄉。他們一夥二十八人都是飛機載過來的。大家七嘴八舌地問：「那裡怎麼樣啦？我們老家還好嗎？」我告訴他們市民開始撤離，全城的人得離開三五天的時間。大夥沉默不語……在場有兩個女人，其中一位事發當天在守衛室值班，她哭了出來：

「我的天啊！我的孩子還在城裡。他們現在怎麼樣？」

我想和先生單獨相處，哪怕是一分鐘也好。大夥感受到我的心意，每個人各自胡謅了個藉口便走出病房到走廊上去了。等所有人散去，我對他又是抱又是吻。他往後推開身子：

「別坐在我身邊。去拿張板凳吧！」

「你少聽他們胡說，」我揮了揮手，「你看見是哪裡爆炸了嗎？發生了什麼事？你們不是第一個抵達事發現場的嗎？……」

「弟兄都認為應該是遭人蓄意破壞。」

當時大家都抱持著同樣的想法。

隔天我到醫院，發現他們每個人已經被安置到獨立的病房。院方禁止他們離開病房，連彼此交談也不行。他們只好像敲摩斯密碼一樣扣著牆壁溝通。醫生解釋道：「每個人的身體對輻射量的反應都不一樣，同樣的量有的人可以承受，有的人卻無法負荷。」凡是他們待過的地方輻射都超標，連牆壁也不例外。左右病房和樓下病房無一倖免。院方遷離所有病人，樓上樓下不敢留下半個人……

我在莫斯科的友人家借住三天。朋友要我別客氣，需要什麼自己拿，鍋碗瓢盆都可以用。他們就是如此貼心！我熬了六人份的火雞湯給值同一個班的六名消防員喝：瓦修科、齊貝諾科、提特諾科、普拉維科、提舒拉。他們都是那晚值勤的人。我到雜貨店幫他們買牙膏、牙刷和肥皂。這些東西醫院沒有提供。毛巾也是我自己花錢買的……朋友的態度讓我相當意外。他們當然怕，怎麼可能不怕！不過儘管謠言滿天飛，他們依然對我說：「需要什麼儘管拿，別客氣！他人現在怎麼樣啦？他們人都還好嗎？沒有生命危險吧？」生命……（沉默）當時我遇見了許多貴人，但我沒辦法記住他們每一個人，因為我的世界縮小到只剩下一個點。我的心裡除了他，再也容不下別人了……一位上了年紀的病服員開導我：「有些病是醫不好的，你能做的就是好好陪伴他。」

一大清早我上市場買菜，再回到朋友家熬湯——刨絲、切丁、分裝煮好的湯。有人拜託我：「帶些蘋果來吧。」我送了六瓶半公升的果汁過去……一定得準備六人份！我通常會在醫院待上一整天，到了晚上再回到城市的另一頭。只是這樣下去我能撐多久？三天後，院方提議我住進醫護人員專用的旅社，地點就在院內。這簡直是天大的好消息！

「可是旅社沒有廚房，這是要我怎麼煮飯呢？」

「你不用煮了。他們的腸胃現在根本無法吸收食物。」

他整個人脫了形，我每天見到他就像見到一個陌生人一樣……他身上漸漸浮現灼傷的痕跡……起初，口腔、舌頭和雙頰上只是局部潰瘍，後來傷口卻漸漸擴大，泛白的黏膜一層層脫落。他的臉色和膚色有的地方青，有的地方紅，有的地方是灰褐色……但他還是我最心愛的人！我對他的愛沒辦法用言語表達，沒辦法用文字描述，也沒有人可以體會……幸好一切來得快，根本沒空胡思亂想，也沒有時間掉眼淚。

我愛他！我當時還不知道自己有多愛他！我們才剛結婚，還在甜蜜的熱戀期……出門上街，他還會牽起我的手轉圈圈，一下親這裡，一下親那裡。路人看了都難免莞爾。

我們在治療放射性重症的醫院裡總共只待十四天，短短十四天一條生命就沒了……

搬進旅社的第一天，放射計量師便過來檢測我身上的輻射量。衣服、手提包、錢包和鞋子全顯示「紅色警戒」，於是他們連我的內衣褲也一併收走，只把錢退還給我。他們讓我換上五十六號的病人服和四十三號的室內拖鞋，而不是我平常穿的四十四號和三十七號。他們說衣服可能會還我，也可能不會。「送洗」大概也洗不乾淨。於是我就這副模樣出現在他面前。他吃驚地說：「我的老天爺啊！你發生什麼事了？」我終究還是找到辦法熬湯——在玻璃罐中擺電湯匙，再把切得很小很小的雞肉丁放進去煮……後來有人（似乎是打掃阿姨，不然就是值班警衛）借了支鍋子給我，也有人借小砧板讓我切洋香菜。我穿著一身醫院的病人服不能上市場買菜，所以香草也是別人幫我帶來的。其實我都只是在瞎忙，他連喝東西都有困難，生雞蛋也吞不下去……儘管如此，我還是想弄點好吃的給他，以為這樣就能幫助他好起來。我衝到郵局拜託裡面的人：「小姐，我急著打通電話到伊凡諾弗蘭科夫斯克給我父母。我先生快不行了！」他們一聽，心裡就有了底，猜到我是打哪兒來的，丈夫是什麼人，所以隨即幫我接上線。我爸和哥哥、姊姊接到電話當天，立刻把我的東西收拾收拾，帶了錢，飛到莫斯科來找我。

五月九日[5]。過去他總是對我說：「你絕對想不到莫斯科有多美！特別是勝利紀念日放煙火的時候。我希望你能親眼見識見識。」我坐在他的病床邊，他睜開眼：

「現在是白天還是晚上？」

「晚上九點了。」

「把窗戶打開，煙火要開始了！」

我推開窗戶。那裡是八樓，整個城市的景色盡收眼底，一束束的煙花直奔天頂。

「哇！」

「我答應過你，要帶你見識莫斯科；我答應過，這輩子逢年過節都要送花給你……」

我回過頭，看見他從枕頭底下拿出三朵康乃馨。是他拿錢請護理師買的。

我朝他奔了過去，親吻他：

「你是我的唯一！我愛你！」

他嘮叨了起來：

「你忘了醫生是怎麼囑咐的嗎？不准擁抱！不准親吻！」

醫生確實禁止我們擁抱、撫摸，但我……我照樣扶他起床，幫他把床單鋪平、量體溫、拿便盆、擦拭身體……整個晚上我都陪在他身邊，守護著他的一舉一動，聆聽著他每一聲的喘息。

有一次，我忽然一陣頭暈目眩，扶著窗台。幸虧是在走廊，不是病房……一位醫生經過，拉起我的手，冷不防地說：

「你懷孕了？」

「沒有！」我生怕其他人聽見這段對話。

「不要騙我。」他嘆了口氣。

我整個人嚇得六神無主，連請他保密都忘了。

隔天，主任傳喚我。

「你為什麼要撒謊？」她質問的口氣相當嚴厲。

「我也是逼不得已才出此下策。我要是實話實說，你們一定會趕我回去。我這是善意的謊言！」

「你知道你幹了什麼好事嗎！」

「但我和他……」

「親愛的……」

我一輩子都不會忘記古思柯娃的恩情，一輩子都忘不了！

其他人的太太也趕來了，可是院方把她們擋下，只容許她們的媽媽進入醫院。其他病患的母親和我一起在醫院照顧自己的親人。普拉維科的媽媽一再祈求上天：「讓我代替他死吧！」

我先生的骨髓移植手術是由美國的蓋爾[6]博士操刀。他安慰我：「希望雖然不大，但還是有的。你看他身強體健，又年輕力壯！」院方通知我先生那邊的親屬過來進行骨髓比對。他的兩個姊妹特地從白俄羅斯飛過來，在列寧格勒[7]服役的弟弟也趕到莫斯科。妹妹娜塔莎當時年僅十四歲，害怕得哭個不停。偏偏她的骨髓最合適……（靜默）我現在終於能坦然陳述這件事……要是以前，我是沒辦法的。這些話十年來我沒對任何人說過，十年啊……（靜默）

他一得知要用小妹的骨髓，斷然拒絕：「我寧可死，也不准你們動她一根寒毛。她還小。」二十八歲的大姊柳妲本身是護理師，她很清楚自己的決定有什麼風險。「只要能讓他活下來就好。」她說。整場手術我從頭看到尾。手術房有面大窗戶，他們倆躺在手術台上……手術歷經兩個小時才大功告成……結束後，柳妲的狀況比我先生還糟糕。她的胸口扎了十八個針孔。麻醉藥效還沒退，她拖著沉重的腳步踏出手術房。原本一個漂漂亮亮、健健康康的女孩子，都還沒嫁人呢，現在卻病倒了，身子也殘了……那時候，我在兩間病房來回奔波——這頭得照顧先生，那頭還得照顧柳妲。後來，他從一般病房轉到了閒雜人等不得進入的特殊隔離病房，躺在透明的隔簾內。為了不必進到隔簾裡就能幫他打針、插導尿管，隔離病房配置了各式各樣的特殊器材……舉目所見，全都用魔鬼氈封了起來，不然就是上了鎖。我雖然學會怎麼操作器材，但還是推開了隔簾偷偷鑽到他身旁，於是院方乾脆在他的床邊擺了隻小板凳給我坐。他的身體狀況惡化到我一步也不敢離開，哪怕是一分鐘都不行。他不停叫喚我的名字：「柳德蜜拉，你在哪？我心愛的柳德蜜拉！」他叫啊叫……其他弟兄則是給士兵照顧。因為病服員不是拒絕，就是要求穿防護衣，所以後來都改派士兵負責，不管是清理便盆、擦地板，還是換床單，大小事一律由他們一手包辦……我不曾過問這些士兵是從哪兒冒出來的，因為我的世界只剩下他一人……每天都會傳來死訊：提舒拉走了，提特諾科走了，某某某也走了……這些消息就像砸在頭頂的榔頭打擊著我……

他一天排便二十五至三十次，排遺帶血和黏液。手腳的皮膚開始龜裂……全身起水泡。他只要一轉頭，一撮撮的頭髮就掉落在枕頭上……即使如此，他仍舊是我的另一半，是我心愛的丈夫。我自嘲著說：「這樣倒方便，省得整理頭髮。」不久醫院幫所有人把頭剃光，我先生則是我幫他剃。我想親自為他做所有事情。只要身體還撐得下去，我二十四小時都會寸步不離地守著他。我要珍惜每一分每一秒，就算錯過一分鐘我都捨不得……（掩面不語）我哥到醫院後嚇得直說：「我不准你進去。」我爸對他說：「你能不讓她進去嗎？她就是爬窗、爬消防梯也會爬進去！」

有一次我離開回來，發現他床邊的茶几上擺了一顆大柳丁，但卻不是黃橙色，而是粉紅色。他笑著說：「人家請我吃的，你拿去吧。」護理師隔著簾子揮手，叫我別吃。東西一旦在他附近放上一陣子就會徹底變質，所以大家都怕和他接觸。「吃啊！」他殷切地說，「你不是最愛吃柳丁嗎？」我將柳丁拿在手中。這時，他闔上雙眼睡著了。護理人員不斷給他打針讓他昏睡，注射的都是麻醉藥。護理師神情驚恐地望著我……而我呢？要我做什麼都願意，只要能轉移他的心思，讓他不去想死亡，不去想病痛，也不要讓他覺得我會害怕他……我印象中有人曾規勸過我：「你別忘了，眼前這個人不再是你的老公，也不是你的愛人，只是一個受到重度輻射汙染的東西。我相信你不是一個會自尋死路的人。你要鎮靜一點。」可是我卻像一個瘋子，口口聲聲：「我愛他！我愛他！」他入睡後，我悄悄對他說：「我愛你！」走過醫院中庭時也說：「我愛你！」替他拿便盆時也說：「我愛你！」過去和他一起住在宿舍的那些回憶不時浮現在我的腦海裡。以前夜裡他一定要握著我的手才睡得著，整晚牽著我的手睡覺是他的習慣。

他住院時，換我握他的手，說什麼也不放……

夜闌人靜，病房裡只有我們倆。他看著我，眼神非常專注。忽然之間他開口：

「真想看看我們的孩子。他會是什麼樣的一個小孩呢？」

「我們要叫他什麼好呢？」

「我看這就讓你自己決定吧……」

「為什麼是我自己決定？我們明明就兩個人啊！」

「既然你都這麼說了，如果生的是個男孩就叫瓦西里，如果是女孩就叫娜塔莎吧！」

「怎麼可以叫瓦西里？我有你一個瓦西里就夠了，不需要再多一個。」

我當時還不知道自己愛他愛得有多深。我的世界只有他，只剩下他……我愛他愛到對一切都視若無睹！愛到連懷了六個月的小孩踢我肚子都感覺不到……我當時以為小孩在肚子裡不會受到影響。我的孩子……

沒有一個醫生知道我每天晚上在他的隔離病房內過夜，他們料也沒料到我會這麼做。是護理師通融我進去的。起初，護理師也是極力勸阻：「你還年輕。你在想什麼？他已經不是正常人了。他現在跟反應爐沒兩樣，你要是進去一定會和他同歸於盡。」可是我跟條狗似的，成天跟著她們，佇在門邊一等就是好幾個鐘頭，竭盡所能地懇求，她們才終於讓步：「隨你去吧！你這人腦袋真是壞了。」每天早上八點醫生巡房前，護理師會在隔簾外示意我：「快閃人！」這時我便會趕緊先跑回旅社，等一個小時後再回來，因為上午九點到晚上九點我有通行許可。操勞過度導致我膝蓋以下發青腫脹，不過我的心和我的愛比身體還要堅強……

我陪著他的時候，醫院的人不會對他怎麼樣……但只要我一離開，他們就抓他去拍照，把他脫個精光，全身只蓋一條單薄的床單。我每天雖然都會幫他換床單，可是一到晚上總是沾滿血跡。每次扶他起身，他的皮膚就一片一片黏在我手上。我拜託他：「親愛的，你幫我個忙，盡量用手撐住身體，我好替你把床鋪抹平，免得有皺褶。」任何一點皺褶對他的皮膚都是傷害。我生怕自己的指甲會不小心傷了他，所以盡可能把指甲剪短，甚至剪到見血。沒有一個護理師敢靠近或碰觸他，凡是有什麼需要，她們都會請我去做。醫院的人還……他們還給他拍照！說是為了做研究。我要是在場，一定把他們統統趕出病房！我一定罵，一定打！他們怎麼可以這樣！如果我能阻止他們就好了……如果我能……

走出病房到走廊上……我眼前一片茫然，走一走不是撞到牆壁，就是踢到沙發。見到值班護理師，我拉著便說：「他快死了。」護理師回我：「不然還能怎麼樣？一般只要四百侖琴[8]的輻射量就會致人於死，他可是吸收了一千六百侖琴啊！」她當然也於心不忍，但感受終究和我不同。他畢竟是我的另一半，是我心愛的丈夫……

病人都過世之後，醫院做了一番大整修——牆壁全刨了，地板也拆了，連木窗框都移除了……

接下來事情也差不多到了尾聲。我記得不是很清楚，很多都忘了……

晚上我坐在床邊的小板凳上陪他……早上八點一到我告訴他：「瓦西里，我先回去休息一下。」他睜開眼，又閉上眼，意思是同意了。可是我一回到旅社，踏進房門，才剛躺到地板上準備休息（我渾身疼得無法上床）便聽見病服員敲著門大喊：「快！快去看他！他叫得我耳朵都要聾了！」同一天早上，塔妮婭再三央求我：「你就陪我一塊兒去墓園吧！我一個人實在承受不住。」齊貝諾科和普拉維科兩人在那天早上下葬。我先生和齊貝諾科是好朋友，我們兩家子感情也很融洽。核電廠爆炸的前一天，我們還一起在宿舍拍照留念。我們的男人在相片中是那麼俊俏，那麼開心！那是我們原有的生活的最後一天……核災發生之前我們是那麼幸福！

從墓園一回來，我立刻撥了通電話給值班的護理師：「他還好嗎？」「十五分鐘前走了。」怎麼會這樣？我整晚都陪在他身邊。我才離開他三個小時啊！我在窗邊嘶吼：「為什麼？為什麼？」我對著天吶喊，整間旅社都聽到了……沒有人敢接近我……等我回過神來才想到：「我要見他最後一面！我得去看他！」於是我衝下樓梯……他仍躺在隔離病房，院方尚未將遺體抬走。他臨終前依舊惦念著：「柳德蜜拉，我心愛的柳德蜜拉！」護理師安撫他：「她只是出去一下，馬上就回來。」但是，他深深嘆了一口氣，接著再也沒發出任何一點聲響。

我陪伴著他，直到入殮都沒和他分開……棺材本身長什麼樣我記不大清楚，反倒是對那只大PE塑膠袋印象深刻……太平間的工作人員問我：「你要的話，可以看看大體入殮要穿的衣服。」當然要！他們給他套上正式服裝，胸前擺了一頂大盤帽，鞋子就沒準備，反正腳腫得跟炸彈一樣，穿也穿不下。他的身體不完整，不好穿衣，他們只得把服裝剪開。他全身上下都是血肉模糊的傷口。在醫院的最後兩天，我抬起他的手，他的骨頭無力地晃來晃去，肌肉組織就這樣應聲跟骨頭分離。有時候他甚至會吐出肺和肝的碎塊，害得自己嗆到無法呼吸……我只能先把手裹上繃帶，再伸進他的嘴裡，把哽在喉嚨的內臟挖出來……這些事沒辦法用言語表達，沒辦法用文字描述，也沒有人可以體會……這一切只有我自己才能領略……因為找不到合腳的鞋子，所以他最後是光著腳入殮……

我眼睜睜看著他的遺體被裝進玻璃紙做的塑膠袋，袋子綑好後放入木製的棺材……棺材再套上一層厚得像漆布的透明玻璃紙……最後才勉強塞進鋅皮棺材裡，只留一頂大盤帽在最上面。

下葬那天所有人都出席，包括我們雙方的父母也在場……他們在莫斯科買了黑色頭巾……當天契卡[9]的人前來見我們，再三對每個人說：「我們不能讓你們領回丈夫和兒子的遺體，他們身上有放射性物質，必須要用特殊方法處理，並葬在莫斯科的墓園。鋅皮棺材要先焊死，再用混凝土板封起來。你們在這份文件上簽名，我們需要獲得你們的同意。」假使有人不服，想把棺材運回家鄉，契卡的人就會說服他：「他們是英雄，不再是你們家人。他們現在是國家的人，屬於國家所有……」

上了靈車，除了親人，還坐了一些軍方的人。一名上校身上佩帶的無線電對講機傳來：「等我們的指令！不要輕舉妄動！」車子沿著環城公路在莫斯科晃了兩三圈，最後又回到市區……此時無線電傳來：「墓園目前不准通行，那裡有很多外國記者在守候，你們再稍等一下。」爸媽沒有說話……媽媽披著黑色頭巾……我感覺自己神智模糊，一時情緒激動：「為什麼要把我的丈夫藏起來？他殺人了嗎？他犯罪了嗎？他違法了嗎？你們這樣叫我們拿誰下葬？」媽媽摸摸我的頭，握住我的手，安撫我：「女兒啊，你冷靜點。」上校對著無線電通報：「死者妻子情緒不穩，請准許我們隨行。」墓園裡，士兵將我們團團圍住，一路押送我們和棺木。他們不准任何人和死者道別，只許親人撒土……軍官還會不時在旁催促：「動作快！動作快！」連讓人抱一下棺木的機會都沒有。

結束後隨即趕我們上公車……

他們迅速幫我們買好回程車票……隔天，一名身著便衣但不脫軍人儀態的人全天在我們身邊盯梢，不准我們出門，也不許買路上吃的食物。就怕我們和別人說話，尤其是我。我連哭都哭不出來了，哪來的心情說話。我們退房後，值班人員清點了所有的毛巾和床單，當下摺一摺就全放進PE塑膠袋。想必是拿去燒了……十四天的住宿費用全數由我們自行負擔……

一個人在治療放射性疾病的醫院待上十四天就這樣撒手人寰……

我一進家門，見床倒頭就睡。這一睡，整整三天任人怎麼叫都叫不醒，家人甚至叫了救護車，但醫生說：「沒事，沒死，她會醒過來的。她只是睡得特別沉。」

我當時二十三歲……

夢裡發生的事我還記得：死去的奶奶出現在我眼前，身上的穿著和她下葬時一模一樣。她忙著裝飾聖誕樹。「奶奶，我們家怎麼會有聖誕樹？現在明明是夏天啊！」「需要準備準備，你的瓦西里很快就要來找我了。」因為他從小在森林長大。我也記得做了另一個夢：瓦西里穿著一身白色的衣服出現在我面前，他叫著尚未出生的小女兒娜塔莎，可是小女孩已經長得很大了，我很驚訝她什麼時候長大的！他把小孩抱起來拋向空中，兩個人笑得好開心……我看著他們心想：幸福就是這麼簡單，這麼簡單！之後我又做了一個夢：我和他沿著水岸散步，走了好久好久……他從另一個世界，由上往下對我打了個手勢，好像是要我別哭。（久久不發一語）

兩個月後我回到莫斯科，下了火車便直奔墓園去看他！到了墓園我才跟他說沒幾句話，肚子忽然陣痛起來……路人幫我叫了救護車，我請駕駛載我到古思柯娃那邊生產……先前她曾告誡過我：「要生的時候記得到我們這裡來。」以我這種情況還能去哪兒生？我這胎比預產期早了兩個星期……

接生的醫生把小孩抱給我看，是個女孩子……「小娜塔莎，」我叫她，「這是你爸爸給你起的名字。」她外表看起來是個正常的嬰兒，手腳健全……可是她有肝硬化的問題，她的肝臟測出二十八侖琴的輻射量……她的心臟也有先天性的缺陷……四個小時之後，有人通知我小孩夭折了。院方這次也說小孩的遺體不能還給我。「你們怎麼可以不把小孩還給我？應該是我不給你們才對啊！你們想拿她去做研究，我恨你們的研究！你們的研究奪走了我的丈夫，現在還想要……我不給！我要親手把她埋葬在我的先生旁邊……」（愈說愈小聲）

我只能詞不達意地……自從中風之後我不能叫喊，也不能哭，但我實在很想……我恨不得全世界都知道我的痛苦……我從未對任何人說過這些事……我拒絕讓他們帶走我的小女兒，我們的小女兒。後來他們拿來一只木盒，對我說：「她在這裡面。」我看了看，她裹著嬰兒毯躺在盒子裡。我忍不住哭了出來：「把她葬到我先生腳邊，告訴他這是我們的小女兒娜塔莎。」

墓碑上沒有娜塔莎的名字，只有他的名字……畢竟她尚未正式登記姓名，什麼都沒有，只有一條靈魂，我把小孩的靈魂和他葬在一起……

上墳的時候，我一定帶兩束花——一束給他，另一束擺在角落給她；然後跪在墓碑前，每次一定跪……（語無倫次）是我害死她，是我。她……她救了……是我的小女兒救了我。她獨自承受了輻射的傷害。她只是個嬰兒，她還那麼小。（喘不過氣）是她保護了我。我愛他們，難道……難道愛也會害死人嗎？我愛得那麼深！為什麼愛和死亡總是如影隨形？誰能給我一個解釋？誰能告訴我為什麼？我總是到他們墓碑前跪著……（久久不發一語）

……政府在基輔配了間公寓給我。同一棟大樓的住戶都是從核電廠撤離的居民，大家彼此都熟識。公寓很大，有兩間房，是瓦西里和我夢寐以求的房型，但我在裡面住得快發瘋了！每個角落都是他的影子，處處都可以感覺到他的目光……為了不讓自己有喘息的時間，順便也轉移自己的注意力，我自己裝潢房子。這樣的情況持續了兩年……我常夢見我們倆走在一起，他卻打著赤腳。「你為什麼老是不穿鞋呢？」「因為我沒有鞋子啊！」我上教堂找神父幫忙解惑，他指點我：「你去買雙大尺碼的拖鞋，然後找個人的棺材放進去。記得寫張紙條注明鞋子是要給他的。」我按照神父的話做。一到莫斯科，立刻上教堂。在莫斯科我感覺自己和他的距離不那麼遙遠——他葬在米金斯基墓園。我對教堂執事解釋為什麼我必須把拖鞋轉交給死去的丈夫，對方問：「你知道該怎麼做嗎？」他又向我說明了一次……恰巧當時送進來一位老爺爺的遺體準備安魂，我走上前，掀起罩在遺體上的蓋布，將鞋子塞了進去。「你有寫紙條嗎？」「有，只是沒寫哪一座墓園。」「到了那邊都是同一個世界，一定找得到人的。」

我那時候一點也不想活，每到晚上我都會站到窗邊，望著天對他說：「瓦西里，我該如何是好？沒有你我活不下去。」白天經過幼兒園，我總會停下腳步，盯著小孩子看……看得我簡直要瘋了！夜裡我拜託他：「瓦西里，我想生個孩子。我太害怕一個人過日子了。我快撐不下去了。瓦西里啊！」又有一次我央求著：「瓦西里，我不需要其他男人，沒有人比你好，但我想要有個孩子。」

二十五歲的時候……

我認識了一個男人，一五一十把實情全告訴他：「我這輩子只愛一個人。」我對他推誠布公……就算是交往期間，我也從沒帶他回家過。我沒辦法讓他踏入家門，因為家裡有瓦西里在……

我在西點店工作時，常常蛋糕做到一半，眼淚就掉了下來。我沒哭，但眼淚就是不爭氣地落下。我只求其他共事的女孩一件事：「不要同情我。要是你們同情我，我就辭職。」我想和大家一樣，我不需要別人的同情……我也曾經擁有過幸福……

收到瓦西里的紅色勳章時，我沒能一直盯著勳章看，因為眼淚掉個不停……

我生了個男孩，叫安德烈，小安德烈……朋友曾經阻止我：「你不能生小孩！」醫生也嚇唬我：「你的身體不堪負荷。」接著又跟我說小孩生出來會沒右手，甚至指著儀器要我看……「那又如何？」我心想，「我可以教他用左手寫字。」結果小孩生出來，一點異狀也沒有，還是個可愛的小男孩……現在已經上小學了，每科都名列前茅。終於有人可以陪我，有人可以依靠。他現在是我生命中的一線曙光，而且也很懂事：「媽媽，如果我去找奶奶住兩天，你一個人撐得住嗎？」當然撐不住！哪怕只是分開一天我都害怕。有一次上街，我突然一陣頭暈目眩……那是我第一次中風，就在街上……他問我：「媽媽，需要拿點水給你喝嗎？」我說：「不用！你站旁邊陪著我就好，哪裡都不要去。」我抓起他的手，後來的事我不記得了……睜開眼睛時，我人已經躺在醫院……我抓他抓得太用力，醫生費了好大的力氣才掰開我的手指，而他的手早就被我抓得一片青紫了。如今出門，他都會說：「媽媽，我不會亂跑，你不用抓我的手。」現在他也生病了，兩個星期上學，兩個星期在家休養。我們的日子就在兩人為彼此擔心受怕中度過。家裡每個角落都有瓦西里的相片……每天晚上我總會對著他說好多話……夢裡他常常要我帶孩子給他看，於是我帶著安德烈走上前，而他牽著小女兒的手過來。他每次都是和小女兒一起出現，也只跟她玩……

我的生活就是如此，虛實交錯。天曉得哪個好……（起身走近窗邊）像我這樣的人很多，整條街都是。我們這裡就叫做車諾比街。大家一輩子都奉獻給核電廠了。許多人到今天都還會到電廠去輪班當守衛。只不過那裡早已人去樓空，以後也不會有人居住了。這些人不是罹患重症，不然就是殘疾，但還是一樣盡忠職守，完全不敢想像丟了工作會是什麼樣子。沒有反應爐，他們就沒有人生可言——反應爐是他們的命脈。他們還能去哪？還有誰需要他們？每天都有人過世，一轉眼一條生命就沒了。有人走著走著，就倒地不起；有人睡著了，就沒再醒來；有人捧著花準備送護理師，心臟就停了；有人等公車等到一半就走了……他們一個接著一個死亡，卻沒有人真正關心過他們。我們的經歷、我們的見聞沒有人感興趣……畢竟，有誰想聽死亡這種讓人不舒服的事情呢……

所以我給您說了一個愛情故事，我曾經深愛過一個人的故事……

——柳德蜜拉，殉職消防員瓦西里的遺孀

注解

1 普里皮亞季（Припять）是位於烏克蘭基輔州的城市，靠近與白俄羅斯交界之處，車諾比核災發生後因居民全數疏散而遭廢棄。

2 斯佩里日耶村（Сперижье）是位於白俄羅斯戈梅利州的村莊，車諾比核災發生後部分居民移居外地。

3 五一節（Первое мая）為蘇聯國定假日，於每年五月一至二日慶祝並宣揚勞動者的團結精神，按照慣例，假期第二天民眾會到戶外烤肉野餐。

4 俄國衣服尺碼五十二號相當於XL，四十八號相當於M。

5 五月九日是蘇聯紀念納粹德國無條件投降及第二次世界大戰告終的日子，稱為勝利紀念日（День Победы）。

6 蓋爾（Robert Peter Gale，一九四五～）是一名美國醫生，專攻白血病與骨髓病變。車諾比核災發生後接受蘇聯政府邀請，參與患者救治行動。

7 列寧格勒（Ленинград），今聖彼得堡。

8 侖琴指的是暴露量，在游離輻射的環境中，侖琴數愈大，暴露量就愈大，也就愈危險。

9 契卡（Чрезвычайная комиссия），全名為肅清反革命及怠工非常委員會，是維護國家安全、鬥爭階級敵人、偵查反革命份子的蘇聯情報機構。

作者自我訪談：
論消失的歷史及車諾比事件為何撼動我們世界圖景

「我見證了車諾比核災……儘管一百年來，前前後後爆發許多令人難忘的可怕戰爭及革命，車諾比核災仍堪稱二十世紀最為重大的歷史事件。自從這場浩劫發生以來，轉眼已經二十年了，但時至今日我依舊不解：我所見證的究竟是過去還是未來？只要一個不小心，很容易就會落入窠臼——恐懼的窠臼之中……車諾比在我看來是一段歷史新章的開端，它所代表的不僅是所知，同時也是預知，因為我們開始懂得去質疑原本認識的自己與熟悉的世界。談論過去或未來，我們往往習慣將主觀的時間概念加諸這兩個詞語之上。然而，車諾比核災爆發後，首當其衝的正是時間概念的崩解。飄散至世界各地的放射性同位素長期殘留在環境中，需要等上五萬、十萬、二十萬年，甚至更多時間才會消失……和人類的壽命相比，放射性同位素是恆久而不滅的。我們能懂什麼？我們真有能力洞悉未知的恐懼背後隱含哪些意義嗎？

這本書談的是什麼？我又為什麼要寫這本書？」

「這本書的重點不在於車諾比核災，而是伴隨車諾比核災所衍生的世界。純粹陳述事件的書籍早已汗牛充棟，相關的影片更是不一而足。我認為我的創作定位在於補足歷史的缺漏，重現我們在這個世上與時間洪流中走過卻消逝無痕的蹤跡。我蒐羅、記錄平凡的情感、思緒和話語，試圖藉此看見一個人的日常，一睹普通老百姓的平凡人生。只是這裡的一切——不論是事件，或就此定居的人民——都非比尋常。車諾比對他們而言，既非隱喻，亦非符號，而是他們的家園。在藝術創作中，世界末日和各種天崩地裂的科技浩劫已是陳腔濫調，但我們卻時至今日才領悟，原來真實人生遠比藝術作品所表現的還要曲折離奇。事故發生一年後，有人問我：『人人都在寫，為什麼您身為一名當地人卻不動筆呢？』問題是：我不知道該怎麼寫，要運用什麼樣的手法，或是從何下筆。以往寫作，我都是從第三者的角度切入，去觀察他人的苦難，可是現在，我的人生和我自己卻成了與事件密不可分、無法抽離的一部分。我們這個坐落在歐陸的蕞爾小國本來無人聞問，而今名號響遍各國，所有人都以為白俄羅斯是萬惡的車諾比實驗場域，我們白俄羅斯人更成了與車諾比難脫干係的一支民族。事發後，無論我人到哪，旁人總會投以好奇的目光：『您是從那裡來的啊？那裡情況如何？』其實三兩下完成一本書絕非難事，只要點明那晚核電廠出了什麼事，罪魁禍首是誰，政府又是如何隱瞞災情將世人和國民蒙在鼓裡，或是到底耗費多少公噸的砂石與混凝土興建石棺以隔絕致命的反應爐，書一本一本接連問世一點兒也不成問題，可是似乎有什麼攔阻著我，不讓我動筆。是什麼呢？是因為我感覺到其中隱藏著不可告人的祕密。這份驟然而生的感覺存在於我們談話、行為和恐懼中，並且在事發後如影隨形地糾纏著我們。說出口也好，沒說出口也罷，人人都察覺到了，我們面對的是一種神祕而未知的東西。車諾比是個有待日後分曉的謎團，是個尚且無人參透的徵兆。也許這道謎將會是二十一世紀的課題，是給未來的一份挑戰。我們現在知道，除了生活中得承受共產主義、民族主義與新興宗教帶來的挑戰之外，將來還必須面對現階段尚未顯現，但卻更加險惡而全面的難題。慶幸的是，核災之後，有些事情已經漸漸明朗……

一九八六年四月二十六日那晚……一夜之間我們在歷史進程上錯了位，倏地一躍進入了截然不同的現實。這個現實遠非我們所能理解，也超乎我們所能想像。時間的鏈結應聲斷裂……忽然間，過去的經驗變得毫無用處，我們落得無所依托。即使在人類歷史這座無遠弗屆（我們曾如此堅信）的資料寶庫，也找不到能開啟這扇門的鑰匙。那些日子我時常聽見有人說：『我不知道該怎麼敘述才能如實呈現自己的見聞和經歷』、『以前從沒聽說過這樣的事情』、『這種事不管在書中還是電影裡我都沒看過』。從災難爆發一直到有人開口議論，這中間彷彿畫上了休止符，社會大眾噤若寒蟬……那段時間誰也忘不了……政府高層通過決議，暗地下令派遣直升機，出動大批戰車，底下的小老百姓只能抱著忐忑不安的心等候進一步消息。儘管謠言漫天蓋地，就是沒有人敢問：到底發生了什麼事？我們無法具體描述這些陌生的感受，也不知道該用什麼樣的心情去面對陌生的詞彙；儘管不會表達，卻逐漸有了新的思維。我們今天大概可以如此總結當初的處境。光有事實是不夠的，我冀求的是能看穿事實的表面，深究箇中意義，我追求的是撼動人心的效果，所以我四處尋覓飽受驚嚇的人，聽他們用著有如夢囈的口吻，彷彿來自平行世界的聲音，敘述不一樣的故事……隨著車諾比核災的發生，大家開始思索，虔誠的信徒及不久前仍秉持無神論信念的民眾再度湧入教堂……人人都在尋求物理和數學無法提供的答案。三維世界的疆界打破了。我再也沒見過有誰還膽敢將唯物主義奉為圭臬。無限的概念粲然乍現。失去熟悉的文化傳統作為依靠的哲學家和作家不再發言。剛出事的那陣子最有意思的不是訪談科學家，也不是官員或軍方高層，而是年邁的農民。他們不讀托爾斯泰和杜斯妥也夫斯基，不懂得使用網路，但他們的認知非但沒有因此崩解，反而巧妙融入了嶄新的世界圖景。假使今天面對的，是類似廣島原爆那樣事先預謀好的核武攻擊，或許我們還能承受。遺憾的是，這場浩劫卻發生在提供民生用電的核能設施。在過去那個年代，教育讓我們深信，蘇聯擁有全世界最可靠的核電廠，即使興建在紅場上也無須憂心。轟炸廣島和長崎的叫做軍事核能，供給家家戶戶照明的則是和平核能。當時沒有人料想得到軍事核能與和平核能竟是聯手為惡的孿生子。而今，我們終於學到教訓，整個世界也學乖了，只可惜是車諾比核災爆發之後，世人才領略這個道理。今天的白俄羅斯人就像是活生生的『黑盒子』，承載著給未來世代的訊息。

這本書我琢磨了很久……將近二十個年頭……我尋訪了核電廠的老員工、科學家、醫生、軍人、難民、自願返鄉者等人。對於我所訪談的對象而言，車諾比幾乎占據他們全部的生活。在他們眼中，車諾比不僅是大地和水源的汙染源，也是荼毒他們內心與周遭事物的禍端。這些人闡述自身故事的同時，也在摸索求解……而我也跟著他們一起思考。他們常會急著想趕快把話說完，唯恐說慢就來不及了。我當時還沒意識到，他們的證詞都是拿生命換來的。『請您記下來。』他們一再重複著說，『我們雖然沒辦法完全理解自己看到的事情，但至少讓我們的故事流傳下去，未來……等我們死了以後……說不定有人能夠理解這一切究竟是怎麼一回事。』他們心急並非沒有道理，許多人都已經不在人世了。不過至少他們把握住機會發出了最後的警訊……」

「我們熟知的恐怖與慘劇絕大多數離不開戰爭。除了史達林時期的古拉格勞改營和奧斯威辛集中營這幾個近代的邪惡發明，歷史的推進一直以來就是不同戰爭與統帥的更迭史，我們可以說戰爭是衡量恐怖的尺度，因此民眾不免將戰爭與災難的概念混為一談……在車諾比事件中我們見到類似戰爭的徵象，諸如：大批士兵、撤離民眾、棄守的房舍，以及失序的生活等等。此外，新聞報導車諾比的消息時，使用的也清一色是軍事用語——原子、爆炸、英雄……這使得我們不容易理解到原來歷史已經邁入全新的里程……我們眼前展開的其實是一段災難史……只不過這一切太過陌生，沒有人願意費心思考，大家寧可藏匿在熟悉的事物背後，拿舊有的歷史作為擋箭牌。就連車諾比事件的英雄紀念碑都和戰爭紀念碑一模一樣……」

「我第一次進入管制區時……

花園裡千紅萬紫，陽光照得嫩草鮮綠油亮，鳥語嚶嚶婉轉。那是一個既熟悉又陌生的世界……我當下的直覺是：一切如舊，一樣的土地，一樣的水，一樣的樹木；它們的形態、顏色、味道都是永恆的，任誰也不能輕易改變。初來乍到的頭一天，有人向我說明：花朵不能採，地上不能坐，泉水也不能喝。傍晚時分，我注意到牧人試圖將累了一天的牛群趕進河裡面，可是牛隻一靠近河邊，察覺到危險，立刻掉頭離開。我還聽說田野和院子裡滿地死老鼠，但貓看到了，卻棄如敝屣。死亡不再是我們熟知的模樣，它換上了新的面貌，潛伏在每個角落，無所不在。突如其來的威脅讓毫無防備的人類應對不及。作為一個物種，人類的視覺、聽覺和觸覺尚未演化出感知死亡的能力。面對無形、無色、無味、無聲的輻射，我們的眼睛、耳朵和手指完全派不上用場。我們一輩子不是打仗，就是在為打仗做準備。說到戰爭我們瞭若指掌，誰知道敵人竟在一夕之間換了一個樣。我們現在要對抗的是與以往截然不同的敵人，割下的草、捕到的魚、獵到的野味，乃至尋常無奇的蘋果都可能致人於死……過去宜人親切的環境如今叫人避之唯恐不及。老一輩的人不曉得這一撤退就是永遠，他們仰望著天，百思不得其解：『日頭當空……不見濃煙，不見毒氣，沒有槍林彈雨，這樣也叫戰爭？還要我們逃難……』這樣的世界既熟悉又陌生……

我們要怎麼知道自己所處的是個什麼樣的地方，或者身上出了什麼問題？此時……此地……又有誰可以過問……

管制區裡裡外外，戰車的數量多得驚人。全副武裝的士兵手持全新的步槍踏步行軍。不知道為什麼，我印象最深的不是直升機或裝甲運輸車，而是這些步槍，這些武器……在管制區配槍……究竟要射殺誰？要抵禦誰？難不成是要用來對抗物理和肉眼不可見的粒子？還是掃射輻射汙染的大地和樹木？國家安全委員會的人進駐核電廠搜捕間諜和突襲份子，一時間傳言四起：爆炸事故是西方國家的情報單位密謀的攻擊行動，目的是為了瓦解社會主義陣營，民眾必須提高警覺。

我眼睜睜看著戰爭的景象與戰爭的文化潰滅。我們的世界不再透明，邪惡毫無道理，不露痕跡，不受法律束縛。

我目睹了人在車諾比核災前後的轉變。」

「我常常聽人家說，事發當晚趕赴核電廠救火的消防隊員和善後人員的行為像是自殺，而且是集體自殺，這話相當耐人尋味。善後人員在救災過程中多半沒有穿防護衣，無怨無悔地到機器人『陣亡』的地點支援，默默接受上級隱瞞實際輻射量的事實，最後還滿心歡喜地接受政府頒獎表揚。他們領完獎，也沒剩多少日子可以活，很多人甚至連領獎都來不及就撒手人寰了……如此看來，他們究竟是英雄？是自殺者？還是蘇聯理想與教育下的犧牲品呢？隨著時間推移，我們忘記是他們拯救了國家，拯救了歐洲。要是另外三個反應爐當初也爆炸了，後果根本不堪設想……」

「他們是英雄，新時代的英雄。雖然世人頻頻將他們和史達林格勒戰役或滑鐵盧戰役的烈士相提並論，然而他們拯救的不單單是祖國，他們拯救的是生命，是讓生命得以延續的時間，是維繫一線生機的時間。人類的一場車諾比核災糟蹋了上天創造的世界，不只人受害，連動植物等千千萬萬的生命也平白遭殃。來到善後人員身邊，我聽見他們談論自己（是第一批，也是第一次）是如何執行人類有史以來首見的非人任務——掩埋大地，也就是將輻射汙染的土壤，連同棲居其中的甲蟲、蜘蛛、雞母蟲等，各種連名字都叫不出來也記不住的昆蟲一併封存起來。他們對死亡的認知徹底改變了，這種新的認知擴及一切，從飛鳥到蝴蝶無一倖免。他們的世界不一樣了——有了新的生命法則、新的責任和新的罪惡感。他們的故事脫離不了時間的主題，『頭一遭』、『再也不』、『永遠』這類的詞語屢見不鮮。他們回憶著車子行駛在空落落的村子裡，偶爾會遇見不願和其他居民一塊兒撤離，或是後來又從外地跑回來的獨居老人。雖然我們已經邁入太空船的時代，但這些老人家還是循著兩百年前的生活方式度日——點松明取光，提鈔刀除草，拿鐮刀收割，舉斧頭伐木，對動物與神靈禱告。時間像是咬住了自己的尾巴，開始和結束碰在了一起。對於去過的人而言，車諾比的一切並不會只停留在車諾比。他們不是從戰場上歸來，反而更像是從另一個世界回到這個世界。我知道，他們有意識地將自己的痛苦化為新知，當作一份禮物餽贈給我們：聽著！知道了這些事情，你們一定要盡其所能，有所作為。車諾比英雄有一座專屬的紀念碑，是用來遏止核能大火的人造石棺，堪稱二十世紀的金字塔。」

「人類在車諾比這塊土地上的遭遇的確引人同情，但動物的命運更加令人唏噓……我沒說錯……我這就一一說明。人離開之後，死寂的管制區還剩下什麼？老舊的墓園與動物墳場。人類只顧自個兒性命，無視其他生物死活。村莊人去樓空後，部隊和獵人進駐，撲殺動物。貓狗聽聞人聲還是會飛奔上前，馬也不知道發生了什麼事……這些平白無辜的飛禽走獸默默受死，這才更叫人不寒而慄。過去墨西哥的印第安人和古羅斯[1]的先民都懂得向犧牲生命供人類溫飽的動物尋求諒解，古埃及的動物甚至有控訴人類的權利。保存於金字塔內的紙莎草書卷就曾記載：『牡牛未對N提出指控。』古埃及人臨終前還會誦讀以下這樣的禱詞：『鄙人平生絕無侮辱生靈，亦無侵奪鳥獸之菽粟芻秣。』

車諾比事件帶給我們什麼樣的教訓？是否讓我們看見了『其他生物』賴以為生的既靜謐又神祕的世界？」

「有一回，我親眼目睹士兵進入廢棄村莊開槍掃射……

無助的動物嘶聲吶喊，各種哀嚎此起彼落……《新約聖經》有這麼一段敘述：來到耶路撒冷聖殿的耶穌基督看見準備送上祭壇的動物慘遭割喉斷頸，血流如注，遂而厲聲斥喝：『……你們倒使它成為賊窩了。』[2]哪怕說是屠宰場也不為過……在我看來，管制區中數百座的動物墳場正如同古代的神廟。但是，這些廟宇祭祀的到底是什麼樣的神祇？是主掌科學與知識的神，還是火神呢？就這意義而言，車諾比造成的傷害遠遠超過奧斯威辛集中營和科雷馬勞改營[3]，影響所及更勝猶太人大屠殺。車諾比帶來的是化一切為虛無的終結。

我改變了看待世界的態度……如今，我不再覺得地上的螞蟻和天上的飛鳥是那麼地生疏。我和牠們之間的距離縮短了，原先的隔閡也消失了。不管是誰，都是一條生命。

我記得這麼一件事……一位年邁的養蜂人說（後來我也從其他人口中聽到同樣的話）：『有一天早上，我走到花園，覺得少了點什麼，少了熟悉的聲音。我沒見到蜜蜂的影子，也沒聽見蜜蜂飛的聲音！一隻都沒有！怎麼回事？發生了什麼事？第二天牠們還是窩在蜂巢裡，第三天也一樣……我們後來才聽說核電廠出了意外。電廠就在附近，我們卻什麼事都不知道。蜜蜂知道情況不對，我們卻渾然不知。現在如果一有什麼事，我都會先觀察牠們的動靜。』還有另一個例子……我和河邊的漁夫聊天，他們回想當時：『我們等著電視說明事情原委，想要知道該如何自保。就連什麼也不懂的蚯蚓都知道要往地底下逃命，牠們鑽到了將近半公尺或一公尺那麼深的地方，而我們卻還搞不清楚狀況。我們當時不斷挖啊挖，就是抓不到蚯蚓可以釣魚……』

究竟誰能在這片土地上活得長久，繁衍不息，成為萬物之王——是我們，還是牠們？論如何度過困境，如何生存，我們還得向這些動物多多學習。」

「兩起大難接踵而來。蘇聯在我們這個時代垮台，社會主義的巍巍大陸就此沉淪，這是社會巨變；另一個則是影響層面難以衡量的車諾比慘劇。這兩件事震驚全球。前者和我們的生活息息相關，所以不難理解。民眾憂心的都是日常中的大小事，例如該拿什麼買東西、該往哪裡去、該信仰什麼、該追隨什麼樣的旗幟，抑或是否應該學著為自己而活等等。然而，我們從未經歷過後者這種陌生的變故，人人都惶然不安，不知所措。儘管大家都想忘記車諾比帶來的創痛，但既有的認知不再管用，忘不了就是忘不了。這是一場認知的大災難。我們所有的觀念與價值毀於一旦。倘若能夠戰勝車諾比，或者徹底弄清事情始末，也許我們對這件事會有多點思考和論述。然而，我們人雖然活在這裡，意識卻存在另一個世界。現實變得難以捉摸，不再是人可以理解的。」

「沒錯，現實遙不可及……」

「比方說……『遠近』、『你我』這些陳舊的概念至今仍相當普遍，但車諾比核災爆發以後，短短四天輻射雲便籠罩了非洲大陸與中國。如此看來，究竟何謂遠，何謂近？地球變小了，世界不再像哥倫布時代那樣無窮無盡。我們對空間的感受改變了。我們居住的空間藩籬崩解了。儘管近百年來人類的壽命日益增長，然而相較於含藏在大地中的放射性同位素，再長的壽命都顯得微乎其微。許多放射性同位素得耗上數千年才會消失，時間之長我們根本難以望其項背！於是我們的時間感隨之轉變。這些全跟車諾比有關，是車諾比留下的後遺症，影響我們看待過往、幻想與知識的態度……過去的經驗落得一無是處，我們唯一知道的是我們什麼都不知道。人的情感逐漸走樣……看見人家丈夫生命垂危，醫生非但沒予以安慰，反而說：『別靠太近！不可以親吻！不可以撫摸！他不再是你的愛人，他現在是一個需要除汙的物體。』遇到這般情況，縱使是莎士比亞和偉大的但丁都要改口問：靠近還是不靠近？親吻還是不親吻？我筆下有一名人物（受訪時正好懷胎在身）義無反顧地走近丈夫身旁親吻他，自始至終陪伴左右，直到他嚥下最後一口氣為止。為此她相對也付出了代價——傷了自己的健康，也賠上了小嬰兒的性命。愛情與死亡兩者該如何取捨？過去與未知的當下又該如何抉擇？難道有人敢說為人髮妻、為人母親的人沒守在垂死的丈夫和兒子身邊就是錯嗎？難道遠離放射性物體錯了嗎？在她們的世界裡，愛和死亡已經不可同日而語。

除了我們之外，一切都不一樣了。」

「一般來說，一起事件至少得過個五十年才會被歸入歷史，但這件事我們必須趁著人證物證都還在，加緊腳步盡快追查始末……」

「不論是管制區或與世隔絕的世界，原先都只是奇幻小說家杜撰出來的東西，不過在現實面前，即使是文學也只能甘拜下風。我們無法像契訶夫筆下的人物一樣，相信一百年後的人將更臻完美，生活會更加美好。那種未來是不存在的。因為在那之後的一百年，出現的是史達林的古拉格、奧斯威辛集中營、車諾比核災，以及紐約的九一一事件……令人費解的是，這一切怎麼會恰巧發生在同一個世代，像我高齡八十三的父親就全部都經歷過。人如何撐得過來？」

「車諾比最叫人難忘的是『事過境遷』的樣貌——沒有主人的物品、沒有人影的風景、荒廢的道路、無用的電線。偶爾會讓人不禁懷疑，眼前這幅光景到底是過去還是未來。」

「有時候我覺得自己記錄的是未來……」

注解

1 古羅斯又稱基輔羅斯，為東斯拉夫民族於西元九世紀在聶伯河流域建立的國家。

2 這段描述和聖經內容有落差。依據馬太福音 21:12-13：「耶穌進了神的殿，趕出殿裡一切做買賣的人，推倒兌換銀錢之人的桌子，和賣鴿子之人的凳子；對他們說：『經上記著說：「我的殿必稱為禱告的殿」，你們倒使他成為「賊窩」了。』」（和合本）

3 科雷馬（Колыма）位於俄羅斯遠東地區，與東西伯利亞海、北冰洋和鄂霍次克海相鄰。由於礦物豐富，在史達林的高速工業化政策下，大批政治犯（許多是知識份子）和富農被發配到該地的勞改營挖掘黃金、建設道路，卻有多人因氣候惡劣、食物短缺和工作過勞而身亡。

第一章

亡者之地

獨白：人為什麼要回憶過去

我也有個疑問。自己怎麼就是想不透……

您真的打算寫這起事故？我不想讓別人知道我的事。我當然希望坦承自己的親身經歷，但另一方面，說了又覺得自己像脫光光給人看一樣，我不想這樣……

您記不記得托爾斯泰《戰爭與和平》的皮埃爾？他歷經戰爭之後，整個人失神落魄，覺得世界再也不一樣了。可是一段時間過去，他發覺自己依舊會責罵馬車夫，一樣愛嘮叨。既然如此，人為什麼要回憶過去？為了重現真相？為了爭取公道？為了解脫，不再想起？為了證明自己是重大歷史事件的一份子？還是想從過去的記憶中尋求一絲庇護。再說，回憶既不可靠又虛無飄渺。回憶並非精確的知識，而是人對自我的臆測。說知識實在言過其實，回憶不過就是人的感受罷了。

我的感受……挖掘過去的記憶太痛苦了，但我記得……

這輩子最可怕的事情發生在我的童年——戰爭……

我記得我們男孩子會玩一種叫「爸爸媽媽」的遊戲——幫小嬰兒脫衣服，再將他們放到一塊兒。這些嬰兒是戰後出生的第一批小孩。全村都知道他們學會的第一句話是什麼，以及什麼時候學會走路。打仗期間，沒人有多餘的心思照顧小孩，所以戰後人人都期待新生命的誕生。我們把遊戲稱作「爸爸媽媽」。雖然當時自己不過八歲到十歲，但已經盼望著新生命的出現……

我親眼見過一個女人在河邊的樹叢裡，拿起磚塊砸自己的頭，自我了斷。那個女人懷了全村都恨得牙癢癢的輔警[1]的小孩。而且我小小年紀就看過母牛生產。我曾幫母親把牛犢從母牛的肚子裡拉出來，也曾牽著家裡的豬去和野豬交配……我還記得……記得父親的遺體送回家時，身上穿的是媽媽親手織的毛衣。一看就知道，我父親是遭到機關槍或衝鋒槍掃射，一些血淋淋的碎塊從他身上流了出來。他的遺體放在家中唯一的一張床上，除了床也沒有其他地方可以放了。不久我們把他埋葬在家門口。土是從種紅甜菜的菜圃挖來的黏土，壓在他身上，又沉又重，想必他入了土也沒好過到哪裡去。當時處處都不安寧，街頭又是死馬，又是死人，屍橫遍野……

這些回憶對我是一大忌諱，我不曾對人提起……

生和死對當時的我而言並沒有什麼不同。牛犢和小貓的誕生，女人在樹叢裡自殺，兩者給我的感覺幾乎是一樣的。我也不清楚為什麼生和死給我的感覺竟然毫無差別。

我依舊記得小時候家裡宰野豬時散發的氣味。您只是稍微勾起我的回憶，就害我再次陷入過去那場恐怖的噩夢裡……

我也記得女性長輩帶我們小朋友一起上澡堂洗澡。每個女人，包含我媽在內，都有子宮脫垂的問題（我們當時就明白這是怎麼一回事）。她們都是隨便拿一塊破布把子宮包起來。我就親眼看過……女人因為粗重的工作子宮才會掉出來。家裡沒男人（到前線作戰打游擊的時候被打死了）也沒馬可以用，女人只好自己下田拉犁。菜圃和集體農莊的田都是她們親自下去耕的。長大之後和女人發生親密關係，我就會想起這些在澡堂看見的事情……

我想忘記，把一切都忘得一乾二淨……我試著淡忘……我以為戰爭這個在人生中最可怕的事情已經過去了，以為接下來可以安心過日子了，以為我知道的事情和那段日子的經歷會庇護我，可是……

直到我前往車諾比管制區……那個地方我去了很多趟。到了那裡我才了解到自己有多麼無助。我不懂……這股無助的感受和面目全非的世界讓我意志消沉。在那裡連不幸也不一樣。我的過去無法再庇護我，不能再撫慰我的心……那個世界沒有答案……以前有，現在卻無解。擊潰我的不是過去，是未來。（陷入沉思）

人為什麼要回憶過去？這是我的疑問……不過和您談完，把疑問說出來之後，我似乎明白了些什麼……現在我不再感到那麼孤單了。其他人呢？

——彼得，心理學家

獨白：跟活人死人都能聊

晚上野狼跑到院子裡來，我往窗外一瞄，發現牠杵著一動也不動，兩隻眼睛亮得跟車燈沒兩樣……

我都習慣了。打從居民撤離到現在，我已經獨居七年了，七年啊……夜裡，在天色還沒亮之前，我時常一個人坐著想東想西。整晚蜷縮在床上，等到早上才走出門外看看太陽。我該跟您說什麼好呢？這世界上最公道的事情莫過於死亡了。有錢也難逃一死，不管好人、壞人，還是罪人，最後下場都一樣——塵歸塵，土歸土。世界上沒什麼比死亡更公道的了。我這輩子辛苦打拚，安分守己，從來沒對不起自己的良心，但就是等不到這份公道。也許上帝把公道先讓給了別人，等輪到我的時候已經沒了。年輕人也會死沒有錯，不過老年人是該死……沒有人可以長生不老，即使是沙皇、生意人統統都一樣……一開始，我還耐心等待，以為大家會再回來。以前就算有人離開，過陣子一定會回來，沒有人不回來的。現在的我，等死……要死並不難，只是叫人害怕。如今，沒有教堂，也沒有神父到村子裡來。我的罪要向誰告解呢？

我們頭一次聽說這裡有輻射，以為：「應該是某種得了就會死的病吧！」但政府的人說：「不是，輻射是一種本來存在於地底下的東西，會滲進土裡，用肉眼是看不到的。動物也許看得見，聽得到，可是人沒辦法。」胡說八道！我就親眼看過……我家菜圃到處都是他們所說的鈽。除非下雨，不然一直都在。鈽的顏色和墨汁一樣，一塊一塊閃閃發亮……有一次，我從集體農莊的田跑回家裡的菜圃，看見一片藍色的東西，兩百公尺外又有一片，大小跟我的頭巾一樣……我連忙去通知其他住附近的女人，我們一群人跑遍所有菜圃和四周的田地……跑了差不多兩公頃……總共發現四大片，其中一片是紅色……隔天一早下了場雨，中午東西就消失了。警察來的時候，沒東西給他們看，我們只好用講的：「那東西長這樣……（用手比劃），和我的頭巾一樣大，有的藍，有的紅。」

大家沒有特別畏懼輻射……假如沒看過沒聽過，也許還會怕，可是一旦親眼見過，就不覺得有多恐怖了。之後警察和士兵拿噴漆字模在住家和街上標示：七十居禮、六十居禮……我們吃了一輩子的馬鈴薯，現在卻說不能吃，連洋蔥和紅蘿蔔也不行！有人覺得倒楣，有人覺得可笑……進菜圃還得聽他們的建議，綁紗布口罩，戴橡膠手套，就是爐灶的灰也要埋到土裡。噢……村子裡甚至來了一個頗有分量的科學家。他在公會堂發表演講，宣導木柴得先洗過……天底下竟然有這種事！騙您的話，我耳朵爛掉！政府下令，被套、床單、窗簾全部都要拔下來洗。可是這些東西明明都在室內啊！不是收在衣櫥，就是箱子裡，哪來的輻射？難道輻射能穿過玻璃和門嗎？太奇怪了！輻射應該是在森林和田裡才對啊……水井除了上鎖，還另外用玻璃紙封住，說是因為水「不乾淨」……水哪裡髒了，乾淨得很，清澈得很啊！他們扯了一大堆理由：「你們不走的話都會死……一定要撤離……」

大家嚇死了……村子裡人心惶惶……有的人連夜找地方把財產埋起來。我自己除了把衣服整理好，勤奮勞動掙來的獎狀和以防萬一的私房錢也一併收拾收拾。真悲哀！難過得心好痛！說真的，死了一了百了多好！後來我聽說有個村子人都撤光了，但有一對老夫婦死守沒走。原來士兵把所有人趕上公車的前一天，這對夫妻牽了家裡的母牛躲到森林去。執法警察放火燒村莊的時候，他們倆就在那裡等風頭過去，簡直跟戰爭一樣……怎麼會這麼倒楣？（哭泣）我們的人生真是多災多難……雖然不想哭，可是眼淚還是不爭氣地流下來了……

噢！您看窗外，飛來一隻喜鵲呀！我不會驅趕牠們……就算有時候喜鵲會來雞舍偷蛋，我也不趕牠們走。現在大家都一樣不幸，所以我誰也不趕！昨天還跑來了一隻兔子……

如果家裡每天都有人上門該有多好！不遠的地方有另一座村子，那邊也有個獨居的女人。我告訴她有空可以過來坐坐，也許有幫助，也許沒有，但至少有人可以說說話……一到晚上我就渾身不對勁——兩腳不舒服，麻得像是有小蟲子在爬，搞得我坐立難安。一痛起來，我非得拿個東西，例如一把穀子，握在手裡，捏啊捏，神經才不會這麼緊繃……我辛辛苦苦一輩子，什麼傷心難過的事沒經歷過。人生這樣就夠了，我別無所求。死一死好解脫。魂魄走了，肉體才能安息。我的兒子和女兒都住在城裡……可是我死也不離開這裡！上天給了我命，卻沒給我運。我心裡明白得很，人老了惹人嫌。小孩能忍就忍，等他們忍不住，就有你好受的了。有小孩不見得比較幸福。從我們這搬去城裡的女人常哭得一把眼淚一把鼻涕，不是媳婦不孝，就是女兒不順，每個都想回來住。我家老頭的墓在這裡……他要不是死在這，一定也會搬去別的地方住。我啊，嫁雞隨雞，嫁狗隨狗囉。（忽然開朗了起來）可是有什麼好搬的呢？這裡多棒！東西長得好，花也開得漂亮。小蚊子、大野獸，什麼都有。

能想得起來的我都告訴您……當時滿天飛機，每天都看得到，一台又一台低空飛過，全都往核電廠的反應爐那邊去；我們小老百姓則是忙著撤離家園，遷到別的地方住。有飛機對著屋子掃射，大家躲的躲，藏的藏。牲畜叫，小孩哭，簡直像在打仗！可是陽光普照依舊……我待在家裡不出門，不騙您，連門都沒鎖。士兵在外面又敲又打：「老太太，打包好了沒？」我問：「如果沒有，難道你們要硬把我綁起來拖走嗎？」他們沉默了好一陣子，就離開了。那些士兵都還是年紀輕輕的小夥子啊！別的女人跪在門口地上爬，苦苦哀求……士兵照樣抓著手，把她們架上車。可要是有人想動我一根寒毛，或對我來硬的，我就舉起木杖作勢打人。我才不哭，我都用罵的，狠狠把他們罵個臭頭。那天我一滴眼淚也沒掉。

我在屋內聽著外頭一下子有人尖叫，叫得讓人心酸，一下子又安靜下來，靜得一丁點聲音都沒有……撤離的頭一天我一步也沒踏出家門……

聽人家說，走的時候，人排一排，牲畜排一排，跟打仗一樣！

我家老頭生前總愛說：「槍是人開的，可是子彈往哪飛是上帝決定的。」人各有命！有的年輕人搬走了，卻死在新家；而我年紀一大把，還拄著枴杖走來走去。有時候寂寞的感覺一上來，眼淚忍不住就掉了下來。村子空空蕩蕩，一個人也沒有，倒是各種小鳥飛啊飛，駝鹿也若無其事走來走去……（哭泣）

我還記得，人自己走了，卻對貓狗棄之不理。起先，我還一個一個倒牛奶給牠們喝，拿麵包給狗吃。這些小動物在院子裡傻傻等主人回家，可是等待的日子久了，小貓餓得連小黃瓜和番茄都吃下肚……到了秋天，我會到隔壁鄰居家幫她割一割籬笆門旁邊的雜草；籬笆倒了，我還會幫她釘回去。我就這樣等著大家回來……以前的鄰居養了一條狗，叫乳球。我現在都會拜託牠：「乳球啊，你要是看到人，記得叫我一聲啊！」

晚上睡覺我常夢到自己跟著撤離。夢裡，有個軍官對我吼著：「老太太，我們等一下要放火了，要把房子夷平了。快出來！」士兵帶我到一個陌生的地方，我也搞不清楚是哪裡，看樣子不像城市，不像村莊，不像我們的世界……

曾經發生過一件事。我本來養了一隻貓，叫瓦司卡。冬天飢腸轆轆的老鼠進到家裡，弄得我不堪其擾，不是鑽進被子，就是把木桶啃出一個洞偷吃裡面的穀子。還好有瓦司卡救了我……沒有牠我還真活不下去……平常我都會跟牠聊天，一起吃飯，可惜後來瓦司卡走丟了……大概被餓肚子的野狗攻擊吃掉了吧？這些動物如果沒死，就是和餓死鬼一樣滿街亂竄。有的貓甚至餓得連小貓都不放過，夏天還好，冬天才會這樣。我的老天爺啊！真是罪過罪過。有個女人還讓老鼠咬死了呢！而且就在自己家中。紅棕色的大老鼠啊……不知道是真是假，但聽說有這麼一回事就是了。這個地方也有流浪漢四處翻找東西吃……頭幾年因為東西還夠用，襯衣、針織衫、大衣我就讓他們拿去跳蚤市場賣。結果他們把錢拿去飲酒作樂，真他媽的！其中有一個流浪漢不小心從腳踏車上摔下來，睡死在街上，隔天一早只剩下幾根骨頭和一台腳踏車。是真是假我不清楚，不過大家都這樣說。

這裡現在很多動物，您想得到的都有！有蜥蜴，有青蛙，有蚯蚓，老鼠也不少！什麼都有！尤其春天特別好。我喜歡紫丁花綻放的樣子，還有稠李的香氣。兩隻腳還走得動的時候，我都自己走去買麵包，往那邊走個十五公里就到了。如果再年輕個幾歲，我還可以用跑的呢！這種事我習慣了。戰爭結束後，我們甚至得走上三十、五十公里特地到烏克蘭買種子，別人扛一普特[2]，我都扛人家的三倍。現在連從前門走到後門都有困難。人年紀大了，躺在爐灶上都覺得冷。警察有時候會過來檢查村子，順便幫我帶點麵包。只不過這裡有什麼好檢查的呢？除了我和貓，沒其他人了。我另外養了一隻貓。每次警車鳴笛一響，我們就樂得衝出門。警察送牠骨頭吃，見到我老是問：「要是強盜上門怎麼辦？」「我這裡有什麼好搶的？要我的命嗎？我也只剩下這條老命了。」這些年輕人很不錯，聽我這麼一說都笑了。他們替我帶電池過來，所以我現在有收音機可以聽。我喜歡聽澤金娜[3]唱歌，可是不知道為什麼，現在很少看到她出來唱了。想必跟我一樣，都老了。我家老頭常講：「舞會結束，小提琴就可以收一收了！」

我來說說怎麼找到這隻貓吧！瓦司卡不見之後，我左等右等，一天、兩天……等了一個月都沒看牠回來，又剩我孤單一人，沒人可以說說話。於是我在村子裡繞，到別人家花園喊：「瓦司卡，喵……瓦司卡！喵！」本來很多貓，後來不知道都跑哪去了，可能被撲殺了吧。死神沒在挑對象的……不管是誰，終究都難逃一死……我四處巡啊巡，找了兩天。第三天，我看到這隻坐在店門口……我們互瞄了一眼，牠高興，我也開心，只不過牠不會說話。我對牠說：「走！一起回家！」但牠還是坐著不動，一直喵喵叫……所以我試著說服牠：「你一個人在這裡幹麼呀？小心野狼把你生吞活剝一口吃掉。跟我走吧！家裡有蛋和醃豬油可以吃喔！」我也不曉得怎麼解釋。貓雖然聽不懂人話，可是牠似乎明白我的意思。我走在前頭，牠跟在後面喵啊喵。「我切醃豬油給你吃好不好？」「喵……」「跟我一起住好不好？」「喵……」「叫你瓦司卡好不好？」「喵……」就這樣我們已經一起撐過兩個冬天了……

晚上睡覺老是夢到有人呼喚我的名字……是隔壁鄰居的聲音：「季娜伊達！」沉默一陣子又叫：「季娜伊達！」

每次一寂寞眼淚忍不住就掉了下來……

我要順道去一趟墓園。我媽的墓在那邊，還有我小女兒的也是……她在戰爭的時候染上傷寒夭折了。當初她才剛入土，太陽就出來了，又亮又刺眼，彷彿在說：「回去把她挖出來吧！」我家老頭費嘉也埋在同一個地方……我要陪陪他們，跟他們怨嘆一下。我跟活人死人都能聊，對我來說沒什麼差別。人孤單久了，再加上日子又這麼悲哀，活人死人的聲音都聽得到……

墓園旁邊就是加弗里連科老師的家，不過他搬去克里米亞跟兒子住了。再過去那一戶是米烏斯基的家，開拖拉機的，也是一個斯達漢諾夫工作者[4]。有一陣子人人都積極參與斯達漢諾夫運動。這個米烏斯基手很巧，可以把木頭雕成蕾絲花邊的窗框。他家大得能容下全村的人。孩子啊，您知道他家夷為平地的時候我有多不捨，多激動嗎？有個軍官對我喊：「老婆婆，別傷心。這棟屋子不乾淨了。」米烏斯基自己倒是喝個爛醉。我走到他身邊，他只是哭著說：「老婆婆，你走吧！快走吧！」就這樣把我支開了。再往那邊走就是米哈留夫的莊園，他在農場負責燒鍋爐。米哈留夫死得早，剛搬走沒多久就翹辮子了。隔壁是畜牧專家貝霍夫的家……某天晚上被一群外地來的壞人縱火燒得精光。貝霍夫也沒撐太久，現在葬在他小孩住的莫吉廖夫附近。二戰期間，村子裡也死了好多人！柯瓦留夫、蔻祖拉、尼基弗倫科……他們都是那時候走的。我們曾經有過幸福快樂的日子，每逢節慶，大家又唱又跳，還有人彈手風琴助興，現在卻像活在監獄。有時候我會閉上眼在村子裡散步……我都跟其他人說：「你看有蝴蝶在飛，有熊蜂嗡嗡叫，我的瓦司卡在捕老鼠，哪有什麼輻射？」（哭泣）

親愛的，你能理解我的悲哀嗎？等這些事公諸於世，也許我早就不在人世，屍骨也已經回歸大地，深埋在盤根錯節的樹根底下了……

——季娜伊達，自願返鄉者[5]

獨白：記錄在門板上的一生

我想要作證……

事情過去已經十個年頭了，但至今我依然每天活在陰影底下。一直到今天，始終揮之不去。我們全家住在普里皮亞季，這座城市現在可說是無人不知無人不曉。我雖然不是什麼作家，不過我是過來人。事情是這樣的，我從頭說給您聽。

我們小老百姓，本來過著平凡的日子，和其他人一樣，每天上班下班，領著勉強餬口的薪水，一年出門度假一次，結婚生小孩。我們的生活完全是普通人的寫照。可是一夕之間，我們卻淪為人盡皆知的車諾比災民、怪胎、世人熱議的話題。現在想當個一般人簡直是天方夜譚。我們回不去原本的生活了，旁人看待我們的眼光也都不一樣了。人家見到我們便問：那裡很恐怖嗎？核電廠燒起來是什麼樣子？你看到了什麼？你還能生小孩嗎？你太太沒拋棄你嗎？事發後的那段時間，我們變得好像稀有的展示品……即使是今天，民眾只要一聽見「車諾比災民」，就跟聽到警報聲響一樣，立即轉頭望過來說：「你從那裡來的啊！」

這些都是我一開始的感受……我們失去的不只是一座城市，而是一整個人生……

爆炸後第三天我們搬離開家，當時反應爐的火還沒有撲滅……我記得有位朋友說：「這就是反應爐的味道。」那股氣味不是文字可以形容的，但民眾對災情的認識卻是從報紙上讀來的。車諾比變成了恐怖的禁地，政府對這件事竟只是輕描淡寫一筆帶過。我們必須了解這樁事故，因為這是我們生命的一部分。我只談自己的經歷，還有我親眼目睹的真相……

事情的經過是這樣的……收音機廣播宣布：「不准帶貓！」我女兒聽到之後，稀里嘩啦哭了起來。她害怕失去心愛的小貓，怕得連話都說不清楚。於是我們把貓裝進行李箱，可是牠待不住，鑽出來把所有人抓得遍體鱗傷。廣播又說：「不准帶任何東西！」所以我什麼都不拿，只打算帶一件東西。就那麼一件！我要把公寓的門板拆下來帶走，這扇門不能留下……大門再用木板封起來就好了……

我家的門……是我們的平安符，是我們的傳家寶。我爸走的時候就是躺在這扇門板上。這個習俗打哪來的我不清楚。不是各地都會這樣做。按照我媽的說法，在我們家鄉只要人往生了，一定得把遺體安放在死者家的門板上，直到入殮為止。當初我爸躺在門板上，我徹夜守在他的身邊。我們家門一整晚就這麼讓它開著。除此之外，這塊門板上滿滿的刻痕，記錄了我的成長過程——從一年級、二年級、七年級，一直到入伍前……旁邊就是我兒子的成長紀錄，還有我女兒的……這塊門板就像一部年代久遠的書，記錄了我們全家老小的一生。您說我怎麼能不帶上它？

鄰居有車，所以我拜託他：「你就幫幫忙吧！」他指了指自己的頭，意思是說：「老兄，你頭腦壞啦！」不過我還是趁夜騎著摩托車穿越森林把門運了出來。那已經是兩年後的事了。當時我家已經讓人洗劫一空。警察以為我是上門趁火打劫的竊賊，一邊追捕我，一邊喊：「我們要開槍了！」沒想到搬自己家的門竟然會被當成小偷……

後來我老婆和女兒的身上都長滿了五戈比[6]那麼大的黑斑……時有時無，說痛也不會……於是我送她們進醫院檢查。我問醫生：「檢查結果怎樣？」對方卻回：「結果不是給你看的。」

我說：「不給我要給誰？」

那時候身邊的人都以為自己死定了……說什麼到了二〇〇〇年白俄羅斯人肯定會全部死光光。核電廠出事當天，我女兒才剛滿六歲。我原本以為她什麼都不懂，但我哄她睡覺時，她都會在我耳邊輕悄悄地說：「爸爸，我還小，我不想死。」只要一見到幼兒園裡穿著白衣的保母或是餐廳的廚師，她整個人就歇斯底里了起來：「我不要去醫院！我不想死！」她最討厭白色了，所以我們只好連新家的白色窗簾都換掉。

您能想像七個小女孩清一色都沒有頭髮的畫面嗎？她們一間病房就是七個人……不行，夠了！我不說了。一談起這件事，總覺得心裡有個聲音在提醒我：「你這個叛徒！」因為我必須用旁人的角度去描述自己女兒的痛苦……有一次老婆從醫院回到家，情緒崩潰：「我寧可她死一死算了，也不要讓她承受那麼多折磨。不然讓我死好了！我再也看不下去了。」我受不了了，夠了！我不想再說了！我沒辦法再繼續說下去。我真的不行了！

小棺材送來之前，我們把她放在我爸躺過的那張門板上……那口棺材小得像是裝洋娃娃的盒子，像一只盒子……

我要站出來作證，因為車諾比核電廠事故奪走了我女兒的性命，可是政府卻要我們閉嘴。說什麼科學尚未證實，也沒有任何資料顯示核災會致人於死，還說得等上好幾百年才能斷定。但是，我的生命短暫，等不了那麼久……請您記下我的告白……至少請您記下：我的女兒叫卡嘉，小卡嘉，過世的時候她才七歲。

——尼古拉，父親

一座村莊的獨白：呼喚親人在天之靈，和他們一起哭，一起吃頓飯

戈梅利州納羅夫拉區白濱村。

訪談者：阿爾丘申科家的安娜、葉娃、瓦西里，摩洛茲家的索菲亞，尼可萊恩科家的娜潔日達、亞歷山大，里斯家的米哈伊爾。

「有客人來拜訪我們了……好心人啊……沒想到會有人來，事前一點徵兆也沒有。平常只要手心發癢，就代表有客人要上門，今天卻沒半點前兆。有這麼一說，如果夜鶯啼叫一整晚，隔天肯定出大太陽。村裡的女人馬上就到了。你們瞧，娜潔日達已經在趕過來的路上了……」

「我們經歷太多了，也承受太多了……」

「哎，實在不想回憶過去的事。太可怕了。士兵驅離我們，坦克和自走砲陸陸續續開進村子。有個老爺爺生命垂危，躺在床上，他能走去哪？他哭著說：『我自己走進棺材算了。』我們拋棄家園，結果換來的是什麼？您看這裡環境多美！如果要放棄這麼美的地方，誰來賠償我們？這裡可是休閒度假勝地啊！」

「當時滿天飛機和直升機，到處轟隆轟隆的。村子裡滿街都是卡瑪斯車廠的聯結車和士兵。害我以為又要跟中國人或美國人打仗了呢！」

「我先生開完集體農莊的會議，回到家說：『他們明天要強制疏散村民。』我問：『馬鈴薯該怎麼辦？還沒採收啊。』這時鄰居敲門找我先生喝酒。兩個人灌了幾杯之後，他們背地裡對

會議主席破口大罵：『不走就是不走，沒什麼好商量的。戰爭都撐過來了，輻射算得了什麼！』我寧可挖個地洞鑽進去，死也不離開！」

「起初我們以為最多只能再活兩三個月。政府的人為了勸離居民就是這樣嚇唬我們的。幸好大家都還活著，真是謝天謝地！」

「對啊，真是謝天謝地！」

「誰曉得死了之後會怎麼樣。還是活著好，畢竟是我們熟悉的世界。就像我媽說的：『活得出色，活得痛快，活出自我。』」

「一起去教堂祈禱吧！」

「疏散的時候，我到媽媽的墳上抓了一把土放進小袋子裡，跪著說：『媽，原諒我們把你留在這裡。』我是晚上去的，一點也不怕。村民在房子的木頭和籬笆上寫下自己的姓，有的人甚至寫在柏油路上。」

「士兵用槍砰砰，把狗殺光了。從那之後我只要聽到動物的叫聲，總是特別不忍。」

「我在村子裡當生產隊長有四十五年了。人真可憐……集體農莊曾經派我們拿自己種的亞麻去莫斯科參展，結果贏了一面勳章和獎狀，所以村裡的人見到我都格外敬重：『瓦西里，你是我們村莊的榮耀！』要是搬到新住處，我算老幾？還不就是戴草帽的一個糟老頭。我死也要死在這裡，至少有女人替我端茶水，屋子也有人幫忙生火。人真可憐……傍晚，村子的女人幹完田裡的活，一路唱著歌回家。我很清楚，她們的付出根本不值一毛錢，除了出席勞動日[7]的工作紀錄，她們什麼也拿不到，但她們照樣放開嗓子唱歌。」

「村子裡大家都是以公社為單位生活在一塊兒。」

「我偶爾會夢到自己搬去城裡和兒子住。夢裡……我等著嚥下最後一口氣，囑咐兒子：『我入土之前，你們至少和我一起回老家門前待一會兒。』我從上往下看著兒子載我回老家……」

「不管村子有毒也好，有輻射也罷，終究是我的故鄉。離開了家我們算哪根蔥。金窩銀窩都不如自己的狗窩。」

「讓我繼續把話說完……我原本和兒子一起住在七樓。每次走進窗邊，我都會往樓下看，然後在胸口畫個十字。我彷彿可以聽見馬鳴和雞啼……真是令人惋惜啊……我也會夢見家裡的院子，夢見自己拴好母牛，餵牠喝水……清醒之後，我一點兒也不想起來，因為我的心還在那兒流連忘返。我有時候在這裡，有時候在那裡。」

「白天我們的人在新的住處，可是晚上做夢我們的心卻在故鄉。」

「冬季天黑得早，天亮得晚，我們時常坐著算有誰已經不在人世了。很多人搬到城裡之後，因為心神不寧，情緒低落死了，走的時候才四五十歲。這個年紀不該死啊！幸好我們還活著。我們每天祈禱，只求上天一件事——身體健康。」

「俗話說：『人在家鄉最有用。』」

「我先生臥病在床兩個月……問他話只是沉默，不應也不答，一副委屈的模樣。我出去院子溜達回來，問他：『老頭子，你感覺怎麼樣？』他聽到我的聲音，只是抬起眼睛，不過這樣我就安心了。躺著也好，不說話也罷，至少是在自己家。如果有人快死了，絕對不能哭，否則會害他走不成，只能繼續苟延殘喘。我從櫥櫃拿出蠟燭，讓他握在手裡。他拿了之後，呼吸著……

我看他兩眼無神……我沒掉一滴眼淚……只拜託他一件事：『記得跟我們的小女兒和我親愛的媽媽問聲好。』我向天祈禱我們一家人可以團聚在一塊兒……神應許了有些人的請求，可是卻偏偏不讓我死。讓我到現在還拖著一條老命。」

「我不怕死。人生就這麼一次。葉子會落，樹木會倒。」

「女人啊！別哭。你們這麼多年來都是先進工作者，也是斯達漢諾夫工作者。不只熬過了史達林的統治，也撐過了戰爭。如果一路走來不懂得開開玩笑，尋點樂趣，早就上吊自盡了。我曾聽兩個車諾比女人聊天，其中一個說：『你聽說了嗎？大家都罹患白血病了。』另一個回答：『胡說八道！我昨天割傷手指頭，血明明是紅的啊。』」

「老家就是天堂，異鄉的陽光都沒有我們這裡溫暖。」

「我媽教過我，如果把聖像倒過來掛個三天，不管人去到哪，終究還是會回家。我本來養了兩頭乳牛、兩頭牝牛、五隻豬，還有雞啊、鵝啊，和一條狗。花園裡的蘋果有那麼多，多到每次進去都還要用手護著頭。現在什麼都沒了！呸，都沒了！」

「家裡我都打掃乾淨了，爐灶也用油漆刷白……桌上還得放麵包和鹽，旁邊再擺個碗和三隻湯匙。家裡有幾張嘴，湯匙就放幾隻。這樣人才能都回來團圓……」

「因為輻射，雞冠竟然變成黑色，而不是紅色。乳酪怎麼做都失敗，害我們整整一個月沒有乳渣[8]和乳酪可以吃。牛奶無法發酵，反而凝結成白色粉末。都是輻射害的……」

「我家菜圃也受到輻射汙染，整座菜圃白得像撒了什麼東西一樣，到處都是白色碎屑。我一開始還想說可能是風從森林那邊吹過來的。」

「我們都不想離開，真的不想！很多男人甚至幾杯黃湯下肚，就往路上衝去給車撞。可是上級領導挨家挨戶勸離村民，吩咐大家：『不准攜帶任何財物！』」

「家裡的牲畜三天沒喝水，沒吃飼料，哪還活得了！有個報社記者到村子裡劈頭就問：『你們現在心情如何？一切都還好嗎？』喝醉酒的擠奶女工差點沒把他給殺了。」

「集體農莊主席帶士兵包圍我家，恐嚇說：『你們再不出來，我們就要放火了！誒！過來，拿一桶汽油倒這裡。』嚇得我一時慌了手腳，又是抓繡花巾，又是抓枕頭的……」

「您用科學的角度跟我們說說，這個輻射會對人體怎麼樣？坦白說沒關係，反正我們的日子也不多了。」

「明斯克看不到任何輻射，您覺得那邊是不是就沒影響？」

「我孫子給我帶來了一隻狗，因為住在輻射汙染區，所以我都叫牠阿輻。我們阿輻跑哪去了？牠平常都待在我腳邊啊！真擔心牠如果跑到村子外，會讓野狼吃掉。這樣我就沒人陪了。」

「打仗的時候，一整個晚上都聽得見槍聲四起，射個不停。我們逃到森林挖防空洞躲起來。外頭死命轟炸，無論是農舍還是菜園，全燒光了。連櫻桃樹也遭殃。

只要別打仗就好……我最怕戰爭了！」

「有聽眾打去亞美尼亞的電台問：『車諾比的蘋果能吃嗎？』主持人回答：『可以啊！只不過吃剩的部分記得埋到土裡，要埋深一點。』另一個人問：『七乘以七是多少？』主持人回答：『隨便一個車諾比災民都能用手幫你算出答案。』哈哈……」

「政府配給我們一棟新房子，磚造的。可想而知，我們有七年沒釘過一根釘子。那不是我們的家！人不親，土也不親。我先生時常抱頭痛哭。他平日在集體農莊開拖拉機，辛苦工作就等星期日休假，可是一到星期日他卻窩在牆邊掉眼淚。」

「我們不會再受騙，也不會再拋棄自己的家。雖然沒有商店，沒有醫院，燈也不能用，但點煤油燈，燒松明，日子一樣過得很舒適，因為我們住的是自己家。」

「住城裡的時候，凡是我走過的地方，媳婦一定拿抹布跟在後面，把門把、椅子都擦過一遍。不管是家具還是那台日古利汽車，家裡上上下下花的都是我的錢。現在錢花完了，我這老媽就丟著不顧了。」

「小孩拿走了我們的錢……剩下的因為通貨膨脹變成廢紙了。那些都是賠償我們失去家當、房子和心愛蘋果樹的錢啊！」

「可是我們依然很快樂。亞美尼亞的電台還有聽眾打電話進去問：『什麼是輻嬤嬤[9]？』『就是車諾比的老太婆啊。』哈哈……」

「我徒步牽著自家的乳牛走了兩個禮拜，可是人家不准我踏進屋內，我只好到樹林裡過夜。」

「大家對我們聞聲色變，說我們會傳染。上天為什麼要這樣懲罰我們？難道我們得罪上帝了嗎？一定是因為我們不循人道，不照天理，自相殘殺。」

「我的小孫子夏天才來看我……頭幾年會怕，所以沒來……不過現在不只來探望我，也會帶點農產回去。我拿什麼他們都會打包帶走。『奶奶，』他們問，『你讀過魯賓遜嗎？』他也和我們一樣離群索居。回來的時候，我身上帶了半包火柴、一把斧頭和一隻鏟子……我現在有醃豬油、雞蛋、牛奶，全部自己生產。就差糖了，糖沒辦法用種的。這裡的土地想用多少有多少！就算耕個一百公頃都不成問題。這裡沒政府，想做什麼沒人管你……沒有領導，也沒有長官……我們過得自由自在。」

「貓咪和小狗也跟著我們一起回來。特種機動部隊[10]的士兵雖然不准我們通行，但天黑之後我們沿著打游擊用的森林小路偷偷溜了進來……」

「這裡不需要政府支援。我們可以自給自足，只要別來騷擾我們就好！沒有商店沒有公車都無所謂，要麵包和鹽我們就靠兩隻腳走二十公里去買……統統自己來。」

「我們三戶人家一起回來的時候，家裡的東西被人偷光光——爐子砸了，門窗拆了，地板也壞了，電燈、開關、插座……能拔的全拔了。屋子裡一點人氣也沒有。我們一切從頭來過，全靠這雙手。您說還能怎麼辦呢！」

「野雁啼叫表示春天來了，下田播種的時候到了，可是我們的農舍空空如也，就只剩下屋頂還完好如初……」

「聽到警笛聲就是警車要來了，我們會馬上逃到森林裡，和當初躲德國人一樣。有一次警察跟著檢察官來突襲，威脅我們要判刑。我跟他們說：『就算把我抓去關，坐完牢我照樣會回來。』要吼隨他們去吼，我們才不理他們。我是拿過勳章的模範收割機駕駛，他竟然拿法律第十條什麼的來嚇唬我……說我犯法，要吃牢飯……」

「我每天都夢到在鄉下的家。回來之後，一下整理菜圃，一下收拾床鋪……總會意外找到些東西，像是鞋子啦，小雞啦……回到了家，凡事都好轉了，生活也快樂了……」

「夜裡求上帝，白天求警察。如果您問我：『你怎麼哭了？』我自己也不知道為什麼。能住在自己家裡我人就歡喜。」

「我們經歷太多了，也承受太多了……」

「我跟您說個笑話：政府頒布一道命令讓車諾比災民享有一些優待。住在核電廠周圍二十公里以內的人可以在姓氏前面多加一個『馮』[11]，住在十公里內的冊封為親王，至於那些住核電廠附近還活下來的就冊封為公爵。我們這些活著的都是親王，哈哈……」

「我看病時，跟醫生說：『醫生，我的腳走不動了。關節疼死我了。』『老奶奶，乳牛別養了，牛奶有毒。』『哎，這怎麼可以，』我哭著跟他說，『就算腳痛，膝蓋痛，牛我還是要繼續養，我活著都靠牠呀。』」

「我有七個小孩，統統住在城裡。這裡就我一個人而已。只要思念他們，我就會坐到相片旁自言自語……屋子是我自己粉刷的，用掉了六罐油漆。我的日子就是這麼過的。辛辛苦苦拉拔了四個兒子和三個女兒，丈夫死得早，現在只剩我一個人。」

「有一回我碰上野狼，牠不動，我也不動。我們兩個互相看了看，牠縱身一跳，往旁邊逃走了……當時實在是嚇得我屁滾尿流。」

「野獸都怕人。只要不去招惹牠，牠就不會對你怎麼樣。以前進森林，一有什麼風吹草動，我們會立刻往有人的地方跑，現在反而是人躲人。可千萬別在森林遇到人啊！」

「《聖經》寫的都成真了。書裡不只說到集體農莊，也提到戈巴契夫。《聖經》預言，額頭有胎記的領導人會讓強權垮台，緊接著降臨的就是最後的審判……住在城裡的無一倖免，而鄉下也只有人存活下來。一旦發現其他人的蹤跡，這些活下來的就喜出望外！不是發現人喔，是人的蹤跡……」

「我們用煤油燈照明。哎呀，她們已經提過啦！平常野豬殺好之後，我們會把肉收進地窖，或埋到地下保存——肉埋在土裡可以放上三天。我們也會用收成的莊稼或果醬釀酒。」

「我家的鹽還有兩袋……沒政府也不會完蛋！而且四周都是樹林，不愁沒柴火。屋子暖和，又有燈照明，還有什麼不知足的呢？我養了一公一母的山羊，三隻豬和十四隻雞。處處都有大片的土地，茂密的青草，井底也不缺水。自在啊！我們過得很好！這裡沒有集體農莊，只有互通有無的公社，這才叫共產！只要再弄匹馬來，以後都不需要麻煩別人了。只要再一匹馬……」

「有個來採訪的記者很訝異我們竟然回來這裡住，但事實上我們不是回家而已，而是回到一百年前的生活——用鐮刀收割，用釤刀刈草，用連枷直接在柏油路上碾穀；丈夫編籃子，至於我，冬天就刺繡、織布。」

「戰爭奪走我們家族十七條人命。我兩個兄弟讓人殺死了……媽媽日日夜夜以淚洗面。一個四處要飯的老太婆對我媽說：『你很難過嗎？別傷心了。聖人才會為別人犧牲性命。』不管替國家做什麼我都願意，就是下不了手殺人……我自己是老師，一直以來我都教學生要懂得愛人，因為良善絕對能戰勝邪惡。孩子年紀小，心地都還很單純。」

「車諾比事故……是戰爭中的戰爭。無論逃到哪都躲不了，陸上、水裡、空中都一樣。」

「政府沒多久就切斷電台廣播，所以我們什麼新聞也不知道。這樣一來日子反倒過得平靜，心情也不會受到干擾。其他人來村子的時候，說處處都在打仗。據說社會主義垮台，換資本主義上台，而且現在又有沙皇了，是真的嗎？」

「花園偶爾會闖進從森林跑來的野豬或駝鹿……平時除了警察之外，其他人倒是很罕見……」

「您也到我的農舍坐坐吧。」

「還有我的。我家已經幾百年沒有客人上門了。」

「願主保佑！警察砸毀了我家爐灶兩次……他們用拖拉機把爐灶拆下來載走，不過我又偷了回來！假如政府同意，村民即使是跪在地上爬，也會爬回來。全世界都知道我們內心有多痛，但只有死者能夠回老家，我們這些活著的只能半夜偷偷穿越森林跑回來……」

「追悼日[12]一到，所有人全趕回村子裡，沒有一個例外。誰不想好好緬懷死去的親人呢？警察會依照名單放行，可是未滿十八歲的小孩不能進來。一回到家，大家開心得停下腳步，有的人站在自家的屋子前，有的人站在園子的蘋果樹下……村民在墓園裡哭完了，回到家往往又忍不住悲傷，一邊落淚一邊祈禱。大家習慣在屋裡點幾根蠟燭，甚至把蠟燭掛到籬笆上，就像掛在墳墓圍欄那樣；也有人會在屋子旁擺花圈，或在籬笆門上掛白色的繡花巾[13]……神父則唸誦禱文：『各位兄弟姊妹！我們要有耐心！』」

「村民上墳一般會準備雞蛋和白麵包，很多人也會用布林餅[14]取代麵包。有什麼帶什麼……到了墓園大家便各自到墓碑旁，叫喊著親人：『姊，我來看你了。跟我們一起吃個飯吧。』或是『媽……爸……』一個個呼喚著死者的在天之靈……會哭的那些向來都是剛痛失親人不久的人，如果親人是幾年前走的就比較不會。大家在墓碑前跟死去的親人說說話，細數往事，唸唸禱告，即使不懂得怎麼禱告的人也會跟著唸。」

「不管多思念死者，晚上千萬不可以哭。太陽一下山就不行。主啊，讓死者安息吧！願他們進天國！」

「人如果不懂得變通就沒戲唱了。曾經有個烏克蘭女人拿著又大又紅的蘋果在市場上叫賣：『來買蘋果喔！車諾比出產的喲！』路人建議她：『阿姨，不要告訴人家你這蘋果是車諾比來的，否則不會有人買。』『這您就不懂了！肯定有人買！有的買給丈母娘，有的買給老闆！』」

「我們這裡有個人獲得特赦，從監獄放了出來。他本來住在隔壁村，可是母親過世，房子也給人鏟平了，所以跑來求我們：『阿姨，施捨我一點麵包和醃豬油，好不好？我可以幫您劈柴。』現在他四處跟人要飯。」

「國內局勢亂糟糟，好多人逃來這裡。有的躲人，有的躲追緝。他們這些外人也在這住了下來，只不過都很冷淡，一點也不友善。酒喝多了還會隨意縱火。晚上睡覺我床底都會放把乾草叉和斧頭，廚房門邊放支鐵鎚。」

「春天的時候，跑來了一隻得狂犬病的狐狸。通常有這種病的狐狸不大會接近人，而且怕水，所以碰到也不用擔心，院子擺桶水，牠們自己就會離開。」

「常常有人來拍我們，但這裡沒電視機，也沒電，我們從來沒看過拍好的影片長什麼樣子。唯一能看的只有窗外的風景。我們當然也會禱告。本來是有共產黨就沒有神，現在只剩下神了。」

「我們都立過功勳。我在游擊隊待過一年，跟著軍隊一路攻到前線，擊退德軍，還在德國的國會大廈留下自己的姓——阿爾丘申科。退役之後，我卸下軍裝實踐共產主義，可是哪裡有什麼共產主義？」

「我們這才是真的共產主義，所有人如同兄弟姊妹一家親。」

「戰爭開打那年完全採不到蘑菇和漿果，您相信嗎？連大地也察覺到不幸的跡象……那是一九四一年的事……唉，我全都記得！戰爭太難忘了。有一天傳來消息：德軍放了我方的戰俘，只要出面認親就可以把人帶回。村裡的女人毫不遲疑，馬上去認人！傍晚有的領著自己人，有的領著外地人回到村子。沒想到有個混帳……自己明明和大家一樣都是有家室的人，也生了兩個小孩，竟然私下向警備司令部告發村民認領烏克蘭人的事。其中一個叫瓦司科，一個叫薩什科……隔天德軍隨即騎著機車衝進村子要人……我們跪也跪了，但怎麼求都沒用，人還是讓德軍拖去村子外槍斃了。死了九個人。年紀都還小，個性也很善良！瓦司科、薩什科……

要是沒戰爭多好！我實在太害怕打仗了！」

「管他什麼長官，想怎麼吼怎麼叫隨他去，裝聾裝啞不理他們就好了。我們經歷太多了，也承受太多了……」

「至於我，反覆思考著自己的事情……墓園裡，有的人嚎啕大哭，有的人低聲啜泣，不乏有人一邊說著：『回來吧！回到我身邊吧！』人進了森林還回得來，可是入了土就不可能了。我雖然軟語溫言：『伊凡……伊凡啊，我該怎麼活下去？』他不應也不答，好的不說，壞的也不說。」

「我啊……誰也不怕，死人、野獸也不例外。兒子每次回鄉下，都會罵我：『你幹麼一個人住？要是有人把你悶死怎麼辦？』您知道他拿什麼給我看嗎？枕頭……簡陋的農舍什麼沒有，就是枕頭多。萬一不幸真的遇上壞人，他要進來一定是頭先過窗戶，到時候我就拿斧頭把它砍下來。也許天上的那個是別人，不是上帝……無論如何日子還是得過。」

「有個冬天我家老頭在院子晾切好的小牛肉，當時正好來了一群外國人：『老爺爺，你在做什麼？』『我在驅離輻射啊。』」

「聽說有個男人死了老婆，只剩下小兒子作伴。這個男人開始借酒澆愁。每次小孩尿濕褲子，他脫了就直接塞到枕頭下。半夜他太太都會回來替他洗好晾乾，再摺好放在同一個地方。也不知道真的是他太太，還是她的魂魄。有一次他親眼看見，叫了一聲老婆的名字，對方立刻消散在空氣中……鄰居建議：『你看她影子一出現，馬上把門鎖上，或許可以拖一陣子。』沒想到她再也沒現身了。究竟是怎麼一回事？他家出現的又是誰？

您不信嗎？那麼您倒是說說看，童話故事從哪而來？應該是確實發生過的事吧？您是讀過書的人，比較懂……」

「車諾比核電廠為什麼會失事？有人說是科學家的錯，因為他們太過得意，自以為是，上天才會作弄他們。結果受苦的卻是我們！

我們的生活從來沒好過，也不曾平靜過。戰事爆發之前，政府四處抓人……我們村裡有三個男人在田裡直接被帶上黑色車子強行擄走，到現在一個也沒回來。我們時時刻刻都活在恐懼裡。」

「我不喜歡哭哭啼啼，我喜歡聽新鮮有趣的笑話：工廠把車諾比管制區種的菸草製作成香菸拿去賣，盒子特別注明：『衛生部最——後一次警告：吸菸有害健康。』哈哈……不過村裡的老爺爺才不管那麼多，一個個照抽不誤……」

「我家的乳牛雖然是我全部的財產，但如果可以拿牠換來平靜、沒戰爭的日子，我一定換。我實在怕死戰爭了！」

「現在還聽得到布穀鳥咕咕叫，喜鵲吱吱叫，也看得到麅子，但牠們是不是會繼續繁衍沒有人知道。我今天早上發現花園裡有野豬在掘土。人可以遷居別處，駝鹿和野豬可沒辦法。水也一樣，地上地下到處流，不是想擋就擋得了……

一個家不能沒有人，即使是野獸也需要人，動物都在尋找人的蹤跡。鸛鳥飛回村子，甲蟲爬出地面……看到這一切我就開心。」

「痛啊……唉唷，痛死我了！抬棺的時候，手腳要輕，動作要小心……不要撞到門和床，也不能碰到任何東西，更不能敲打，否則可就大事不妙了——家裡會再死人的。神啊，讓死者安息！讓他們進天國吧！只要是有人下葬的地方都可以聽到哭泣的聲音。我們這個地方墳墓多得不得了，放眼望去滿山遍野……舉斗車和推土機進進出出。農舍拆的拆，倒的倒……殯葬業者忙得閒不下來……學校、村蘇維埃、澡堂全夷為平地埋進土裡……世界雖然沒變，但人已經不同了。有一件事我不懂：人真的有靈魂嗎？靈魂長什麼模樣？到了另一個世界，靈魂要何去何從？

我家老頭臨終前兩天，我躲在爐灶後面靜靜地等，想看看靈魂是不是真的會從他體內飄出來。誰知道我不過是去弄個水給牛喝，回頭叫他的時候，他已經兩腳伸直了……靈魂究竟是走了，還是根本沒這東西？如果沒有，我們怎麼再相會呢？」

「神父應許我們能得永生，所以我們祈禱：『主啊！請賜予我們承受苦難的力量吧……』」

獨白：找得到蚯蚓，雞一定很開心；鍋裡煮的菜無法一直傳承下去

最初的恐懼……

最初的恐懼從天而降，隨水漂流……但不少人無動於衷。我發誓！比較年長的男人只要幾杯酒下肚就說：「我們可是曾經遠征柏林，還打敗敵人。」他們會誇口自己是打勝仗的人，牆上釘了多少面獎牌。

某天早上，在花園和菜圃發現鼴鼠窒息而死，那是我第一次感到恐懼。究竟是誰弄死牠們的？鼴鼠通常不會從土裡面爬出來。我發誓肯定有什麼東西把牠們逼出來！

我兒子從戈梅利打電話來：

「看見金龜子了嗎？」

「沒看見，連雞母蟲都沒有，不知道躲哪去了。」

「那麼蚯蚓呢？」

「找得到蚯蚓的話，雞一定很開心，可惜沒有。」

「這是前兆——金龜子和蚯蚓消失表示有大量的輻射。」

「什麼是輻射？」

「媽，輻射是會死人的。快勸老爸離開，過來我們家待一陣子。」

「可是菜圃的菜還沒種完吔……」

能當聰明人，誰想做傻瓜？當初大家都覺得失火又如何，反正只是一時的，再加上從來沒

聽過原子這種東西，所以根本沒有人在怕。我對天發誓！我們原本的家非常靠近核電廠，直線距離是三十公里，如果走公路的話是四十。居民都住得很滿意。那裡可以買到品質和莫斯科一樣好的商品，除了香腸便宜之外，肉的供貨也很充足，選擇又多，所以我家那口子訂好車票便搬了過去。那段時光真的很幸福！

如今只剩下恐懼……大家總說，以後人會滅亡，但青蛙和蚊子會活下來；世界上還是會有生命，只是沒有人而已。四處流傳著天馬行空的故事。喜歡聽的都是傻瓜啊！可是寓言故事也不全然是虛構不實，這道理早已是老生常談了……

每次打開收音機，都會聽到他們不斷拿輻射來嚇唬我們，可是我發誓在充滿輻射的環境我們反而活得更好。你看，有人給我們送柳丁過來，還有三種不同的香腸。雖然是鄉下地方，但要吃什麼都有……我的孫子、孫女跑遍世界各地。小孫女從法國回來，跟我說：「奶奶，我見到鳳梨囉！」法國可是攻打我們的拿破崙他老家啊……第二個孫子，也就是孫女的弟弟，特地到柏林去看病；希特勒就是從那裡開坦克過來侵略我們的呀……時代變了，一切都不一樣了……是輻射的錯嗎？還是另有原因？輻射到底長什麼樣？可能電影裡看得到吧？你們看過嗎？是白的，還是其他顏色？有人說無色無味，有人說是黑得像土一樣。假如沒有顏色，豈不和神沒有兩樣——凡人雖然看不見神，但祂無所不在。管他們怎麼嚇唬我們，園子的蘋果、樹上的葉子和田裡的馬鈴薯還不是長得好好的……我覺得根本沒什麼車諾比核災，都是捏造出來騙騙民眾的……我妹和她先生搬到二十公里外的地方住，離這裡不遠。才住兩個月，鄰居就上門抱怨：「你們家的乳牛會傳染輻射，害死我家的牛了。」「輻射怎麼傳染？」「當然是用飛的啊。像灰塵隨著空氣到處飄。」聽起來很不可思議，可是確實有這麼一回事。核災爆發那陣子，我家老頭養的五箱蜜蜂整整三天沒有一隻飛出來過，全部躲在蜂箱裡靜靜等待。老頭子在院子慌慌張張：「怎麼會這麼倒楣？染上霍亂了嗎？還是環境出了什麼問題？」我們事後從當老師的鄰居口中得知，原來蜜蜂的生理系統比人還精明，一有狀況牠們立刻就會察覺到了。廣播和報紙還不肯透露消息的時候，蜜蜂老早就知道不對勁了。一直等到了第四天，牠們才飛出來。我們家本來也有黃蜂，牠們把巢築在門外的屋簷上。明明沒有人動它，某天一大早卻統統消失了。活的不見蹤跡，死的不見屍體。過了六年才又回來築巢。害怕輻射的不光是人，連動物、小鳥，甚至是樹木也一樣害怕，只是樹木不會說話，所以才沒說出口而已。科羅拉多金花蟲倒沒受什麼影響，一如往常，把我們種的馬鈴薯吃得只剩葉子。牠們和我們一樣，早就百毒不侵了。

不過，一想到別人家的誰死了，就……河對岸那條街上的男人全死光了，留下妻子孤單守寡。我們這條街除了我家老頭子，就剩那邊還住一個男人。男的死得早，為什麼呢？沒有人能說明白，也沒有人可以解開這個謎團。換個角度想：男人沒女人也不行。要是哪天真的如此，男人肯定會把自己灌得醉茫茫，借酒澆愁。有誰想死呢？死亡是多悲傷的事啊！那種痛誰也無法平復！所以只好買醉，閒聊，找人議論……不過尋歡作樂一場之後，醉得倒地不起，也不是個辦法。誰不想壽終正寢呢？只是要怎麼做才能走得輕鬆自在？人的靈魂是唯一有生命的東西啊。親愛的，你知道嗎？我們村裡，無論老少，大概有三分之一的女人拿掉子宮……有些甚至連小孩都沒生過。光是想到這我就……子宮拿得一乾二淨，彷彿從來沒有過一樣……

還要我補充什麼？除了努力活下去，沒別的了……

對了……以前不管是奶油、酸奶、乳渣，還是乳酪，都是我們自己做的。我們也會煮牛奶麵疙瘩。都市人吃這種東西嗎？先把麵粉和水拌勻，揉成麵團，等水滾了再撕成碎片下鍋，煮好之後倒入牛奶就完成了。這道是媽媽傳授給我們的菜：「孩子啊，你們要學起來。這道菜我也是從自己媽媽身上學來的。」過去我們常喝樺樹汁和楓樹汁解渴，用鑄鐵鍋在大爐灶上煮豆莢，煮蔓越莓果羹[15]……打仗就採蕁麻、濱藜和其他野菜來吃。很多人即使餓得肚子腫脹，還是活下來了。再說，森林裡還有漿果和蘑菇可以果腹……如今全部都毀了。我們原以為這一切可以長長久久，以為鍋裡煮的菜會永遠傳承下去。我從沒料到生活會改變，但事實就是如此。現在牛奶不能喝，豆子不能吃，野外的蘑菇和漿果禁止採集，肉得泡水三個小時，連煮個馬鈴薯都還要把水瀝乾兩次才行。儘管心中有千百個不願意，我們也不敢和自己的性命過不去。我們要努力活下去……

政府警告我們，水不能喝，但水能不喝嗎？每個人的體內都有水，沒有水哪活得成。即使是石頭，也含有水分。不過話說回來，水是永恆的嗎？水生萬物……這個問題該問誰呢？沒有人知道答案。對神我們只祈禱，不質問。我們要努力活下去……

莊稼發芽了，這莊稼真是好啊……

——安娜，自願返鄉者

獨白：無言的歌

我給您跪下了……拜託拜託……

請幫我們找回安娜吧！她本來住在我們科茹什基村裡……她姓蘇什科……我把她的特徵都跟您說，請您刊登出來。她駝背，從小就是個啞巴，獨自生活了一甲子……遷村的時候，有人把她架上救護車，不知道帶去哪裡了。她不識字，所以我們從沒收過她寄來的信。政府從各地把獨居的和生病的人抓起來，統統關在一起，藏起來了。沒有人知道他們關在哪裡……請一定要刊登出來……

整個村子的人都很可憐她，把她當小孩一樣呵護。有人幫她劈柴，有人給她送牛奶，有人晚上留在屋裡陪她，替她生火……我們在外地四處飄蕩了兩年，終於又回到自己的老家。請幫我們轉告她：她家的東西都好好的，屋頂還在，窗子也沒少。讓人砸壞偷走的我們全都幫她回復原狀了。請讓我們知道她現在人在哪兒受苦，我們這就去接她回家，好讓她不會死得太鬱卒……我給您跪下了……她這個無辜的人還在外面的世界受折磨啊……

她還有一個特徵我忘了說——只要一有什麼地方不舒服，她就會哼歌。沒有歌詞，只有聲音，畢竟她沒辦法說話……只要一痛，她就哼歌：啊——啊——啊——那是她在訴苦……

啊——啊——啊——

——瑪麗亞，鄰居

三段獨白：古老的恐懼及女人說話時男人沉默不語的原因

K家：母親、女兒和一語不發的男人（女兒的丈夫）

女兒：

「最初那段時間我一天到晚以淚洗面，總是有股想哭的衝動，想找人傾訴……我們來自戰亂的塔吉克杜尚貝……

我是有身孕的人，照理不該說這種事，但我還是要告訴您……一行人光天化日上了我們的公車，要求檢查護照。這些人和尋常老百姓沒什麼區別，唯一不同的是手裡拿著衝鋒槍。看完乘客的證件後，他們強逼車上的男人下車。也沒帶遠，直接在門邊開槍全斃了……如果不是親眼目睹，我還真不敢相信會有這種事情……我看見兩個男人被拖下車，其中一個年紀還很輕，長相俊秀。他一會兒用塔吉克語，一會兒用俄語，向那夥人大聲求饒：他妻子剛生產完，家中還有三個嗷嗷待哺的小孩。那群人也很年輕，只是一味地笑。他們外表看起來和一般人沒兩樣，只是手裡多了把衝鋒槍。這個可憐的男人撲倒在地，抓著對方的球鞋死命地親……全車沒有人吭一聲，車子就自顧自開走了……我實在是害怕得連頭也不敢回……（哭泣）

我是有身孕的人，照理不該說這種事，但我還是要告訴您……我只求一件事——我的名字叫斯維拉娜，但姓氏請您幫我保密。我們的親戚沒離開，想活命看來是不可能了……我原以為不會再有戰爭。我們國家幅員遼闊，而且又受人民愛護，是強權中的強權！蘇聯時代政府告訴百姓：大戰打完，人民的苦難才剛結束，所以我們的生活會比較貧困，過得會比較簡陋，可是至少現在國家坐擁精兵，沒人敢對我們輕舉妄動，即使想打也打不贏我們！誰會想得到，結果竟然變成自己人反目成仇……現在的戰爭不同以往——爺爺那一輩對抗的是德國，還一路進攻到柏林；現在卻是鄰居互相廝殺，男孩子居然連自己同學也忍心痛下毒手，甚至強暴平常坐在附近的女同學。簡直喪心病狂……

我們的男人不說話，他們什麼也不會對您說。逃難的路上不斷有人在後頭衝著他們吆喝，罵他們是娘兒們，是懦夫，指責他們背叛祖國。他們到底錯在哪裡？難道扣不下扳機，不想殺人也是一種過錯嗎？我的先生是塔吉克人，理應上戰場衝鋒陷陣，但他卻說：『我們離開吧。我不想打仗，也不要拿槍。』他的嗜好是做做木工，照料馬匹。開槍殺人他下不了手。他的個性就是這樣……就連打獵他也沒興趣……雖然在家鄉人親土親，他還是毅然決然選擇離開，只因為不願見到族人、親友或是從沒得罪過他的人死在自己手下……在老家他拒絕接收外界的任何消息，所以不看電視……但來到了這裡，他卻又感到孤單寂寞。他的親兄弟都上前線作戰，有一個已經不幸陣亡，不過媽媽和姊妹還健在。我們當初從杜尚貝搭火車過來，車上沒有玻璃，也沒暖氣，非常寒冷。儘管沒有遭受槍擊，沿途還是有人不斷丟擲石頭，砸破車窗玻璃：『俄羅斯人是侵略者，滾回去！不要再來搶我們的東西了！』我先生明明是塔吉克人啊！每一字每一句他和孩子都聽在耳裡。有一次女兒下課回家問我：『媽媽，我是塔吉克人還是俄羅斯人？』我實在不曉得該如何向她解釋……

我不該說這些話，但我仍然要告訴您……帕米爾人和庫洛布人其實都是同文同種的塔吉克人，讀的都是《古蘭經》，信的都是阿拉。現在兩派人馬卻自相殘殺。事發剛開始，大批民眾聚集在廣場上叫嚷、禱告。我也去到現場，想了解出了什麼狀況，於是詢問在場的老翁：『你們在反對誰？』他們回答：『反國會。聽說國會裡面都是一群十惡不赦的壞蛋。』隨後人潮散去，槍聲四起。我們國家頓時天翻地覆，變得好陌生。簡直有如蠻夷之邦！在這之前，我們還以為這裡是自己的家園，以為大家都循規蹈矩，依著蘇聯的律法過日子。好多俄羅斯人死後都葬在那裡，可是從今往後有誰來給他們上墳？俄羅斯人的墓地如今淪落為放牧的地方，任由羊群踩踏；俄羅斯族的老人家現在也只能撿拾汙水池的東西勉強度日……

我本來在產科醫院當護理師。有一回值夜班，一名婦人正好臨盆，生產過程很辛苦，她使了勁，拚命地喊……忽然一個病服員沒穿戴消毒好的手套和手術衣，直接衝進產房。我心想：到底是什麼天大的事，竟然這副模樣跑進產房？她嚷嚷：『有壞人！』一群臉蒙黑面罩、手持武器的人隨即闖了進來，命令我們：『把毒品交出來！酒也拿來！』『這裡沒有毒品，也沒有酒！』他們將醫生強壓到牆邊：『少糊弄我們！』產婦這時歡欣地鬆了一口氣，剛誕生的小嬰兒放聲大哭。我低下頭看，還沒弄清楚是男是女，小嬰兒連名字都還沒取，這幫混混居然劈頭就問：『是庫洛布人還是帕米爾人？』他們感興趣的竟然不是『男孩或女孩』，而是『庫洛布人或帕米爾人』。我們一句話也沒回，惹得他們大聲咆哮：『到底是什麼人？』我們繼續保持沉默，於是對方一把抓起嬰兒往窗外丟了出去。小孩來到世上頂多才五分鐘、十分鐘左右，短短的人生就這麼結束了……打從我當護理師開始，從來沒見過小孩死亡……那一次，我的心臟差點從胸口跳出來……我不應該回想這些事……（再度哭了起來）從那之後，我的手上起了嚴重濕疹，也出現靜脈曲張的症狀，做什麼事都提不起勁，只想窩在床上……每次一靠近醫院，總是掉頭就走。我自己也懷有孩子……發生這種事叫人怎麼住得下去？叫我怎麼敢在那裡生產？所以我們搬過來白俄羅斯納羅夫拉這座平靜的小城鎮。您就別再問了……別再煩我了……（靜默）等等……我希望您知道，我不怕神，我怕的是人……剛搬來的時候，我們問在地人：『哪裡有輻射？』他們說：『你們踩的每一個地方都有。』這麼說來豈不是整片土地都遭到汙染了嗎？（擦了擦眼淚）人因為害怕所以搬走了……

可是對我而言，這裡沒有那裡可怕。我們現在是失根的人，無依無靠。德國人離開之後還有德國可以回，韃靼人如果獲得許可也能移民克里米亞，我們俄羅斯人卻是到哪都沒人要。你說我們還有什麼好期待的？俄國幅員廣大，政府根本顧不了自己的人民。說老實話，我一點也不覺得俄國是祖國。從小受的教育教導我們蘇聯才是祖國。現在委實叫人無所適從。不過，至少在這裡沒有人會開槍殺人，已經是謝天謝地了。我們在這找了棟房子，先生也謀了份差事。朋友收到我的信之後，昨天也搬過來定居了。抵達的時候已經天黑，他們依然驚魂未定，不敢踏出車站，緊抓著小孩的手，坐在行李箱上等天亮。後來他們發現路上行人笑的笑，抽菸的抽菸……路人為他們指路，甚至帶到我們家門口。他們因為太久不曾有過正常、安穩的生活，早已忘記原來晚上可以上街，可以歡笑，情緒一時無法平復……一早他們去了趟食品店，一見到沙拉油和鮮奶油，當場買下五瓶鮮奶油，直接在店裡全部喝光。旁人全看傻了眼，還當他們是神經病。這是事後他們親口告訴我們的。不過您知道嗎？他們已經整整兩年沒見過鮮奶油和沙拉油了。在戰亂的塔吉克連買個麵包都是奢望……現在的人沒經歷過戰爭，頂多只在電影裡看過，根本沒辦法和他們解釋戰爭帶來的痛苦……

我對那個地方的心早就死了，一個心死的人能生出什麼小孩？這裡人煙稀少，人去樓空……我們棲身在森林附近……人一多總是讓我提心吊膽，像是在車站啦……或是打仗的時候……（痛哭失聲後沉默不語）」

母親：

「除了戰爭……除了戰爭我沒別的好說了……為什麼我們要搬來這個地方？因為這裡沒有人會趕我們離開。這是一塊無主之地。人類不要了，所以現在歸上帝所有……

我在杜尚貝是一名火車站副站長。同一個車站還有另一名塔吉克裔的副站長。我們的孩子從小玩在一起，念書也在一起。每逢節慶，像是新年、五一節、勝利紀念日，我們兩家人總是一塊兒喝酒吃抓飯[16]慶祝。他稱我是『俄羅斯的好姊妹』。直到有一天，他走進我們倆的辦公室，在我的桌前停下腳步，大吼大叫：

『你到底什麼時候才要滾回俄國？這裡是我們的國家！』

當下我覺得自己簡直要抓狂了，氣得從座位上跳了起來：

『你身上的外套哪裡做的？』

『列寧格勒。』他一臉吃驚地回答。

『把外套脫下來，你這個王八蛋！』我扯下他的外套。『帽子哪來的？不是還跟我們炫耀是西伯利亞寄過來的嗎？帽子脫下來，你這個王八蛋！襯衫也拿來！還有褲子！這些都是莫斯科的工廠生產的！也是俄國來的！』

我恨不得把他扒個精光。他人高馬大，而我的身高只到他的肩膀。當時我不知道哪來的力氣，死命想把他上上下下穿的戴的全扯下來。不少人湊過來圍觀。他對我咆哮：

『你這個瘋婆子，離我遠一點！』

『不要，把我們俄國的都還來！我要把我們的東西全部帶走！』我差點失去理智。『襪子、鞋子都給我脫下來！』

民眾逃難那陣子，我們忙得沒日沒夜，每一列火車都塞滿了人……成千上萬的俄羅斯人離開塔吉克，人數多得足以自成另一個俄國。有一晚凌晨兩點，開往莫斯科的火車離站後，一群沒趕上這班車的庫爾干秋別[17]的小孩滯留在車站大廳。我趕緊關上大廳，讓他們躲起來。那時，兩個持槍的人朝我走過來：

『誒！你們大家在這裡幹麼？』嚇得我一顆心七上八下。

『你這樣不對，門怎麼都開著沒關？』

『我剛把列車送走，還來不及關門。』

『那些小孩是怎麼回事？』

『他們都是我們杜尚貝本地的小孩。』

『說不定是庫爾干秋別來的庫洛布人？』

『不不不，是本地人。』

幸好最後他們走了。要是他們打開大廳的門，鐵定會把小孩殺掉……說不定順便連我也一起解決！那個地方有槍就是老大。一早我就安排這群小孩坐上開往阿斯特拉罕的車，並交代列車長把他們當西瓜載運，千萬別讓任何人打開車門。（先是沉默，隨後哭了好長一段時間）還有什麼比人更可怕的呢？（再度沉默不語）

即使走在這裡的街上，我仍然會不時回頭張望，總覺得有人在背後等著對我下手……在塔吉克我沒有一天不是活在死亡的恐懼之中……出門我一定穿得乾乾淨淨——一身剛洗好的襯衫、裙子、內衣褲。萬一有什麼不測，好歹也死得體面。不過在森林裡我倒是一點也不擔心，因為林子裡一個人也沒有。常常走著走著，回想起過去還會懷疑：我真的經歷過這一切嗎？會不會根本只是一場夢？偶爾會遇到獵人。他們手裡持槍，身邊跟著一條狗，身上帶著放射劑量計。雖然這些人拿槍，但至少他們不會追殺同類。因為我知道傳來的槍聲是他們在打烏鴉或兔子，所以在這裡我沒什麼好驚慌的……我怎麼可能害怕土地和水？人才會讓我害怕……只要花個一百美金就能在那邊的市場上買到一把衝鋒槍……

我記得曾經看過一個塔吉克年輕人追殺另一名男子……追殺人呀！看他跑步和喘氣的樣子，我馬上就意識到他有殺人的念頭……不過對方躲起來趁機逃走了。他回頭經過我身邊的時候，開口說：『大嬸，這裡有水喝嗎？』聽他詢問的口氣，彷彿什麼都沒發生過一樣。我指了指車站裡裝飲用水的桶子給他看，當下我注視著他的眼睛，反覆說道：『你們為什麼要追殺別人？』他似乎有些羞愧：『我說大嬸啊，你小聲點。』他們一旦成群結夥，人就變了個樣。如果今天是三個，甚至是兩個人，絕對會把我推到牆邊。單獨一個人的話，勸勸他，多少還聽得進去……

從杜尚貝抵達塔什干，接著要轉車才能到明斯克。如果沒票，一切就沒戲唱了！那邊的人非常狡詐，不賄賂的話，想搭飛機門兒都沒有。他們只會不停找你麻煩。一下子說行李超重，一下子說東西太多。說這個不准帶，你就不能帶。我們被叫去過磅兩次，我才好不容易弄懂箇中道理，這才塞了錢給他們……『早該如此，不然沒完沒了。』原來這麼容易！之前還……我們的貨箱有兩公噸重，海關要求卸下來檢查。『你們從危險地區過來，該不會偷運武器吧？有沒有大麻？』我跑去找他們主管理論，在接待室認識了一個女人，她人很好，勸了勸我：『您在這裡爭是不會有結果的。如果您想討公道，最後的下場就是貨箱被丟到田裡，到時所有的行李只會讓人搶光光。』該如何是好呢？我們連夜把運載的東西全部卸下來，都是一些私人衣物、床墊、老家具和舊冰箱，還有兩袋的書。『這些書應該很珍貴喔？』對方看了看，發現是車爾尼雪夫斯基[18]的《怎麼辦？》、蕭洛霍夫[19]的《被開墾的處女地》，只是笑了笑。『有幾台冰箱？』『一台，而且已經砸壞了。』『為什麼沒申報？』『我們哪知道要申報？這是我們第一次逃難……』我們一口氣失去了兩個祖國——塔吉克和蘇聯……

我喜歡到森林散步思考。很多逃出來的人都抱著電視，關心那裡現在怎麼樣，發生什麼事，可是我一點也不想知道。

我曾有過一段人生，不一樣的人生……在家鄉我還算有頭有臉，身上掛的軍階是鐵道部隊中校。來到這裡我沒有工作和收入。我後來找了一份在市蘇維埃當清潔工的差事，現在靠著擦地板為生……我的人生已經結束了……我再也沒有多餘的氣力重新來過……有些本地人同情我們，有些則時常抱怨：『這些難民會偷馬鈴薯，常常趁著晚上來偷挖。』我媽回憶她經歷過的那場戰爭，覺得當時候的人比較有惻隱之心。不久之前，在森林附近有人發現一隻死亡的野馬，別的地方也有人發現死掉的兔子。這些動物並不是被殺死的。所有人得知消息之後都十分不安。如果發現的是斷氣的流浪漢，才沒人在乎呢。

死人大家已經見怪不怪了……」

來自吉爾吉斯的列娜和五個孩子坐在門檻邊，模樣彷彿在拍全家福，一旁是他們帶過來的小貓梅捷利查。

「我們簡直像在逃離戰爭……

匆匆收拾行李就出門，貓咪也一路跟著我們到車站。我們搭了十二天的火車，最後兩天身上的食物只剩下罐子裡的酸白菜和開水。車上大家輪流在門邊站崗，有人拿鐵橇，有人拿斧頭，有人拿鐵鎚。我跟您說，有一晚我們遭到一群壞人攻擊，險些命都沒了。現在這種時機為了電視和冰箱，居然連人都可以殺。雖然吉爾吉斯的戰火還沒引爆，但我們離開的時候簡直像在逃難一樣。奧什市曾經傳出吉爾吉斯人和烏茲別克人械鬥的消息。這件事很快就平息了下來，不過外面的氣氛卻不大對勁。我告訴您，我們俄羅斯人會緊張是理所當然的，可是就連吉爾吉斯人自己也心驚膽戰……到處可見大排長龍的人群等著買麵包，不時會聽見他們斥喝：『俄羅斯人滾回去俄國！吉爾吉斯是吉爾吉斯人的！』並把人強行推開，不給排隊。他們也會用吉爾吉斯語埋怨，意思大概是說：他們都吃不飽了，還得養我們這些人。他們的語言我會的不多，只懂點皮毛，方便上市場殺價和買東西。

以前屬於我們的祖國如今已經不復存在了。我到底是什麼人？媽媽是烏克蘭人，爸爸是俄羅斯人，在吉爾吉斯出生長大，最後嫁給韃靼人。我的小孩又算是什麼人？什麼民族？各個民族長久混居，血緣早就融合在一塊兒了。我和小孩的護照上都登記為俄羅斯人，但我們不是俄羅斯人，我們是蘇聯人才對！不過我出生的那個國家沒了。我們稱之為祖國的地方消失了，我們熟悉的時代也過去了。而今的我們失了根。我有五個孩子，大兒子念八年級，么女還在讀幼兒園。我帶著他們一起搬過來住。祖國沒了，可是我們還在。

我在那邊出生長大，蓋過工廠，也在工廠上過班。『去屬於你的地方，這裡是我們的。』除了小孩，我們不能帶走任何東西。他們說：『這裡的東西都是我們的。』那麼屬於我的又在哪裡呢？這些逃亡的、出走的全是俄羅斯裔，全是蘇聯的人民。現在他們沒人要，也不受歡迎。

我原本是個幸福的女人。我的每個小孩都是愛的結晶……我先生了男孩、男孩、男孩，再來生的是女孩、女孩。我沒辦法再說下去了，我怕我會哭出來……（但又補充了幾句話）以後我們就住在這，這裡現在是我們的家。車諾比是我們的家，我們的故鄉……（臉上忽然出現一抹微笑）這裡的小鳥和我們那兒一樣，而且這裡也有列寧的紀念像……（在籬笆門旁道別）今天一大清早隔壁傳來敲打槌子的聲音，窗戶上的木板被拆了下來。我遇到一個女人，便問她：『你們從哪裡來的？』除了回答：『車臣。』她什麼話也沒說……她頭上包著黑色頭巾……

碰到我的人都是一臉訝異和不解。他們總會說：『你怎麼會對孩子做這種事？你會害死他們的。你不想活啦！』我才沒有害他們，我這麼做是在救他們的命。您瞧！我不過四十歲，卻已經滿頭白髮……四十歲啊！有一回，家裡來了個德國記者，他問道：『您會把小孩帶到爆發瘟疫或霍亂的地方嗎？』瘟疫和霍亂是一回事，而這裡讓人恐懼的東西我壓根沒感覺，也沒看過，所以就沒什麼好怕的了……

只有人會讓我害怕，尤其是拿槍的人……」

獨白：人只有作惡才會費盡心機，一談到愛反而直截了當

我逃，我要逃離世界……一剛開始盥洗這種事我都在車站解決。我喜歡車站，儘管人多擁擠，但可以獨來獨往。我是後來從報紙上得知這裡的消息才搬過來的。這個地方的生活很自在，稱得上是天堂。除了動物之外，一個人影也沒有。我有動物和小鳥陪伴，怎麼會孤單呢？

過去那段日子我已經放下了……您就別再多問……讀過的書我記得，別人說的話我也記得，倒是自己的人生——不記得了。以前年少輕狂，曾經犯錯，不過無論是什麼樣的罪過，只消誠心悔改，主一定寬恕。就是這樣……主是寬容慈悲的，不像人這麼不公正……

為什麼呢？無解……人不可能，也不應該擁有幸福。主發覺到亞當孤單一人，於是造了夏娃給他。主這麼做是為了讓他過得幸福快樂，不是要他犯下滔天大罪。可惜人天生就是沒辦法擁有幸福。我討厭黃昏，那種從光明過渡到黑夜的階段。我們當前的處境就是如此……縱使我費心思考，仍然想不透我到底來自何方，有過什麼樣的生活。就是這樣……活過也好，沒活過也罷，我都無所謂。人的生命可比一株草——一路從繁盛到枯萎，然後讓火吞噬殆盡。來到這裡之後我愛上沉思……人在這個地方會死有幾個原因，可能是因為遭到野獸攻擊、失溫或思考得太過忘我，畢竟方圓數十公里都是杳無人煙的野地。想驅魔可以靠齋戒和禱告：若是想驅除肉體的魔，齋戒；若是想驅除心靈的魔，禱告。我從來不孤獨，懷有虔誠信仰的人絕對不會孤獨。就是這樣……我常在各個村莊之間遊走，以前會四處搜尋通心粉、麵粉、素齋油和罐頭，現在則是到墓園覓食。很多人會留下供品給死者，但死人根本不需要，就算我拿來吃他們也不

會介意……田裡面還有野生的穀物，森林也有蘑菇和漿果。這裡的生活無拘無束，所以我花許多時間閱讀。

翻開《聖經》，《啟示錄》寫道：「……就有燒著的大星，好像火把從天上落下來，落在江河的三分之一和眾水的泉源上。這星名叫茵蔯。眾水的三分之一變為茵蔯；因水變苦，就死了許多人……」[20]

我明白這是預言……《聖經》預告了未來的一切，可惜我們沒有慧根，解讀不出箇中道理。「茵蔯」如果用烏克蘭語唸正是「車諾比」。指示就在字裡行間，遺憾的是人一味汲汲營營，貪圖虛榮，眼界太過狹隘……

我曾經在布爾加科夫神父[21]的書中讀到：「世界無疑是由上帝一手創造，因此世界不可能是個錯誤」[22]，所以我們必須「秉持著堅強的心走到歷史的盡頭」[23]。就是這樣……還有另外一本書，作者是誰我忘了，只記得大意是：「惡本身並非實體，而是善的淪喪，正如同黑暗之所以存在是因為光明不存在。」這裡要找書很容易。現在想撿空陶罐已經撿不到了，湯匙、叉子也不好找，書倒是唾手可得。前陣子我發現了一本普希金的書……我印象中有這麼一句：「死亡的念頭乃我心之所親。」就是這樣……「死亡的念頭」……我在這裡獨自生活，所以常會思考死亡這件事。我喜歡沉思……寂靜的環境有助於我整理思緒……人的一生充滿著死亡，可是我們對死亡卻是一知半解。這裡只有我一個人……我昨天才把母狼和幼狼從學校趕出去，牠們竟然把那裡當成了自己的窩。

我有個疑問：潛藏在文字之中的世界真實嗎？文字這種東西介於人和心靈之間……就是這

樣……

我再跟您說件事：我和鳥啊、樹啊，還有螞蟻變親近了。以前我不曾體會過這種感覺，想都沒想過。我不知道在哪裡讀到：「宇宙在我們之下，也在我們之上。」現在的我會特別顧慮每一條生命。人的確可怕，但也相當獨特……在這個地方不會讓人有一丁點想殺生的念頭。我有魚竿可以釣魚沒錯，但我不會去獵殺動物，連捕鼠器我也不放……我最欣賞的小說人物梅什金公爵[24]曾說過：「看見樹木怎麼能夠不感到幸福呢？」就是這樣……我喜歡沉思，只可惜人往往浪費時間抱怨，而不願動腦……

何必追究災禍的來龍去脈？不幸的事情肯定會讓人忐忑不安……罪惡也不是什麼具象的東西……我們必須承認確實有不存在的事物。《聖經》說：「天國的奧祕，只叫你們知道。至於別人，就用比喻。」[25]拿鳥或是其他生物來說吧……我們無法理解他們，因為牠們是為自己而非為他人而活。就是這樣……總而言之，萬物只活在當下……

所有生物都是用四隻腳貼著地面行走，眼界有限，只有人可以站立於地，並且舉手仰頭向上天，向神祈禱……上教堂禱告的老婦人說：「這一切都是我們罪有應得。」但不管是科學家、工程師，還是軍方，都沒有人肯俯首認錯。他們以為：「我沒什麼好懺悔的。為什麼要我懺悔？」就是這樣……

我求的不多……我常在心中默唸：耶和華啊，求告我！快快臨到[26]！人只有作惡才會費盡心機，一談到愛反而直截了當。即使是哲學家，在闡述思想時，也只能說個大略；只有對天禱告時，我們才能分毫不差地表達自己內心的意思。講到這點，我可是有切身的經歷。耶和華啊，求告我！快快臨到！

人也是……

我怕人，卻又總是想遇見好心人。就是這樣……這裡除了棲居藏匿的匪徒，也有像我這樣的苦行者。

我的姓氏？我沒有身分證。讓警察扣留了……他們毆打我：「你四處遊蕩是在做什麼？」「我不是在遊蕩，我在懺悔。」這一說，他們打得更兇狠了。我的頭也遭殃……您就寫我是神的奴僕尼古拉吧……

我已經了無牽掛了……

阿兵哥大合唱

列兵巴赫契亞羅夫、善後人員沃洛別伊、偵察汽駕兵古席諾維奇、警察傑梅涅夫、善後人員卡巴列維奇、列兵汽駕兵克姆科夫、直升機駕駛員克羅科夫、善後人員利特溫、列兵盧卡舒克、放射計量師米哈列維奇、少校直升機駕駛員帕夫洛夫、警衛排排長雷巴克、列兵薩恩科、善後人員赫沃羅斯、警察申科維奇、大尉施維德、警察亞辛斯基

「我們軍團接到緊急命令，弟兄連忙整裝出發……搭了好一陣子的車，卻始終沒有人告訴我們具體的任務內容。一直到了莫斯科的白俄羅斯車站，上級才宣布即將前往的目的地。一個似乎是列寧格勒出身的人說什麼也不肯去，他大聲嚷嚷：『我不想死。』長官警告他這種行為會遭到判刑，同時也向部隊表明：『想吃牢飯，還是槍斃？你們自己選。』我的心情倒和其他人完全不同，也許是因為年輕氣盛吧？我恨不得幹點英勇的大事，順便試探試探自己的人格特質。軍中弟兄來自蘇聯各地，有俄羅斯人、烏克蘭人、哥薩克人、亞美尼亞人……緊張的氣氛中夾雜著一絲莫名的喜悅。

車子載我們直接到失事的核電廠。每個人分配到一件白袍、一頂白帽，以及一枚紗布口

罩，隨後便開始清理事發現場。一天在底下掃地刨土，一天在反應爐屋頂工作。不管到哪，都是一把鏟子搞定。那些爬上屋頂出任務的人我們都管他們叫『鸛鳥』。機器人在這樣的環境一個個失常，不堪使用，只有我們能幹。後來很多人出現耳朵鼻子出血、喉嚨發癢、眼睛刺痛、耳鳴不止、口乾舌燥、喪失胃口等症狀。上頭禁止我們做體操，說是為了避免吸入輻射，可是上工卻讓我們搭沒有遮蔽的車。

儘管如此，大家仍然很努力，很勤奮。我們都引以為傲……」

「車子一開進去，就能看到路邊的警告標示寫著『管制區』。我雖然沒有打過仗，但當下卻有一股似曾相識的熟悉感從記憶深處浮現出來，這種隱約預告著死亡的感覺究竟從何而來？

路上常會見到遭人遺棄的流浪貓狗，有些時候牠們的行為表現不大尋常，看到我們拔腿就跑，一副沒見過人的樣子。我不知道這些動物怎麼了，直到上級下令全面撲殺，我才明白牠們出了問題……管制區裡的房子全貼上封條，集體農莊的農具也沒人要了……看起來實在很有意思。除了巡邏的警察和我們，整個地方空無一人。隨便走進一間屋子，你會發現牆上雖然掛著相片，卻沒有半個人住在裡面，而且各種文件——共青團的團證、身分證件、獎狀散落一地。有那麼一次弟兄『暫時借用』某間屋子裡的電視來看，可是我從沒見過任何人把東西占為己有。一來是因為大夥都覺得居民過個兩三天就會回來，再者就是因為這裡的東西隱約散發著一股死亡的氣息……

很多人驅車前往事發現場去跟爆炸的發電機組和反應爐拍照留念，好拿回家炫耀一番。害怕是一定的，不過人就是抗拒不了好奇心的誘惑，老想一窺究竟。我自己是有家室的人，太太還年輕，所以不敢輕易冒險；其他弟兄則是幾杯烈酒下肚壯壯膽就出發了……嗯……（沉默了一會兒）去的人回來還是好好的，應該沒什麼好大驚小怪。

我值夜班巡邏時，頭頂的月光皎潔得像一盞燈，高高掛在天空上。

村裡的街道空空蕩蕩……我們初來乍到的那陣子，屋內的燈還會亮，自從電被切斷以後，街上才變得烏漆墨黑。行車途中不時會碰到野豬或狐狸冷不防從學校衝出，從我們面前急奔而過。居民的家、學校和公會堂全成了這些野生動物棲身的窩，這情況和高掛的那些標語——『造福全人類是我們的目標』、『世界無產階級勢必得勝』、『列寧思想千古流傳』形成強烈對比。集體農莊的辦公室放眼望去滿滿的紅旗和剛做好不久的三角旗，還有一疊又一疊的印花獎狀。獎狀上印著領導人的側身像，辦公室掛著領導人的肖像畫，連桌上也擺著領導人的石膏像。村子處處是清一色的戰爭紀念碑，除此之外我沒見過其他紀念碑。匆促完工的土角厝、混凝土蓋的灰色牛棚、覆滿鐵鏽的飼料儲存倉、大大小小的『光榮之丘』，這些東西隨處可見……『這就是我們的人生嗎？』換個角度重新審視這一切，我默默問了自己這個問題。『難道我們就是這樣過日子的嗎？』眼前這番光景宛如定格在時空中某個戰鬥部落的生活樣貌，消逝在眾人的記憶深處……

車諾比徹底瓦解了我的認知，也讓我開始反思……」

「我來到一棟無人居住的房子，大門深鎖。窗台上有隻小貓，我本來以為是陶瓷娃娃，走近仔細一瞧，才發現是真的貓。花盆裡老鸛草的花全讓牠吃光了。我心想：『牠到底是怎麼跑進去的？還是人家忘記帶走的？』

門上留言寫著：『親愛的過路人，如果想找貴重物品，你就別費心了，我們家沒有值錢的東西。想用什麼儘管用，只要別偷走就好。我們還會回來住。』其他家的屋子牆上也可以見到用不同顏色的油漆寫著：『老家啊，請原諒我們！』這些人把自己的家當視作人一樣，向它們道別。他們甚至特別注明是『早上離開』或『傍晚離開』，然後記下日期，有的連幾點幾分也會寫上去。還有人用學校筆記本撕下來的內頁充當紙條，上面的字顯然是小孩子的筆跡：『請不要打喵咪，不然老鼠會把東西吃光光。』或『我們家的茹里卡很乖，請不要傷害牠。』（闔上雙眼）我什麼都不記得了，只記得去過那裡，剩下的全忘光了，什麼也不記得了……復員後的第三年我的記憶力出了毛病，問題出在哪兒醫生也摸不著頭緒……我現在連數錢都數不好，老是算錯。三天兩頭就往醫院跑……

我說過了嗎？走近一棟屋子，本來以為沒人住，一打開門，赫然發現一隻貓坐在裡面……還有小朋友寫的紙條……」

「長官交辦我們一項任務……

這項任務就是不准撤離的當地村民進入管制區。我們在路旁站成一排排的人牆，挖防空洞，建瞭望台。不知道為什麼大家都稱我們是『游擊隊』。周遭一片祥和，我們卻全副武裝，一副蓄勢待發的模樣……農民不懂為什麼不行回自家院子拿個水桶、罐子、鋸子或斧頭，連採收作物也不行。該如何向他們解釋？我們確實很難交代為什麼馬路這邊士兵擋著他們不給過，另一邊卻有人牧牛，有人開收割機，有人打穀。嬸嬸阿姨每次一湊過來，免不了一把眼淚一把鼻涕：『年輕人啊，讓我們過去好不好？那是我們的土地、我們的家……』然後拿出雞蛋、醃豬油和私釀酒，央求我們通融通融……她們老淚縱橫，一心惦念著那片受到汙染的土地、家具和家當……

然而，我們的任務就是不准任何人進入。一旦發現老奶奶提著雞蛋，我們得立刻沒收並掩埋。如果有人拎著一桶剛擠好的新鮮牛奶，士兵會馬上從她手上把東西拿走、倒掉。村民如果偷偷採收馬鈴薯、甜菜根、洋蔥和南瓜，一律不許他們帶走，務必全數埋到土裡……我們只不過是奉命行事……偏偏每樣作物都長得特別好，看了實在讓人欣羨不已。當時正值秋令，四周一片黃澄澄，景色很美，但不管是他們還是我們，每個人都被逼得快要抓狂。

新聞報導大肆宣揚我們的英雄事蹟……我們哪是什麼英雄……我們只是自願貢獻一己之力的共青團團員！

話說回來，我們到底算什麼人？我們到底做了什麼事？儘管我曾經親自去過現場出任務，我還是想弄個明白，想讀讀別人的觀點……」

「我是宣誓過的軍人，所以長官下令我絕對服從……

除此之外，當然也因為滿腔的英雄熱血使然。這種精神是培養出來的……打從我們念小學開始，學校就不斷激發我們要立志成為人民英雄。父母也是這麼教育我們。收音機和電視上更不時播放黨政工作者的演說。每個人的反應不盡相同——有一種人渴望受訪、上報，另一種人只把這檔事當一般工作看待，第三種人……我遇過這所謂的第三種人，他們一心相信自己的作為是英勇無畏的表現，認為自己正在參與歷史性的一刻。我們獲得的待遇不差，可是錢並不是重點。我原本領的薪水是四百盧布，在那裡我可以拿到一千，以當時蘇聯的幣值來看，這筆錢的確相當可觀，但事後卻引來外界的抨擊：『拿鏟子挖挖東西不只有錢賺，回來還可以不用排隊就有車，有家具。』這種話聽在耳裡怎麼可能不委屈，畢竟我們也是懷抱著滿腔熱血和鬥志去執行任務的啊……

出發之前我曾經感到恐懼，不過時間不長，一到現場心中的恐懼便煙消雲散。如果看得見的話，這恐懼……那段期間不外乎聽命、行事、出任務。我很想從直升機往下看看反應爐的狀況，了解到底發生了什麼事，而現在又是什麼模樣，可惜上頭嚴格禁止這麼做。我那張記錄輻射量的小卡上面雖然寫二十一侖琴，但我很懷疑這個數據的真假。道理很簡單，首先我飛過去車諾比的區中心（順帶一提，車諾比只是一座規模跟區一樣大的小城市，沒有我當初想像的那麼宏偉），在距離核電廠十到十五公里的地方有一名放射計量師駐守，由他負責測量背景輻射。測出的數據之後會再乘上一天飛行的時數。我從那裡開直升機出發前往反應爐的位置，來回一趟，今天測是八十侖琴，隔天卻是一百二十……夜間我通常會在反應爐上方盤旋兩個鐘頭，用紅外線攝影。從底片上捕捉到的影像可以看見那些四散的石墨『閃閃發光』，這在白天是看不到的……

我和幾個專家聊過，一個跟我說：『我就算用舌頭舔你們的直升機也不會有事。』另一個卻說：『弟兄啊，你們飛行怎麼什麼防護裝備都沒穿呢？這樣是在慢性自殺你們知道嗎？你們該縫的要縫密，該用鉚釘封緊的也要確實！』唯有自救才能得救。於是大家在駕駛座位鋪上鉛板，用薄薄的鉛片裁成背心穿在身上……不過到頭來我們發現這麼做也只能抵擋部分射線，有些射線仍然擋不了。我們每個人的臉漸漸被輻射灼得通紅，到後來連想刮個鬍子都沒辦法。我們每天從早飛到晚，沒有什麼神奇的事情，只有艱辛的工作。晚上大夥就聚在一起看電視，那陣子正逢世界盃足球賽開打，話題自然離不開足球。

無論政府怎麼欺瞞民眾，我們還是知道要反思……差不多過了三四年，當初參與任務的弟兄接連病倒，甚至有人過世，有人發瘋，有人自殺，我們這才開始思索原因。至於是不是能悟出個究竟，我想也許要再等上個二三十年吧。我打了兩年的阿富汗戰爭[27]，參加過三個月的車諾比核災善後行動，這兩件事是我這輩子最輝煌的黃金時期……

我沒有對父母提起去車諾比出任務的事情。直到有一天我弟弟買了《消息報》，碰巧在上面看見我的照片，他把報紙拿給母親看：『喏，你看，英雄吔！』母親一看，眼淚就奪眶而出……」

「前往核電廠的途中……

迎面而來的是大排長龍的疏散人潮。沒有戰亂，可是他們卻夜以繼日開著農用機具，趕著牲畜遠離家園……

您知道我在路上看見什麼嗎？在陽光照射下，路邊不斷發出若隱若現的亮光，一閃一閃，好似水晶的光澤，非常細微……我們的車行經莫澤里開往卡林科維，一路上都感覺有東西閃閃爍爍……車上的人竊竊私語，沒有人不感到訝異。在我們負責清理善後的村子裡，大家沒多久就注意到許多葉子都灼出一個個小洞，尤其以櫻桃樹最為嚴重。小黃瓜和番茄的葉子上也有燒黑的孔洞……秋天時節，鮮嫩的醋栗把樹叢染得艷紅，飽滿的蘋果把枝條壓得垂到地面，任誰看了都會忍不住摘來吃。別人勸告我們吃不得，我們不知好歹罵了幾句，照吃不誤。

雖然可以選擇不參加，但我還是自告奮勇。最初那陣子沒有人不是懷抱著滿腔熱血，習慣之後才變得兩眼空洞無神。有人說我是為了勳章？說我沽名釣譽？簡直胡說八道！我根本什麼都不需要。房子、車子……還有什麼？啊！鄉間別墅，這些我都不缺……之所以參加完全是衝著一股男人的鬥志……我們這些參加的都是有心幹正事的真男人，至於其他人，想當窩囊廢就隨他們去吧……有人出示證明說太太生了，也有人說孩子還小……任務的確有風險，輻射也的確很危險，但事情總要有人去做，不然當年我們父親又怎麼會上戰場呢？

一回到家，我立刻把身上穿去出任務的衣服脫掉，統統扔到垃圾堆。唯獨船形帽沒丟，因為兒子太想要了，於是我就送給他。他愛不釋手，老是戴著不肯拿下來。兩年後醫生診斷出他的腦袋長了腫瘤……

後面的您就自己補充吧……我不想再說了……」

「我一從阿富汗回國，就想著要討個老婆好好過日子。我一回來就想結婚成家……

沒想到卻收到印著『特別召集』四個紅字的通知書，規定一個小時內到指定地點報到。我媽一看，認定我又要被徵召去打仗，眼淚嘩啦就流了下來。

派去哪？為什麼被召集？我們得到的訊息不多，只知道有反應爐爆炸了……爆炸就爆炸，有什麼大不了的？我們到斯盧茨克後換上制服，也是一直到了那時候才曉得原來我們要前往霍伊尼基的區中心。抵達霍伊尼基我們發現當地居民毫不知情。他們和我們一樣，都是頭一遭見到放射劑量計。車子繼續往前開到村子裡，還有人在舉行婚禮。新婚夫妻接吻，有音樂助興，來賓則是暢飲私酒。人家婚禮辦得熱熱鬧鬧，我們卻得聽從指令，鏟除表層土壤，砍掉樹木……

我們一報到就先領軍械。每個人都配有一把衝鋒槍，以防美國人來襲……政戰課談的也是西方國家情報單位可能會如何突襲，如何暗地進行爆破工作。每天晚上我們再把軍械繳回軍營中一個獨立的帳篷內。可是過了一個月，槍枝就全數運走，因為根本沒有突襲，反倒是輻射無所不在。一下子這裡測到多少侖琴，一下子那裡測到多少居禮……

五月九日勝利紀念日那天將軍過來視察。軍隊排排站好，聽將軍說祝賀的話。這時部隊裡一名士兵鼓足勇氣發問：『為什麼不讓我們知道背景輻射有多少？還有我們吸收了多少劑量？』就是有這樣的人。將軍一離營，單位的長官隨即把這名阿兵哥叫去狠狠臭罵一頓：『想造反啊你！簡直是危言聳聽！』幾天之後，單位發給所有士兵一人一副防毒面具，只不過沒有人真的拿起來戴。上面給我們看了兩次放射劑量計，卻不肯把儀器交到任何人手上。每三個月我們可以回家休息個兩三天。只要有人休假，其他弟兄只一件事相求——幫忙買伏特加。有一次回營，我提了兩個背包，裡頭塞著滿滿的酒瓶。大夥一看，樂得把我抱起來往空中拋。

國家安全委員會的人在我們回家之前，按例一定會把每個人叫過去，用一種讓人無以反駁的方式建議大家：『不要在任何地方，也不要對任何人提起在這裡看見了什麼。』我是打過阿富汗戰爭的人，我知道從戰場回到家代表死亡的威脅已經過去；車諾比核災的情況卻完全相反，人反而是到了家才一個個死去。

回家才是不幸的開始……」

「記住的……都會烙印在心底嗎？

我成天跟著放射計量師在各個村莊之間穿梭……沒有一個女人敢請我們吃蘋果，男人膽子倒是比較大，一手私酒，一手醃豬油，過來邀我們：『一起吃頓午飯吧。』想拒絕又覺得不好意思，可是把鉋吃下肚也不是什麼令人開心的事，所以我們只喝酒，下酒菜就省了。

白蘑菇被車子輾過竟然發出清脆的碎裂聲音，難道這樣正常嗎？河裡面的鯰魚長得癡肥，差不多是一般鯰魚的五到七倍大，難道這樣正常嗎？難道……

來到某個村莊，我們推辭不了，還是給請上桌一塊兒吃飯……桌上擺了一道烤羊肉……主人喝了點酒，一副醉醺醺的樣子對我們坦白：『這隻還只是小羊羔，是因為我實在看不下去才把牠宰了。長得一副畸形模樣！看了一點胃口也沒有。』我聽了立刻一口把酒乾掉。主人話一說完，大笑著說：『我們和金龜子一樣，已經學會適應了。』

我們隨後拿放射劑量計一量，整間屋子周圍都超標……」

「十年過去……彷彿這一切從來沒發生過。要不是因為我生病，我早忘了……為國家服務是義務！為國家服務是神聖的任務。我一拿到內衣褲、裹腳布、靴子、肩章、船形帽、長褲、軍便服、腰帶、背袋這些裝備，隨即上路！上級指派我去開舉斗車運送混凝土。我自以為坐在駕駛座有鐵皮和玻璃可以抵抗輻射，事實上根本是有等於沒有，輻射還是會穿透進來……弟兄都還年輕未婚，沒有人肯戴面罩……不對，我記得有一個會戴，是個年紀比較長的駕駛……他無時無刻不戴著面罩，反而我們沒人戴。交警暴露在輻射塵中一天長達八個小時，他們都沒戴面罩了，我們坐在車子裡有什麼好戴的。這份工作的待遇很優渥——三份薪餉外加差旅費。不過錢全拿去喝酒喝掉了……大家聽說吸收輻射之後喝伏特加最能有效修復身體免疫功能，而且還可以順便紓解壓力。難怪打仗的時候國家會配給軍人一百公克的酒。喝醉酒的警察在路上給酒駕司機開罰單的畫面我們都司空見慣了。

您不需要寫蘇聯英雄主義造就了多少奇蹟。奇蹟當然有……真的是奇蹟！若不是一開始有人馬虎行事，隨便亂來，哪來所謂的奇蹟。要我們犧牲自己，用肉身去當砲灰……根本不該下這種命令，可是這種事沒有人敢報導。派我們到那種地方簡直就是把我們看作是丟到反應爐的砂土和沙包……營裡每天更新的『戰況快報』內容不乏『士官兵犧牲小我，英勇執行任務』、『雨過終究會天晴，我們勢將克服萬難……』這類的文句，甚至還給我們取了一個冠冕堂皇的稱號——『浴火士兵』……

結果事後政府總共只頒給我一面獎章表揚功績和一千盧布……」

「一開始我有些困惑……以為只是軍事訓練，只是遊戲……

未料竟然是場扎扎實實的戰爭，一場和原子對抗的大戰……我們不知道什麼可怕，什麼不可怕，也不知道什麼要擔心，什麼不必擔心。沒有人有答案。要問也沒人可以問。居民全數撤離，擠得火車站……您知道火車站是什麼情況嗎？我們幫忙把小孩塞進車廂窗戶，維護排隊秩序……售票窗口前大排長龍，人人都等著買票。藥局則是一堆人搶著買碘片[28]。隊伍裡不時可以聽見民眾爆粗口，甚至動手動腳。也有人砸毀酒鋪和商店的大門，拆下鐵窗。數千名疏散的民眾全安頓在公會堂、學校、幼兒園。大家有一餐沒一餐。身上帶的錢沒撐多久就花光了。商店的貨也被搶購一空……

我永遠也忘不了幫我們洗衣服的阿姨。當初因為沒想到需要洗衣機，所以沒有準備。這些阿姨年紀都很大了，徒手洗衣服洗得手上都起水泡又結痂。我們的衣服不只髒，還有好幾十侖琴的輻射汙染，可是她們卻叮嚀我們：『年輕人啊，多吃點……』、『年輕人啊，要睡飽喔……』、『年輕人啊，你們往後的人生還很長，要多保重身體……』她們替我們感到不捨，難過得都哭了。

她們還活著嗎？

每年四月二十六日，我們當時參與任務的這批人只要還活著，都會約出來聚一聚，回憶一下當年。不好的事情我們拋諸腦後，只記得戰爭時期國家需要我們這些當兵的，只記得人民不能沒有我們……整體而言，我們國家的體制相當軍事化，碰上非常時期特別能發揮效用。你只有在這種情況下才能獲得真正自由，並顯現自己的必要性。沒錯，自由！在這樣的時刻俄羅斯人才會展現出偉大、獨特的一面。我們固然無法媲美荷蘭人或德國人，我們也不會有平整耐用的馬路和細心養護的草坪，但論英雄，我們絕對不缺！」

「這是我的故事……

國家號召，我赴湯蹈火，在所不辭，因為這是義務！我是黨員。身為共產黨的一份子，我們都該奮不顧身去支援！情況就是這樣。我在警局工作，掛的是上士。長官承諾事後會再給我多添一枚『星星』。那是一九八七年六月的事……照理應該是要先去過醫療委員會，但我沒做任何檢查就直接上路。據說是因為有人提出胃潰瘍的證明獲得免役，政府又亟需用人，才會抓我去代替他。情況就是這樣……（笑了笑）那時流傳不少笑話。有一則是這樣：某天，老公下班回家向老婆抱怨：『上頭宣布：明天要是不去車諾比，就把黨證交出來。』『但你不是無黨籍嗎？』『所以我很苦惱，明天一早要去哪裡生黨證給他們啊！』

我們過去幫忙的都是軍人，可是他們一開始卻把我們分配到建築工隊去蓋藥房。剛到沒多久我就體虛無力，無精打采，每天晚上咳個不停。去看病，醫生只說：『沒什麼大礙，只是發燒而已。』集體農莊供應給食堂的肉、牛奶和酸奶我們全吃下肚，醫生自己反而一樣也沒碰。他從來沒對食物進行採樣化驗，卻在日誌上記錄一切符合規範。我們沒瞎，都看在眼裡。情況就是這樣。大家也不管後果如何，照吃不誤。當時草莓開始結果，蜂蜜也進入產季……

後來陸續傳出闖空門的消息，小偷把東西搬個精光。於是我們把門窗釘死，把集體農莊辦公室的保險箱和圖書館貼上封條，切斷各種管線和電力以防火災。

遭到洗劫的商家連鐵窗也被拔了下來，麵粉和砂糖撒得到處都是，地板上還有踩爛的糖果和打破的瓶罐……這座村莊的居民雖然遷居外地，但五到十公里外仍然有人住。廢棄村莊的東西往往就輾轉流落到這些人的手裡。情況就是這樣……我們站崗的時候，常見到前集體農莊主席領著村民回來。他們雖然已經搬去其他地方，政府也給了他們房子住，他們還是會回村子來收割播種，再把綑好的乾草運走。我們曾經抓到他們在乾草堆裡面偷藏縫紉機、機車、電視。輻射強到連電視都不能看了……那時候流行以物易物——他們送你一瓶私酒，你讓他們把嬰兒車帶出來。我們用這種方式買賣、交換拖拉機和播種機。不管是一瓶酒或十瓶酒都好辦事……錢根本沒人要……（笑了笑）就像共產時代一樣……每一樣東西都有定價——一桶汽油換半公升私酒，一件卡拉庫爾羔羊皮大衣換兩公升，至於機車就看你怎麼議價……半年後我的役期屆滿。根據人員編制表規定，我的役期就是半年，之後會有人過來替補。不過波羅的海那幾個國家的人不肯出發，所以我們稍微多待了一陣子。情況就是這樣……其實我知道能搬能載的早就統統被偷光運走了。連學校化學實驗室的試管也逃不過這一劫。整個管制區幾乎被搬了出來……舉凡在市場、委託商店、鄉間別墅看到的都是……

留在鐵絲網那頭的只剩下大片土地、墳墓，還有我們的過去——那個曾經屬於我們的泱泱大國……

「到了定點，我們換上制服……

大家心裡都有個疑問：我們究竟在什麼地方？『這裡很久之前出了一起意外事故。』大尉安撫我們，『是三個月前的事了。現在已經沒什麼好擔心的了。』一名中士也說：『真的沒事，記得吃飯前洗手就好。』

我的職務是放射計量師。天黑之後，常常有人開車來我們值班的辦公室。只要准許這些人去沒收的那堆破爛玩意兒裡面挖寶，不管你是要錢、要菸，還是要伏特加都不成問題……至於打包好的東西運到哪去了？也許是基輔或明斯克的舊貨市場吧……剩下的一律用土掩埋。坑埋的東西什麼都有：洋裝、靴子、椅子、手風琴、縫紉機……所以我們戲稱這些地方叫『亂葬崗』。

回到家後，去參加舞會，我看上了一個女孩子：

『交個朋友吧！』

『就憑你？你從車諾比回來，誰還敢嫁給你？』

之後我認識了另一個女孩子。接吻、擁抱都做了，終於走到該結婚的時候。

『嫁給我吧！』我向她求婚。

她卻一臉狐疑：『你可以嗎？有辦法那個嗎？』

要不是捨不得父母親，我早就遠走高飛了……日後有機會也許我真的會離開這裡。」

「我記得的是這樣……

我在那裡掛的頭銜是警衛排排長，地位大概等同於末日區的區長。（笑了笑）您就照我的話寫吧。

有一次，我們攔檢了一台普里皮亞季開過來的車。城市居民早就全數撤離了，照理來說應該沒有人才對。當我們要求駕駛：『出示證件』時，他什麼也拿不出來。車子還用粗帆布蓋著。我記得，我們掀開一看，車上竟然載了二十組茶具、家具櫃、轉角沙發、電視機、地毯、腳踏車……

這要寫報告。

也碰過有人載牲畜的屍體，準備拿到放射性廢料掩埋場丟棄，但牛隻的大腿和里脊卻不見蹤影。

這也要寫報告。

我們曾經接獲通報，有人在拆廢棄的屋子，還把木頭一根一根編號，疊到聯結車上。我們立刻出發到指定地點，將這批『大盜』逮捕歸案。原來他們打算將這棟屋子拆遷之後，賣給別人蓋鄉間別墅。買家甚至連頭期款都付清了。

這一樣要寫報告。

原本有人飼養的豬在空蕩蕩的村子裡四處亂竄，狗和貓則是坐在自家的籬笆門邊守候無人居住的屋子，等待主人回家。

如果到萬人塚，可以看見龜裂的石頭上刻著很多人的姓氏：鮑羅金大尉、某某上尉……一排一排密密麻麻看起來像詩詞一樣的，那些都是列兵的姓氏……石碑的四周長滿了牛蒡、蕁麻……

有一次我們發現檢查過的菜圃裡面竟然有個人推著犁在耕作，他一見我們便說：

『年輕人，你們別對我吼。字據我已經交出去了，等春天一到我就搬走。』
『既然這樣，為什麼還要翻土呢？』
『因為這是秋天該做的工作啊……』
理解歸理解，我還是得寫報告……」

「他媽的……

我太太離開我，連小孩也一起帶走。這個賤人！不過我不會學柯托夫跑去上吊，也不會跳樓自殺。這個賤人！我回來的時候扛了一大箱的錢，給她買車，買水貂皮大衣……她這個賤人那時候跟我住就沒在喊怕。（唱起歌）

哪怕是一千倫琴
也打不趴我們俄國男人的老二……

這首打油詩寫得真的不錯，我就是在那裡學來的。想聽個笑話嗎？（隨即侃侃而談）老公從反應爐回到家……老婆跑去問醫生：『我該怎麼辦？』『把老公的身體洗乾淨，好好抱抱他，幫他鬆一下。』這個賤人！她竟然不敢跟我住，還把小孩帶走……（突然嚴肅了起來）士兵在反應爐旁邊工作，我的任務是載他們上下工：『各位弟兄，我數到一百。好了！出發囉！』我和其他人一樣，脖子上也掛著劑量計。等弟兄下工，我再把他們統一載到第一部門[29]……一個祕密單位……那邊的人會幫弟兄把劑量計上的讀數謄抄到小卡上，但每個人身上實際有多少侖琴的輻射完全是軍事機密。全是一群混帳東西！肏……在那個地方待上一陣子，上面就會告訴你：『夠了！你不能繼續待下去了。』所有的醫療資料……甚至到我們都要離開了，他們還是不肯透露輻射量到底有多少。混帳東西！肏……現在這群人參加選舉，爭奪掌權的機會，角逐部長職位……要不要再聽個笑話？車諾比核災發生後，吃什麼都沒關係，記得用鉛片把屌包起來埋好就好。哈哈……人生很美好，幹，就是太短了……

該怎麼治療我們？我們什麼文件資料也沒有。我曾經試圖去找，各級單位都打聽過了……得到的答案就三種，我到現在都還記得一清二楚。第一種：文件屆滿三年保存年限，所以銷毀了；第二種：後重建時期軍隊縮編，單位裁撤，所以文件銷毀了；第三種：文件遭到輻射汙染，所以銷毀了。搞不好銷毀這些文件為的就是不讓任何人得知真相？我們雖然目擊一切，但也沒多少日子可以活了……醫生能怎麼幫我們？要是現在可以開個證明，坦白告訴我輻射劑量，讓我知道自己的身體吸收了什麼東西，我一定會拿給那個賤人叫她給我看清楚……向她證明不管遇到任何情況我們都能挺過來，就算要結婚生子也不成問題。

以下……是我這名善後人員的禱告：『主啊，既然祢讓我不能做，乾脆讓我不想做算了。』他媽的！」

「一切……一切就像推理小說一樣展開……

午餐時間，工廠接到一通電話，要後備軍人某某某到市兵役委員會報到，確認文件資料是否正確無誤，而且還說刻不容緩。一到兵役委員會，發現有不少和我一樣的人。一名大尉過來對我們每個人重複說道：『你們要在克拉斯諾鎮進行軍事訓練，明天就出發。』隔天一早，所有人在兵役委員會大樓旁集合。軍方收走我們的身分證件和軍證之後就叫大家上車就座。沒有人知道車子開往什麼方向，也沒有人提起軍事訓練這檔事。無論我們問什麼，隨行的軍官總是沉默以對。『各位兄弟！該不會是要去車諾比吧？』有人猜中了。長官一聲號令：『安靜！根據戰時法，任何危言聳聽的行為都是要判軍法的。』過一會兒，長官解釋：『現在是戒嚴時期，不容許任何人胡說八道！誰敢對祖國見死不救，誰就是叛國賊。』

第一天我們還只是從遠處看核電廠，第二天已經在電廠旁邊清垃圾，提桶子，鏟土，掃地，用的還是清潔隊的那種掃把和刮刀。鏟子適合鏟砂石，但不適合用來處理滿是塑膠碎片、鋼筋、樹木和混凝土的廢棄物，這是任誰都明白的道理。我們有句話說：拿鏟子打原子。已經二十世紀了……出動的拖拉機和推土機都是利用無線電遙控，沒有真人駕駛，可是我們卻得跟在後面沿途清掃遺漏的垃圾，沿途呼吸揚起的塵土。每換一個班就需要用掉三十副防毒面具。這些俗稱『嘴套』的防毒面具戴起來既不方便，也沒辦法完全隔絕汙染，所以很多人乾脆拔掉不戴……天氣酷熱，頂著大太陽做事，戴著根本無法呼吸。

任務結束後，我們又接受了三個月的軍事訓練……練習打靶，學習使用新的衝鋒槍。大概是怕萬一爆發核戰吧……（諷刺口吻）我猜想應該是這樣……所以才會連新制服也沒發，讓我們繼續穿著在反應爐旁出任務時穿的軍便服和軍靴。

上級另外給我們簽署一份文件，要求大家不得張揚，所以我才會一個字也沒跟任何人提過……即使可以說，又能對誰說呢？退伍沒多久我就落了一個二級殘廢的下場。才二十二歲。當時在工廠上班，現場主任對我說：『不要再生病了，不然你就回家吃自己。』結果還真的把我開除了。我跑去找經理理論：『你們不能這樣。我是參加車諾比救災行動的善後人員，我拯救了你們，是我保護了你們啊！』『又不是我們派你去的。』

每天夜裡睡到一半，我都會因為夢到媽媽的聲音而清醒過來：『兒子啊，你為什麼沉默？你明明清醒得很，睜著兩隻眼睛躺著，燈也沒關……』我什麼都沒說……畢竟有誰願意傾聽？有誰願意聽我用自己的話語回覆他們的問題……

我好孤單……」

「我已經不怕死了……

只是不知道我會怎麼死……朋友快死的時候，從側面看過去腫得簡直不像話……鄰居也是善後人員，去那邊開起重機，後來皮膚變得跟木炭一樣黑，身子乾癟得跟小孩一樣瘦弱。不知道我死的時候會變怎麼樣……要死我也要死得像個正常人，絕對不要車諾比那種死法。有一件事我非常肯定──以診斷結果看來，我沒剩多少日子可以活了。如果能預知死期，我絕對會一槍先把自己斃了。我打過阿富汗戰爭，比起這種事，面對子彈輕鬆太多了……

打阿富汗戰爭是我自願的，到車諾比幫忙善後也是我自願的。出任務的地點在普里皮亞季。整座城市周圍宛如國家邊境，架著兩排有刺鐵絲網。映入眼簾的是整潔的樓房、鋪滿厚厚一層沙的街道，還有砍倒在地的樹木……像是奇幻電影才會出現的場景……我們執行上級的指令——『清洗』城市，並鏟除地面二十公分的土壤，再回填一層沙子。當時就好比在打仗，根本沒有什麼休假日可言。報導作業員托普頓諾夫的那份剪報我還留著……出事那天晚上就是他在核電廠值班，爆炸前幾分鐘他按下紅色的警戒按鈕，沒想到緊急防護系統竟然失靈……他的人被移送到莫斯科救治，但醫生束手無策：『要救人也得有個身體才行啊。』他全身只剩下後背一小部分沒照到輻射。他的遺體葬在米金斯基墓園。棺材不只用金屬箔包緊，入土之後還蓋上一點五公尺厚，內嵌鉛片的混凝土面板。他的父親到場送自己兒子最後一程時，難過落淚，可是經過的路人居然落井下石：『會爆炸都是你家的畜生害的！』他不過是個小小的作業員……連下葬也搞得一副好像他是外星人似的……

我寧可死在阿富汗的戰場上！坦白說，我滿腦子都是這樣的想法。戰死沙場再平常不過了，沒什麼好讓人匪夷所思的……」

「從直升機往下看……

我低空飛行沿路觀察，麅子和野豬個個面黃肌瘦，無精打采，走起路來彷彿上了慢動作特效一樣……這些動物靠著當地的野草和水維生。牠們不曉得自己也應該和居民一起撤離才對……

到底要去還是不去，要飛還是不飛？我是共產黨員，我怎麼能不飛？有兩名領航員聲稱自己的太太還年輕，小孩也還沒生，拒絕出任務。他們因為這樣遭到其他人奚落，葬送了大好前程。男人之間潛在著公評準則，特別瞧不起沒榮譽心的人！您要知道，那都是熱血在作祟

——別人不去，沒關係，我去。可是經過九次手術和兩度心臟病發的折磨，現在我的想法改變了……我不再任意對人施加評判，我能理解他們為什麼不去。他們還年輕。至於我，即使重新來過，我依然會選擇飛，這點絕對是肯定的。別人不去，我去。這樣才叫男子漢！

從高空往下看……軍機的數量多得驚人：重型直升機、中型直升機……MI-24是戰鬥直升機……戰鬥直升機或MI-2殲擊機在車諾比能發揮什麼功用？飛行員都是年輕小夥子……站在森林裡的反應爐旁邊飽受輻射傷害，只因為長官有令！只因為是軍事命令！究竟為什麼要把這麼多人丟去充滿輻射的環境？為的是什麼？（放聲大吼）需要的應該是專家，不是人肉砲灰。從上面可以看見毀損的建築、成堆坍落在地的垃圾，還有成千上萬密密麻麻的人影。現場有一台停擺的德國製起重機——它在屋頂上來回個幾趟就掛了。其他機器人也沒一台能用……我們的機器人是由盧卡切夫院士設計用來送上火星做研究的……日本機器人的外觀做得比較像人……不過，它們看來似乎承受不住大量的輻射，內部整個燒壞了。反倒是穿橡膠衣，戴橡膠手套的士兵來回奔忙……從空中看下去，每個人都變得好小好小……

我把這一切都記在心底，打算要說給兒子聽……可是回到家，兒子一問起：『爸爸，那裡發生什麼事？』『戰爭。』我找不到別的詞可以形容……」

注解

1 一九四一至一九四五年德蘇戰爭期間，自願協助德軍的納粹占領區居民或戰俘。

2 普特（пуд）是俄國的舊制重量單位，相當於十六點三八公斤。

3 澤金娜（Людмила Зыкина 一九二九～二〇〇九）是俄國著名民謠女歌手。

4 蘇聯於一九三五年發起的社會主義競賽群眾運動，以烏克蘭頓涅茨克煤礦工斯達漢諾夫（Алексей Стаханов）命名。這名礦工於一九三五年八月三十至三十一日晚班時間開採了一〇二公噸的煤礦，遠超過七公噸的定額十三倍，創下空前的紀錄。他的事蹟在第二個五年計畫期間獲得廣泛宣傳，形成斯達漢諾夫運動。蘇聯政府以運動之名，要求國內各行各業提高生產效率，締造新紀錄。舉凡響應該活動者皆稱之為斯達漢諾夫工作者（стахановец）。

5 自願返鄉者（самосёл）意指核災發生後自願重返車諾比隔離區生活的居民。

6 俄國貨幣，每戈比（копейка）等於百分之一盧布（рубль）。五戈比錢幣直徑約十八點五公釐。

7 勞動日（трудодень）是一九三〇至一九六六年間，用以計算集體農莊莊員勞動付出的方式。集體農莊掌控所有收成，不發放薪餉給莊員，而是依照個人勞動多寡將收入分予各個農莊。

8 乳渣（творог）是將牛奶的乳清分離後製成的固狀乳製品，為俄國常見的酸奶食品之一。

9 原文為 радионяня，該詞在此具有雙關涵義，俄文前綴「радио-」除了指「無線電」，亦可表「輻射、放射線」。因此 радионяня 可以指一九七〇至一九八〇年代全蘇廣播電台（Всесоюзное радио，第一廣播電台 Радио-1）播出的兒童教育節目《電台奶媽》，也可以解釋為「帶輻射的奶媽」，故譯為「輻嬤嬤」。

10 特種機動部隊（ОМОН）成立於一九八八年，目的在於掃平動亂，維持蘇聯重建時期（Перестройка）的社會秩序。

11 原文為 фон，指德國姓氏中使用的「von」，表貴族血統。

12 追悼日（Радуница）是東斯拉夫民族於春天追悼死者的節日。

13 繡花巾（рушник）是東斯拉夫民族日常生活或宗教活動中使用的傳統紡織品，用途廣泛，舉凡婚喪喜慶皆可見，例如治喪期間繡花巾會掛在門窗上以示哀悼，追悼日時則會披在十字架上。

14 布林餅（блины）是一種俄式薄煎餅。

15 果羹（кисель）是一種常見於東歐的甜點，用水果或漿果加上澱粉、糖或蜂蜜熬煮而成。

16 抓飯（плов）是中亞民族的傳統菜餚，各地用料不盡相同。

17 庫爾干秋別（Курган-Тюбе）是塔吉克的一座城市，位於該國西南部。一九九二至一九九七年內戰期間遭到嚴重破壞。

18 車爾尼雪夫斯基（Николай Чернышевский，一八二八～一八八九）是十九世紀俄國唯物主義哲學家、文學評論家、作家、革命民主主義者。

19 蕭洛霍夫（Михаил Шолохов，一九〇五～一九八四）是蘇聯作家，於一九六五年以長篇小說《靜靜的頓河》（Тихий Дон）榮獲諾貝爾文學獎。

20 《啟示錄》第八章第十至十一節。《啟示錄》東正教（俄國的基督教信仰為東正教）稱為《約安之啟示錄》。本處譯文採較為白話的新教和合本。

21 布爾加科夫（Сергей Булгаков，一八九一～一九四〇）是俄羅斯哲學家、神學家、經濟學家、東正教神父。

22 該段引文出自布爾加科夫一九一七年發表的《亙古不滅之光——觀察與思辨》（Свет невечерний. Созерцания и умозрения）一書。

23 該段引文出自布爾加科夫臨終前完成的著作《約翰啟示錄》（Апокалипсис Иоанна）。

24 梅什金公爵（Князь Мышкин）是俄國作家杜斯妥也夫斯基長篇小說《白癡》（Идиот）的主角。

25 《路加福音》第八章第十節。《路加福音》東正教稱之為《聖福音依路喀所傳者》。本處譯文採較為白話的新教和合本。

26 此處受訪者說的是《詩篇》第一百四十一篇第一節：「耶和華啊，我曾求告祢，求祢快快臨到我這裡！」（Господи, воззвах к Тебе, услыши мя!）然而口誤說成了：「耶和華啊，求告我！快快臨到！」（Господи, возвах меня! Услыши!）《詩篇》東正教稱之為《聖詠集》。本處譯文採較為白話的新教和合本。

27 指一九七九年到一九八九年，蘇聯入侵阿富汗戰爭。

28 輻射塵有一種放射性物質叫碘131，它會被甲狀腺吸收而造成甲狀腺的傷害。服用碘片（碘化鉀），是使甲狀腺先吸收足夠的碘，可使有害的碘131侵入時，吸收量達到最小。但無法阻止其他輻射傷害。

29 蘇聯時期各個單位中專門負責機密文書的部門。

第二章

萬物之首

獨白：古老的預言

我的女兒……跟其他人不一樣……等她長大肯定會問：「為什麼我和別人不一樣？」

她一出生就和一般嬰兒不同——活像顆密封的肉球，除了兩隻小眼睛能張開之外，身上其他地方可以說是一個縫也沒有。她的病歷卡上寫著：「女嬰罹患先天性多重病變：肛門發育不全、陰道發育不全、左腎發育不全」……這些是學術上的說法，說白話點，意思就是：不能尿，不能拉，只有一顆腰子……她才出生兩天，我就抱著她上醫院開刀……她睜開眼睛，微微笑了一下。我原先還以為她要哭了……我的天啊，她竟然笑了！像她這樣的小孩通常一出生就是夭折，要活命是不可能的。她能活下來都是因為我的愛。短短四年她就歷經了四場手術。全白俄羅斯罹患多重病變的小孩只有她一個存活下來。我實在太愛她了。（停頓片刻）我再也不敢生小孩了，我沒那份勇氣。從產科醫院出院回到家，晚上我先生只要親吻我，我就渾身顫抖，因為我們不可以……我心裡的罪惡感和恐懼會瞬間油然而生……我曾聽到醫生私下談論：「這個小女孩出生時身上那一層才不是羊膜，根本是盔甲。這種事要是上了電視，誰還敢生小孩！」

他們口中說的正是我們的小女兒……出了這種事，叫我們以後怎麼相愛呢？

我常常上教堂，把心裡的話一五一十說給神父聽。他要我禱告，祈求上帝赦免我的罪過。可是我們家的人從來不做傷天害理的事，我何罪之有？政府原先也打算疏散我們住的小鎮，後來因為缺錢才把我們從撤離名單上拿掉。我正好是在那個時候談了戀愛，嫁為人妻。我哪裡知道原來我們這個地方是不能談戀愛的……好幾年前，奶奶在《聖經》讀到：我們的世界儘管物產豐饒，植物開花結果，江河、森林、魚群、野獸生衍眾多，但有朝一日，這些都吃不得，用不得，人類也無法正常生育傳宗接代。古老的預言聽在我耳裡有如恐怖故事，我當時壓根不相信會有這種事。請您將我女兒的遭遇寫出來讓大家知道。她現在四歲，能唱能跳，還會背詩，智能發展完全正常。除了平時玩的遊戲和別人不同以外，她和其他孩子沒有任何差別。人家的孩子不是玩「當老闆做買賣」，就是「扮老師教學生」，她玩的卻是扮醫生、護士的遊戲——幫娃娃打針，量體溫，吊點滴，娃娃過世她還會拿白色床單給它蓋上。我們放不下心丟下她一個人在醫院裡，所以陪著她在醫院住了四年。她不曉得人應該要住在家裡才對。如果接她回家住一兩個月，她反而會問：「我們是不是很快就會回醫院呢？」她的朋友都在醫院，他們一起生活，一起長大。後來醫生幫她做肛門和陰道……最後一次手術一結束，導尿管安裝失敗，導致她無法排尿，需要另外動幾次手術。醫生建議我們送小孩到國外開刀，可是我先生每個月的收入一百二十美元，動輒上萬美金的醫療費要我們上哪籌措？有個教授私下向我們提議：「你們小孩這種病例相當值得研究，寫個信給國外醫院，應該會有人感興趣。」於是我不斷寫信……（努力忍住淚水）我在信中提到，我們每隔半小時就得用手幫這孩子把尿液擠出來，讓尿液從陰道附近的孔洞排出，因為若是不這麼做，剩下的那顆腎也會出毛病。這世上還有哪個孩子需要人家每半個小時幫他用手擠尿液？這樣的苦我們還能夠承受多少？（潸然落淚）我不許自己哭……我不能哭……我四處求助，不斷寫信：只要我女兒能活下來，她給你們做實驗、做研究都沒關係……哪怕要她像青蛙和兔子一樣在實驗台上任人宰割我都同意。（哭泣）我寫的信不下數十封……噢，主啊！

她現在還不懂，但總有一天她會問我們：為什麼她和別人不一樣？為什麼沒有男人愛她？為什麼她不能生小孩？為什麼蝴蝶、小鳥可以，所有人都可以，偏偏就她不行？我想要……我應該要證明……好讓……我想要有一份文件……好讓她長大之後知道，我和先生兩個人沒有做錯任何事……我們相愛一點兒也沒錯……（又一次努力忍住淚水）我和醫生、官員周旋了四年……好不容易政府高層終於肯接見我……等了四年我們才拿到醫療證明，指出她身上那些可怕的病變確實和低劑量游離輻射有關。我這四年來處處碰壁，大家總是斬釘截鐵對我說：「您的女兒是先天性身障。」她怎麼會是先天性身障？她是因為車諾比核災才變成身障。我仔細研究過我們家的系譜圖，家族裡每個幾乎都活到八九十歲，從來沒有人得過這種病。像我爺爺，他九十四歲才離開人世。醫生辯解：「我們做事是有一套準則的，這類的病例目前只能歸類為普通疾病。也許等二三十年之後有足夠的資料佐證，再來說是低劑量游離輻射和飲食誘發這種疾病也不遲……現階段醫學和科學對這方面的認識確實相當有限。」我怎麼可能等得了二三十年，那是大半輩子的光陰啊！我真想把他們這些人、這個政府，統統告上法院……別人笑我是神經病，說這種小孩古代的希臘和中國也不是沒見過。甚至有一名官員對我大小聲：「你根本只是貪圖車諾比災民的好處，想來分一杯羹吧！」你說我能不抓狂嗎？我氣得差點連命都丟了！但是，我得忍住……

他們這些人不懂一件事……他們不願意花心思去理解……我必須要知道我們夫妻倆並沒有錯……我們相愛一點兒也沒錯……（轉身面向窗戶，低聲啜泣）

小女孩在長大……不管怎麼說，她終究還是個小孩……我不希望讓人知道我們的姓氏……即使是住對門的鄰居也不知道我們家的情況。我幫她穿上洋裝，給她綁辮子頭，路人見了都會對我說：「你們家的小卡嘉真漂亮。」反而是我自己沒辦法用正常的眼光看待其他孕婦……我不敢直視她們，只敢像躲在遠處或角落那樣偷瞄……我內心的感受五味雜陳——既詫異又恐懼，既嫉妒又歡喜，甚至還摻混著一絲報復心態。有時候我發現，連隔壁鄰居的狗或窩在巢裡的鸛鳥懷了孕，我心裡竟然也會浮現同樣的感受……

我的小女兒啊……

——萊麗莎，母親

獨白：月球般的景色

我突然開始懷疑：究竟是記得好，還是忘了好？

我問過朋友……有些人選擇遺忘，有些人不願想起，因為我們無力改變任何事情，連想離開這個地方都做不到……

我記得……事故剛發生的那陣子，舉凡有關輻射、廣島、長崎，甚至是X光的書統統從圖書館消失了。傳言說上級領導為了避免民眾恐慌，為了讓我們安心，才會下達這樣的命令。那時流行一則笑話：如果今天車諾比核電廠是在巴布亞人的土地上爆炸，全世界肯定嚇得屁滾尿流，唯獨巴布亞人在狀況外。當初沒有任何就醫建議，什麼資訊都沒有……有門路的人才弄得到碘化鉀的藥錠（我們城裡的藥局沒賣，只能透過關係取得）。曾經有人一杯酒吞下一把藥片，隨後就讓救護車載走了……

之後來了第一批外國記者和攝影團隊……他們一身上下裝備齊全：塑膠連身工作服、鋼盔、白樺皮靴、手套，就連攝影機也特別用專門的套子包得緊緊的。隨行充當翻譯的當地年輕女孩身上卻只穿著一襲夏季洋裝和一雙無跟涼鞋……

沒人報導真相，沒人肯說實話，但只要是報上寫的民眾都深信不疑。一來是因為政府刻意掩瞞，另外也因為上自總書記，下至清道夫，不是所有人都能理解究竟是怎麼一回事。後來大家開始留意各種跡象，例如：看到麻雀和鴿子表示這個都市或鄉村還可以住人，蜜蜂採蜜表示這個地方還算乾淨。有一回搭計程車，小鳥不知道是瞎了眼，是腦袋秀逗，還是沒睡飽，竟然像是在自尋死路，不斷衝撞車子的玻璃，搞得司機百思不得其解……司機下班後只好找朋友喝個酩酊大醉，趕緊把這事忘了。

我記得有一次出差回來……注意到路上兩側的景色簡直和月球表面沒什麼兩樣……放眼望去，無邊無際的草原全鋪滿了白雲石。表層受到汙染的土壤鏟除、掩埋之後，取而代之的是白雲石的砂礫。完全不是大地該有的樣子……人好像不在地球似的……這片景象一直讓我心神不寧。我試著將這件事寫成一篇小說，想像一百年後這個地方會是什麼樣的一番光景——似人非人的生物蹬著長長的後腿，用第三隻眼在黑夜中透視萬物，唯一的耳朵長在頭頂上，耳力敏銳得可以聽見螞蟻奔走的聲響；除了螞蟻，陸地上和天空中的生物全數滅絕了……

寫好的短篇我投稿到雜誌社，得到的回覆卻是：這算不上文學創作，只是在重述恐怖故事而已。我的確沒有寫作天分，不過我強烈懷疑其中另有隱情。仔細想想，為什麼探討車諾比的書少之又少？戰爭和史達林時期的勞改營這些主題，作家怎麼寫都寫不膩，偏偏碰到這個議題就什麼都寫不出來。相關的書寥寥無幾，難道是巧合嗎？這起事件直到今日始終被屏除在我們的文化之外，這是對文化的戕害。我們只會沉默以對，只會和小孩一樣，閉上眼睛就以為自己躲得神不知鬼不覺。來自未來世界的東西不是現在的我們可以體會或承受的。要是隨便找個人談，大家不只會娓娓道來，還會感激有人聽他說。聽不懂沒關係，至少有那個心就夠了。反正大家都一樣，摸不著一點頭緒……我現在不再看奇幻小說了……

所以說究竟是記得好，還是忘了好呢？

——布洛夫金，戈梅利國立大學教師

獨白：見證耶穌倒地哀號時正好犯牙疼

我當時在意的是另一件事……您也許會覺得奇怪……那段時間我正好和老婆離婚……某天，突然有人上門，拿出通知書告訴我車子已經在樓下等候。那可不是普通的車，是蘇聯時期專門用來押送嫌犯的「囚車」。這場景彷彿回到了一九三七年的大恐怖時期……很多人半夜睡得正熟，莫名其妙就從床上被挖起來帶走了。不過這種抓人模式後來常碰釘子，因為太太要麼不應門，要麼謊稱先生出差、度假或是回鄉下老家。政府的人雖然試圖把通知書交到太太手上，但她們死也不拿。於是這些不速之客乾脆趁人工作、上街或在工廠食堂吃午飯時直接把人抓走。就像一九三七年一樣……那時候的我精神狀況不是特別穩定……滿腦子想的都是老婆在外偷腥的醜事，其他事情我一點兒也不在乎。就這樣上了「囚車」……帶我上車的兩人雖然身著便衣，但舉手投足之間還是脫不了軍人的儀態。他們一左一右緊貼著我，想必是怕我趁機逃跑。上了車，不知道為什麼我竟然想起登上月球的美國太空人。其中有一個人後來改行當起神職人員，另一個好像是瘋掉了？我在報導中讀過……他們覺得自己在月球上似乎發現了城市的遺址和人類的蹤跡。我的腦中也掠過報上的一些新聞片段，例如我國的核電廠安全無虞，即使興建在克里姆林宮附近的紅場也不成問題，論安全性甚至更勝茶炊一籌；也有報導寫道：我們要將核電廠像繁星一樣，「灑滿」大地。可是老婆離我而去的事占據了我所有的心思……我好幾次企圖自我了斷，曾經吞過藥，打算一睡永遠不要醒過來。我和前妻從小一起上幼兒園，一起上小學……連研究所讀的都是同一所……（抽起菸，靜默不語）

我前面說了……真的沒有什麼英勇的事蹟值得寫。我無法不去想：明明不是在打仗，為什麼老婆和姘夫翻雲覆雨，我卻要拿自己的生命冒險犯難？為什麼去的是我，不是他？說真格的，那裡根本沒有什麼英雄可言，有的只是一群不顧死活又愛逞強的瘋子。根本不需要那樣。我也接受過嘉獎……不過那是因為我不怕死。我什麼都無所謂了！如果就這樣死一死，倒也不失為一條出路，而且國家還會出錢替我辦後事，按該有的禮數幫我下葬……

那個地方彷彿是世界末日與石器時代的交會點，真的很不可思議。我內心的感受可以說更強烈、更赤裸……我們在反應爐外二十公里處的森林紮營露宿，一副準備「打游擊」的陣仗，「游擊隊員」不是別人，正是受到召集參加軍事訓練的弟兄。大家的年齡平均落在二十五至四十歲之間，大多受過高等和中等技職教育。順帶一提，我本身是歷史老師。部隊發給我們的是鐵鏟，而不是衝鋒槍。我們到垃圾場和人家的菜圃去鏟土時，村裡的婦女死命盯著我們瞧，手不停在胸前畫十字，因為我們雖然頂著烈日，卻戴手套，蒙防毒面具，穿迷彩衣，出現在她們的菜園子裡，活像是妖魔鬼怪，還是什麼來自外太空的生物。她們想不透，大蒜和高麗菜長得好端端的，為什麼我們要去搗亂她們家的菜畦，還把作物統統拔掉。村婦一邊畫十字，一邊扯著嗓子叫嚷：「阿兵哥，現在是怎樣！還有天理嗎？」

農舍的火爐燒得正旺，鍋子裡的醃豬油煎得吱吱作響。放射劑量計拿來一量，才知道這哪是什麼火爐，根本是座小型的反應爐。「年輕人，上桌一起吃飯啊！」主人殷勤好客，但我們婉拒了。對方還是邀著說：「我們去把酒端出來，我們坐下好好談談。」有什麼好談的？連消防隊員在反應爐踩到燒得發亮的燃料都不知道那是什麼了，我們又會知道什麼呢？

我們平常以班為單位行動，所有士官兵共用一支放射劑量計，但各個地方輻射量不一——有的地方兩侖琴，有的地方卻是十侖琴。我們形同囚犯，毫無權益可言。面對重重謎團，大家成天提心吊膽。至於我，總是以一個旁觀者的角度看待這一切，天不怕地不怕……

有一天，一票科學家搭乘直升機來到村內，他們全身上下又是工作服，又是高靴，又是護目鏡，像極了太空人……一名村婦走到跟前：「你什麼人？」「我是科學家。」「啊！你是科學家啊！大家快看，他這身打扮真是不得了，包得有夠徹底。我們呢？」有些人甚至手持棍棒站在這位科學家背後。我時常在想，科學家總有一天會落得和中世紀的醫生一樣的下場，難逃獵殺和火刑的命運。

我曾目睹有個屋主眼睜睜看著自己的家園化為烏有……（起身走向窗邊）只剩下剛剛挖好的掩埋場……一個巨大的方形窟窿。水井和花園全部都埋了……（靜默不語）我們埋葬了整片大地……我們把鏟掉的土綑起來……我提醒過您，真的沒有什麼英勇的事蹟……

我們每天工作十二個小時，做到很晚才散工是家常便飯。沒有假日，只有晚上可以忙裡偷閒。有一次我們坐在裝甲運輸車上，注意到空蕩蕩的村子裡有個人影，開近一看，原來是一個肩上扛著地毯的年輕男子……不遠處停了一輛日古利汽車……我們停車查看，發現後車廂塞滿了電視機和電話。裝甲運輸車掉頭猛力一撞，把這台日古利汽車撞得稀巴爛，車子就像鐵皮罐，瞬間壓得扁扁的，也沒人敢吭一聲……

我們掩埋了整座森林……我們把樹木鋸成一米半的木塊，用玻璃紙包裹，然後倒進放射性廢料掩埋場。我晚上時常輾轉難眠，閉上眼睛，總覺得有黑影晃動……那些土彷彿有生命似的……動了起來……還有裡頭的甲蟲、蜘蛛和蚯蚓……我不認識牠們……只知道是甲蟲、蜘蛛、螞蟻。牠們有大有小，有黑有黃，五顏六色。有位詩人曾經說過：動物是一支有別於我們的民族。不計其數的生命葬送在我手中，我卻連牠們叫什麼都不知道。我摧毀牠們的家園和祕密，把它們全部掩埋，全部都掩埋了……

安德列耶夫是我非常欣賞的作家，他有一則寓言，寫的是踰越生死界線的拉撒路，即使在基督的幫助下死而復生，卻已經成為再也無法融入人群的他者了……[1]

這樣夠了吧？我理解您對我們這些去過那裡的人感到好奇，誰不好奇？車諾比核災影響所及，除了明斯克，還有管制區，以及歐洲某些地方。事發當地最令人震驚的，是居民談論核災時的淡然。我們在廢棄村莊見到一名獨居的老人家，問他：「你不怕嗎？」他反問：「有什麼好怕？」總是忐忑度日也不是辦法，人不能這樣過活。沒多久，大夥重拾原本正常人的生活……喝伏特加、打牌泡妞。雖然開口閉口都是錢，但我們去那裡並不是為了錢，很少人的目的是純粹想賺錢。我們之所以去做那些事，是因為我們有那個義務。上頭一聲令下，我們什麼也不過問，做就對了。有人夢想升遷；有人要耍伎倆，揩油圖利；也有人盼望著享受政府承諾的好處，比方說，不用排隊就可以拿到一套公寓，好盡快搬離臨時搭建的簡陋房屋，還有安排小孩就讀幼兒園和買車。有個弟兄臨陣畏怯，怕得沒膽踏出帳篷一步，連睡覺也穿著自己做的橡膠衣不敢脫掉。真沒種！黨籍遭到開除時，他放聲嘶吼：「我不想死！」那個時候什麼人都有……我碰過熱切希望貢獻一己之力，自願幫忙的女人。即使吃了閉門羹，即使都已經講明了需要的是司機、水管工人和消防隊員，她們還是堅持到場出力。真是什麼人都有……成千上萬的志工投身善後工作……有學生組成的志工隊，也有夜間伺機抓後備軍人的「囚車」……除了有基金會會收集物資、匯款幫助災民，也有上百名民眾無償捐血和骨髓……那段期間只要一瓶伏特加，不管你想要獎狀，還是回家休假，都能買得到……有的集體農莊主席扛著整箱的伏特加送給放射計量師小隊，只求自己的村莊可以免於撤離的命運；也有人因為政府已經允諾在明斯克配給他一套三房的公寓，所以送上整箱的伏特加，央求早日遷村。輻射劑量的測量結果根本沒人檢查。俄羅斯人亂無章法也不是一兩天的事，這就是我們的生活模式……什麼東西都可以隨隨便便一筆勾銷，當買賣在做……這種事雖然討人厭，不過誰還管得了那麼多！

當時派了不少學生過去，到草原拔濱藜，耙乾草。其中有幾對年輕夫妻甚至還手牽著手一起行動，叫人看了實在於心不忍。那個地方那麼美，那麼壯闊！就是因為景色如畫才更加可怕。那裡待不得，人只能像亡命天涯的匪徒和罪犯一樣夾著尾巴逃生。

每天報紙送來，我只看標題：「車諾比——立功之地」、「反應爐已在控制之中」、「生命延續不中斷」。政治副長在政治學習討論會上總說：我們一定要贏。但是，要贏誰呢？原子嗎？物理嗎？還是這個宇宙？勝利對我們而言不是一件事，而是一個歷程。人生是一場奮鬥，正因為如此我們才會如此鍾情水災、火警、地震……我們需要一個能夠「展現膽量和英雄氣魄」，還有豎立旗幟的機會。政治副長常朗讀報上報導「高度自覺及組織明確」和災後沒幾天第四座反應爐已見赤色國旗飄揚的消息。但事實上，強烈的輻射不消幾個月就把旗子燒毀殆盡，旗子是一面換過一面……不少人為了留作紀念，拔下舊的旗子，塞進短呢衣裡，放在靠近心窩的地方帶回家……驕傲地炫耀給小孩看……然後好好收藏起來……簡直想當英雄想瘋了！不過我也是這種人……沒好到哪裡去。我常在心中想像士兵攀上反應爐屋頂的畫面……雖然這種行為和飛蛾撲火沒什麼兩樣，但他們有滿腔的激情……除了使命感，還有愛國心。您或許會認為這豈不是將蘇聯當作偶像在崇拜嗎！如果當初手裡拿著旗幟的人是我，叫我爬上屋頂，我肯定義無反顧。為什麼呢？我也回答不出個所以然。當初的我置生死於度外，這倒也不是什麼壞事……我老婆音訊全無，整整半年一封信也沒有……（停頓）

想聽則笑話嗎？有個犯人逃獄，躲到強制疏散區避風頭。落網之後讓人帶去給放射計量師檢查，結果他全身輻射超標，要送回監獄也不是，送到醫院也不是，放他重返社會更是萬萬使不得。（笑了笑）我們在那裡特別愛這種玩弄黑色幽默的笑話。

我到那邊的時候是鳥語婉轉的季節，離開的時候蘋果都已經掉落在雪地裡了。我們沒能來得及把所有東西掩埋完畢……我們把大地……連同甲蟲、蜘蛛、雞母蟲這支獨立的民族和牠們的世界埋到了土裡……讓我最銘心難忘的就是對牠們的記憶了……

我拉拉雜雜說了一堆，也沒說出個重點……先前提到的安德列耶夫有篇短篇，描述一個住在耶路撒冷的市井小民目睹押送耶穌基督的過程，他卻在那時好死不死犯了牙疼。他見到耶穌基督扛十字架扛到一半跌倒在地。耶穌基督跌倒、哀號，這名小老百姓全看在眼裡，偏偏牙齒疼了起來，所以他沒出門湊熱鬧。兩天之後，牙齒不疼了，他才從別人口中得知耶穌基督復活的事。他心想：「要不是犯牙疼，我就可以見證這樁奇蹟了。」

人從來就無法與歷史大事等量齊觀，兩相比較人總是卑微而渺小，莫非這是從古至今不變的定律？我父親打過一九四二年保衛莫斯科的戰役[2]，數十年過去，他才從書本和電影裡明白自己參與了歷史，否則他自己回憶過去時只知道：「我守在戰壕裡面開槍射擊，四周砲彈炸個不停，奄奄一息的士兵由衛生兵負責拖走。」他知道的就只有這樣多而已。

我太太竟然在那時候離我而去……

——阿爾卡基，善後人員

三段獨白：「會行走的塵土」與「能言語的大地」

霍伊尼基漁獵志願協會會長維日科夫斯基及兩位不願透露姓氏的獵人：安德烈與弗拉基米爾

「第一次獵殺狐狸是在我小時候……第二次殺的是一頭母駝鹿……我發過誓，再也不殺母駝鹿。牠們的眼神彷彿會把人看透似的……」

「我們人有理解的能力，鳥獸牠們只是單純活著。」

「秋天的麅子特別敏銳，一旦察覺到人的動靜，你根本別想靠近一步。至於狐狸，牠們可狡猾了！」

「我們這裡有個四處溜達的人……這人每次一喝酒就會對人說起教來。他大學念的是哲學，吃過牢飯。管制區裡沒有人肯坦白把自己的事說給別人知道，即使有也不多。這個男的倒是挺有腦袋的……他說：『車諾比核災是為了教人懂得思考。』他稱動物是『會行走的塵土』，人則是『能言語的大地』。為什麼人是『能言語的大地』？因為我們的飲食全取自於大地；換言之，我們的存在是大地孕育而成的。」

「管制區有股拉力……真的，就和磁鐵一樣。唉唷，我的老天爺啊！去過的人都會一心想再回去……」

「我們以為鳥獸聽不懂人話，但我讀過一本書……裡面說有些聖人能和牠們對談。」

「誒！兄弟，照順序來……」

「好啦，好啦，會長你先說，我們抽根菸。」

「事情的來龍去脈是這樣：區執行委員會傳喚我過去：『聽好了，你是獵人的老大，管制區還留有不少小貓小狗這類寵物，為了防堵流行病疫情爆發，這些動物必須趕緊撲殺。快行動吧！』隔天，我號召所有獵人，把上頭交代的事照實宣布一遍……只是沒有防護裝備可用，大夥兒都意興闌珊。於是我找上民防單位，但他們也一樣，什麼都沒有，連一副防毒面具也生不出來。到頭來我們只得自己去水泥工廠撿面罩來用。所謂的面罩不過是防水泥粉塵的一層薄片……竟然連個防毒面具也不發給我們。」

「管制區的士兵蒙面罩，戴手套，坐的是裝甲運輸車，我們卻只穿件襯衫，臉上隨便綁塊布就進去了。回到家和家人相處也是同樣一身的襯衫和靴子。」

「志願者湊一湊組成兩支隊伍……各二十人。每一隊有一名獸醫和一名衛生防疫站的人員同行，另外還有一台帶挖斗的拖拉機和舉斗車。不給防護裝備根本是欺負人，完全沒在為人著想……」

「好在至少有頒獎給我們，一人三十盧布。在那個年代，伏特加一瓶賣三盧布，大家都買來除汙……當初不知道從哪蹦出一些偏方，例如一瓶伏特加兌一匙鵝屎浸泡兩天，喝了可以那個……嗯……保我們男人那裡不受影響……你們記不記得當時那些打油詩？多得不得了。札波羅熱人牌[3]沒好車，基輔城裡沒男人。要是還想生小孩，蛋蛋記得包鉛片。哈哈……」

「我們在管制區來來回回繞了兩個月。我們那一區半數的村子都疏散光了，算起來也有好幾十座村子，像是巴布青、圖里戈維奇等等。我們第一次到管制區的時候，小狗仍然在自己家附近遊蕩，守著房子，等候主人回來。牠們一見我們，開心得不得了，聽到人的聲音立刻飛奔上前迎接……可是我們射殺了屋子、棚子和菜圃裡的狗，把牠們的屍體拖到街頭丟上畢斗車。這份差事實在讓人很不好受。這些動物無法理解我們為什麼要殺牠們。殺牠們並不困難，畢竟是人家養的寵物，對武器和人都沒有戒心，聽到人的聲音還會衝上前……」

「天啊！那時有一隻烏龜緩緩爬過空蕩的屋子。公寓的魚缸……裡面還有小魚……」

「那隻烏龜我們沒殺死牠。龜殼硬得跟盔甲一樣，就算開著瓦滋越野車用前輪輾過去也不會有事。當然也只有喝醉才會幹出這種事！院子裡的籠子門沒關，兔子到處亂竄……我們把關在籠裡的河狸鼠放了出來，如果附近碰巧有湖泊或河流，牠們就會順勢游走。民眾倉皇丟下所有東西，以為只是暫時離開一陣子。您知道那時候情況是怎麼樣嗎？政府下令撤離：『三天後回來。』女人聽了呼天喊地，小孩哭鬧，牲口哀嚎。對年紀還小的孩子只能騙騙他們：『我們要去看馬戲團。』大家以為還會再回來……因為從來就沒有過『永遠』不回來這種事。唉唷，我的老天爺啊！我告訴您，那時候的情勢簡直像在打仗……貓直盯著你看，狗使勁狂吠，甚至跟著衝上公車。有的是看門狗，有的是牧羊犬……士兵見狀，或拖或踹，把牠們趕下車。這些動物拚命追趕著車子，一直跑一直跑……撤離……慘不忍睹啊！」

「所以說這種事啊……日本人也歷經過廣島原爆，你看人家現在已經超越群雄，成為世界第一。所以啊……」

「有機會開槍打獵，我們獵人自然是興致勃勃。酒杯一乾，二話不說，馬上上路。打獵也算上工，是有薪水可以領的。這種差事錢當然會多一點，賞金是三十盧布，只不過幣值已經不如共產時代了。滄海桑田啊！」

「我說事情呢是這樣的：房子上了封條，又不能撕。坐在室內窗台上的貓叫我們怎麼抓？沒辦法只好放過牠。後來房子遭人闖空門，門被打，窗子被砸，東西被洗劫一空。最先遭竊的往往是錄音機、電視……毛皮製品……除了散落一地的鋁製湯匙，剩下的東西到頭來也是讓人搬得一乾二淨。保住小命的狗躲到屋子裡，人一靠近，牠們就會撲上來……牠們對人的信任已經蕩然無存……有一次我走進屋內，看見房間中央有一群幼犬圍著母狗。說同情嗎？這份差事當然不是說有多舒服愉快……我在心裡暗自比較過……我們的所作所為其實和討伐軍沒什麼差別，很像在打仗，模式一模一樣……完全是一場軍事行動……我們也是一來就包圍村莊。小狗一聽到槍響，立刻往森林的方向逃之夭夭。貓生性滑頭滑腦，也比較會躲。有一隻幼貓鑽進陶罐……我把牠抖出來之後……又把牠從火爐裡面拖出來……我內心並不好受……常常我們才剛踏進門，貓一眨眼飛也似地就從腳邊閃過，搞得我們還得提著槍跟在後面追。那些動物瘦巴巴、髒兮兮，身上的毛都結成一坨一坨的。初期，留在家的母雞因為下了很多蛋，所以貓狗還能吃雞蛋維生。等到蛋吃完了以後，牠們只好咬死母雞吃下肚。有些母雞是狐狸吃的。狐狸和村子裡的狗雜居一處。最後雞沒了，變成了狗吃貓。有幾次我們在豬舍發現豬……我們把牠們放了出來……打開囤在地窖的醃黃瓜、醃番茄等各種罐頭，倒進臉盆餵牠們。我們放了那些豬一條生路……」

「我們遇過一個老太婆……她把自己和五隻貓、三條狗一起關在屋子裡……『不要打狗，牠曾經也是人。』她對著我們破口大罵，抵死不肯退讓……我們只好來硬的。唯獨一隻貓和一條狗沒抓到。她罵我們：『你們這群強盜！只會欺負人！』

「哈哈……『拖拉機山下耕，反應爐山上燒。若非瑞典來警告，至今肯定不知道。』哈哈……」

「空蕩蕩的村子……只剩下火爐，完全就是哈騰村的翻版[4]！老公公和老婆婆相依為命，畫面和童話故事描述的一模一樣。他們天不怕地不怕，要是換作別人，肯定早就精神崩潰了！野狼不敢靠近火光，所以晚上大家都拿樹墩當柴火燒。」

「我說事情呢是這樣的：空氣飄著一股混雜的氣味……我抓破腦袋就是想不透這股氣味從哪裡來。馬撒勒村距離反應爐有六公里遠……聞起來好像你人就在X光室。那是碘的味道……夾雜著一種不知名的酸味……不是說輻射無臭無味嗎？我也搞不懂……射擊的時候要逼近目標……我在某個房間看到一條母狗趴在地板上，旁邊圍著一群幼犬……這條母狗突然撲上來攻擊我，我馬上一顆子彈送牠上西天……但是，那些狗崽竟然過來舔我的手，對我撒嬌，幹一些又傻又憨的蠢事逗得大家哄堂大笑。開槍就是得逼近獵物……唉唷，我的老天爺啊！我還記得有一隻狗……一隻黑色的小貴賓……我到現在心裡依然非常不捨。打死的動物我們把牠們扔上舉斗車，堆得像一座小山，然後載往『放射性廢料掩埋場』丟棄……說實在的，所謂的掩埋場不過就是個大窟窿，沒什麼特別的。只是挖的時候不能挖到地下水，挖好之後在坑底還得鋪一層玻璃紙，所以必須找一塊地勢較高的地……但是，您也心知肚明，不按規矩來的情況屢見不鮮，不是沒鋪玻璃紙，就是隨便找個地方草草了事。動物如果受了傷沒死，痛得哀哀叫是難免的……從舉斗車把牠們往坑裡頭倒的時候，我注意到一隻小貴賓奮力往上爬，想要逃出來。偏偏大夥的子彈早已用盡，沒東西可以給牠死個痛快……子彈一顆也不剩……所以有人把牠又推了下去，然後就這樣土填一填直接活埋。我到現在都還可憐牠的遭遇。

貓的數量比狗少得多。也許他們跟隨著人一起走了？也可能是躲起來了？養在家裡的貴賓犬……好日子過慣了……」

「最好從遠遠的地方開槍，才不會和牠們對到眼。」

「一定要學會一槍中的，免得還要補槍。」

「我們人有理解的能力，動物牠們只是單純活著，只是『會行走的塵土』……」

「馬匹……抓去宰的路上……也哭了出來……」

「我再補充說個幾句……凡是生物都有靈魂。我從小跟著父親學習打獵，看見受傷的麅子倒臥在地，就算牠希望有人可憐可憐牠，你還是得讓牠死個痛快。牠們臨死前的眼神特別有靈性，簡直像一雙人的眼睛，透露著對你的怨恨，又或許是在懇求你：『我也想活下去！我不想死！』」

「真的要學著點！我告訴您，打死受傷的動物比直接殺死牠們還要令人難受。打獵是一種運動。我真搞不懂為什麼大家老是把砲火指向獵人，卻沒有人會去罵漁夫。太不公平了！」

「男人不能沒有打獵和戰爭，這是自古以來不變的道理。」

「兒子還小，我無法對他坦承我去了哪裡、做了什麼。他到現在還以為老爸是去保護別人，是去拋頭顱灑熱血！他在電視上看到戰車和成千上萬的軍人，開口就問：『爸爸，你也是阿兵哥嗎？』」

「有個電視台的攝影師扛著攝影機跟我們一同前往……你們記不記得？他一個大男人，居然哭得稀里嘩啦……不過他堅持一定要親眼瞧瞧三顆頭的野豬究竟長什麼樣……」

「哈哈……狐狸在森林裡撞見卡羅博，問道：『卡羅博你要去哪裡？』『我不是卡羅博，我是車諾比的刺蝟啦。』[5]哈哈……不是有句話說：和平核能全民共享！」

「我跟您說，人死的時候沒有比畜牲好到哪去。這種事我在阿富汗見多了……我在戰場上腹部受了傷，躺在大太陽底下，曬得我又熱又渴，滿腦子只想喝水！『哎！』我當時心想，『我就要跟畜生一樣格斃了。』我告訴您，我和那些動物一樣血流個不停，傷口痛得不得了。」

「和我們一起行動的警察他後來那個……精神狀況出了點問題，還住過院……他非常同情暹羅貓，說牠們是市面上賣價昂貴、長得又漂亮的品種貓。這個年輕人啊……」

「看到帶著小牛犢的母牛或是馬，我們不會開槍獵殺牠們。這些動物害怕野狼，就是不怕人。馬善於自我防衛；至於母牛，牠們往往最先成為野狼飽餐的對象。這就是弱肉強食的叢林法則。」

「白俄羅斯的牲口幾乎全外銷到俄國去了。出口的小母牛雖然患有白血病，但相對地售價也比較便宜。」

「最讓人心疼的非老人家莫屬了……他們常走近我們的車子說：『年輕人，你到我家去看看好不好？』順手就將鑰匙塞了過來：『幫我把衣服和帽子帶出來。』甚至拿錢拜託……有的人會問：『我家的狗還好嗎？』但事實是狗早已經被槍打死，屋子也慘遭洗劫一空，而且他們再也沒有機會回去老家了。這些話你要我怎麼說得出口？我不想欺騙他們，所以拒絕拿鑰匙。反倒是其他人收下之後還會接著問：『你們家的私酒藏在什麼地方？』老爺爺也不疑有他……後來真的找到不少用來裝牛奶的圓柱形大鐵桶，全封得好好的，完全沒開過。」

「有人準備辦婚禮，託我幫忙打一頭野豬回來。說是要跟我買！他們婚禮和洗禮宴要用的，即使豬肝在手裡化得稀巴爛也沒關係……」

「我們射擊也算是為科學貢獻一己之力。有一次我們在某個林班[6]撞見兩隻兔子、兩隻狐狸和兩隻麅子。雖然牠們全都受到輻射汙染，我們照樣打來果腹。一開始心裡難免會有點害怕，不過習慣就好。畢竟人還是得吃點東西，我們總不可能搬去月球或其他星球住吧。」

「傳言有個人在市場買了一頂狐狸皮毛做的帽子，戴了之後頭都禿了；也有一個亞美尼亞人用划算的價格買進一把從『放射性廢料掩埋場』偷出來的衝鋒槍，結果把命都丟了。真的是人嚇人，嚇死人。」

「我在那裡人就沒怎樣，精神狀況正常，腦袋也沒事……唉唷，我的老天爺啊！只是我打死了一堆小貓小狗……畢竟是任務啊！」

「我和拆遷房屋的司機聊過。他們會把管制區的東西偷來賣。雖然學校、房舍、幼兒園已經標上除汙的編號，他們一樣照搬無誤！我不大記得是在澡堂裡面還是啤酒櫃旁邊碰到他，不過他說過：他們開一輛卡瑪斯大貨車，用不著三個小時就可以把整棟房子搬個精光。車子行駛到市郊，住在度假別墅的民眾會攔下車子，把東西搶購一空，帶回自家別墅使用。」

「我們這群夥伴之中，有些人嗜血如命……打起獵來特別兇狠……有些人純粹是喜歡到森林走走，打打小型的飛禽走獸。」

「我跟您說……那麼多人活活受罪，就是沒有人肯出來承擔責任。只是把核電廠的管理幹部抓去坐牢就想敷衍了事。在我們這個體制內，要揪出罪魁禍首實在不是件容易的事。上面都下令了，你還能怎麼辦？當然只能聽命行事。聽說他們在那裡做實驗。我從報紙上得知，是因為軍方試圖製造核彈所需的鈽，所以才會發生爆炸……說難聽點，為什麼倒楣的是車諾比？為什麼這種事發生在我們身上，而不是在法國或德國？」

「我忘不了……可惜當初沒有人有多的子彈可以用來了結那隻小貴賓……二十個人啊……居然到傍晚就一顆子彈也不剩了……」

獨白：少了契訶夫和托爾斯泰的人生該怎麼過下去

我在祈求什麼？您一定會問我都祈求些什麼。我是個不上教堂的人，我都是趁著早上或晚上夜闌人靜的時候在家禱告……

我想要愛，我也懂得如何去愛！所以我為自己的愛情祈禱，但我……（話說到一半戛然而止，顯然不願意繼續談下去）舊事還要重提嗎？或許我們應該忘記過去……把以前的事統統拋諸腦後……我沒讀過這類主題的書……也沒見電影拍過類似的東西……我在電影只看過戰爭場面。我爺爺奶奶的記憶裡沒有童年，只有戰亂。他們小時候的日子烽火連天，至於我小時候則是歷經了車諾比核災。那裡是我的故鄉……您雖然也寫書，但沒有任何一本書、一齣戲或一部電影可以幫助我釐清這一切，我只能獨自理出個究竟。碰上這種情況我們沒有人知道如何應對，大家都是靠著自己的力量一路撐過來。這事已經不是我光用腦袋就能夠理解的了。特別是我媽，整個人惘然若失。她原本是學校的俄文和文學老師。她總是教導我要從書本中學習做人處事的道理，可是如今卻找不到任何一本可以指引我們方向的書……媽媽她頓時之間不知所措……少了書，少了契訶夫和托爾斯泰指點迷津，她不曉得人生該怎麼過下去……

回憶過去嗎？我想，但也不想……（時而傾聽自己的言論，時而和自己爭辯）假如科學家和作家一樣一問三不知，那麼我們就用自己的生命和死亡來為他們解惑。這是我媽的看法……如果可以，我才不願去想這件事，我只想過得幸福快樂。為什麼我不能幸福快樂？

我們本來住在普里皮亞季一棟緊鄰核電廠的鋼筋混凝土大樓，那裡是我出生長大的地方。

我們家在五樓，窗戶正對著核電廠。四月二十六日那天……事後很多人聲稱他們確實有聽到爆炸聲響……我是不知道，我們家完全沒有人注意到爆炸這件事。隔天一早醒來，我一如往常準備出門上學，那時我聽見外面傳來陣陣嘈雜聲，推開窗一看，發現一架直升機盤旋在我們家上空。我心想：「哇！這下子有東西可以到班上說嘴了！」我當下哪裡知道……我們只剩最後兩天……就要告別熟悉的生活……再過兩天就必須離開我們的城市。我們的城市已經不復存在，那堆廢墟不再是我們的城市。火災發生在距離我家三公里左右的地方，我記得鄰居拿著望遠鏡坐在陽台上觀察現場狀況。至於我們小孩子……白天騎腳踏車溜去核電廠看熱鬧，沒有腳踏車的人羨慕得不得了。家長和老師也沒教訓我們！接近中午時，漁夫離開河邊回到家中，他們個個皮膚黑得跟木炭一樣，去索契度假曬一個月也沒黑得這麼離譜。那都是輻射造成的！核電廠不停竄出濃煙，但既不是黑色，也不是黃色，而是青藍色。儘管如此也沒有人來罵我們……也許是因為我們接受的教育……讓大家以為只有戰爭那種四面轟炸的情況才叫做危險吧……眼前發生的只是一起尋常的火警，前去搶救的也只是普通的消防隊員……小男孩還開玩笑說：「到墓園去排排站，最高的那個人一定最早死。」我當時還小，沒有任何恐懼的印象，倒是記得不少離奇又不尋常的事情……朋友告訴我，她和媽媽連夜把錢財和金飾埋到院子裡，而且生怕忘記埋藏的地點。我奶奶退休時，人家送給她一組圖拉產的茶炊。不知道為什麼她尤其掛念這組茶炊和爺爺留下的獎章，還有一台非常老舊的勝家牌縫紉機。可是這些東西我們該藏去哪裡好呢？沒多久我們就撤離家園……「撤離」這個詞是爸爸下班回家說：「我們要撤離這裡」我們才知道的。和介紹戰爭的書寫的一模一樣……我們上了公車後，爸爸突然想起有東西忘了拿，急忙跑回家一趟。回來的時候，手裡拿著兩件掛在衣架上的襯衫……太奇怪了……這不像是爸爸會做的事……公車上所有人默默望著窗外，一語不發。路上的士兵套著一身白色偽裝衣，臉上蒙著面罩，模樣非常怪異。有人上前問士兵：「我們之後會怎麼樣？」「你們問我們幹麼？」他們回得很火大。「那邊不是有幾台白色的伏爾加汽車，長官在裡面。」

離開的路上……天空好藍好藍。我心想：「拎著復活節要吃的庫利奇和彩蛋到底要去哪裡？」如果這是戰爭，怎麼和我在書中讀到的完全不一樣？我想像中的戰爭應該是砲彈四射才對……我們前進的速度很緩慢，因為前方有牲口擋著。有人沿途趕牛趕馬……空氣中瀰漫著揚塵混和牛奶的味道……司機忍不住對牧人破口大罵：「他媽的，你們幹麼走在馬路上？搞得輻射汙染的灰塵飛得到處都是！不會走旁邊的草原啊！」牧人也用粗話回罵，辯稱是因為捨不得踐踏新鮮的莊稼和草皮。誰也不相信我們再也不能回去，因為不得回家這種事以前從來沒發生過。途中我有點暈眩，喉嚨發癢。年紀較長的女人沒掉一滴眼淚，反而是年輕人哭哭啼啼。我媽也哭了……

我們搭車抵達明斯克……火車上的位子是我們付了三倍的價錢才向列車乘務員要到的。在車上她給大家送上茶水，所有乘客都有，唯獨我們沒有，她說：「拿你們自己的馬克杯或玻璃杯來裝。」一輪到我們就沒茶水……莫非是玻璃杯不夠用？不是！是他們心裡害怕……只要人家問：「你們從哪裡來？」一聽我們回答：「車諾比。」他們立刻退避三舍，連小孩子也不敢隨便讓他們出來亂跑，免得經過我們包廂。抵達明斯克後，我們寄宿在媽媽的朋友家。我們當初穿著一身「不乾淨」的衣服和鞋子大半夜去打擾人家，害得我媽心裡始終過意不去。不過對方同情我們的遭遇，好心收留我們，供我們吃住。只是如果隔壁鄰居進來串門子：「你們家有客人啊？從哪裡來的？」「車諾比。」他們也是二話不說，馬上閃得遠遠的……

一個月後，爸媽獲准回去一趟看看家裡的狀況。他們把一床棉被、我秋天穿的外套和媽媽最愛的契訶夫書信全集（我記得一共七本）收拾收拾帶了出來。奶奶……她不明白為什麼不順便帶上幾罐我愛吃的草莓果醬。果醬裝在罐子裡，還蓋著鐵製的蓋子……應該沒問題啊……我們後來在被子上發現一處「汙垢」……媽媽怎麼洗都洗不掉，用吸塵器也吸不乾淨。送去乾洗店……結果這個「汙垢」還是一樣會「發亮」……最後只好拿剪刀把它剪了。棉被和外套都是我熟悉、常用的東西……但是，我已經沒辦法再拿這床棉被來蓋……也沒辦法拿這件外套來穿……家裡雖然沒有錢可以給我買新的，但我說什麼就是沒辦法……我討厭這些東西！這件外套！我不是害怕，您懂嗎？是討厭！這些東西會害死我，會害死我媽！那是一種敵意……這已經不是我可以用腦袋理解的了……到處都在談論核災——家裡、學校、公車上、大街上。大家把這起事故拿來和廣島原爆相提並論，但就是沒有人肯相信擺在眼前的事實。既然無法理解，又要怎麼叫人相信呢？這種事就算你絞盡腦汁也理不出個所以然。我記得離開的路上，天空好藍好藍……

奶奶她……始終住不慣新家，成天惦念著老家。臨終前她吩咐：「真想吃酸模！」酸模這種植物特別容易吸收輻射，有好幾年都禁止食用。奶奶走了以後，我們把她的遺體送回去以前住的杜勃羅夫尼基村下葬……那裡已經圍起鐵絲網管制，外邊也有士兵持槍站崗，只有大人獲准進入管制區……爸爸、媽媽和親戚都進去了……就我一個人被擋在外面：「小孩不准進來。」那一刻我明白了……我明白今後再也沒有機會探望奶奶了……有哪裡會寫這種事?有哪裡發生過這種事?媽媽曾直白的說:「你知道我最討厭花草樹木了。」這話一說出口,連她自己也嚇了一跳,因為她從小在鄉下長大,不只熱愛植物,對它們更是瞭若指掌……話說從前……每當到郊區踏青,她總能如數家珍地說出每一朵花、每一株草的名字,諸如款冬、茅香等等。家人在墓園草地上鋪了張桌巾,擺上伏特加和下酒菜……可是士兵拿放射劑量計一量,便把東西收一收,全扔到土坑裡埋了;無論是花是草,放射劑量計靠近每一樣東西都響個不停。我們到底把奶奶送去了什麼地方呀?

我想要談戀愛……但我心有顧忌……我不敢放手去愛……我有未婚夫,我們已經向民事登記局提出申請。您聽說過廣島的「被爆者」嗎?就是廣島原爆的倖存者……他們只能和彼此結婚。這種議題在國內沒有人報導,也沒有人談論。然而我們是真的存在……我們是車諾比核災的「被爆者」。有一次,未婚夫帶我回家見媽媽……他媽媽很和藹可親……是工廠的財務,也是社運份子。每一場反共集會她都不曾缺席,平常閱讀的書是索忍尼辛的作品。這樣一個和藹可親的媽媽得知我是從車諾比搬來的災民,一臉詫異地說:「親愛的,您還能生嗎?」我們都已經向民事登記局申請了……我未婚夫為了徵得母親同意說道:「到時候我會搬出去,我們自己會租房子住。」事實上她這句話在我聽來的意思是:「親愛的,有些人就是不應該生小孩。」不應該跟人家談戀愛……

和他交往之前,我曾和另一個男孩子有過一段戀情。對方是個畫家。原本我們已經論及婚嫁,直到發生了一件事我們的感情才告吹。有一天我上他的工作室,聽見他正在講電話:「你太走運了！你都不曉得自己有多幸運！」他平時個性沉穩，幾乎不大有什麼情緒，說話也從來不曾夾帶驚嘆的口吻，沒想到頓時間竟然變了個人似的！到底出了什麼事？原來是他住在學生宿舍的朋友發現隔壁房間有個女孩子上吊。她在脖子上纏繞長襪……把自己吊在氣窗上……他的朋友救下這名女孩子……叫了救護車……而他卻興奮得上氣不接下氣，顫抖著說：「你絕對料不到他看到什麼！他把口吐白沫的女孩……抱在手裡……」他的言詞之間對那名女孩沒有絲毫憐憫，他滿腦子只希望自己也能親眼目睹，好將命案場景牢牢記住……作為創作的題材……當下我立刻回想起他曾經向我打聽過核災的情況，例如：核電廠失火時火是什麼顏色、有沒有看見遭到撲殺的貓狗、動物橫死街頭的慘狀、民眾痛哭的神情、災民死亡的模樣等。

那次之後，我再也沒辦法繼續和他交往下去……也沒辦法繼續一一答覆他的問題……（一陣沉默之後）我不知道自己是不是還想再見到您。我總覺得您也和他一樣，把我當作觀察的對象，打量著，記錄著，彷彿在進行某種實驗。我怎麼樣也逃不開旁人好奇的眼光……您能告訴我，為什麼我要承受這種罪過？為什麼不能生？我又沒做錯任何事。

難道我想幸福快樂也錯了嗎……

——卡嘉

獨白：對烏布道的聖方濟各

這是我的祕密。除了朋友，我沒對其他人說過……

我是名電影攝影師。前往管制區的路上，我一心謹記學校教導我們：唯有戰場能鍛鍊出一名真正的作家。諸如此類的話不勝枚舉。我個人最青睞的作家是海明威，最喜愛的書是《戰地春夢》。抵達目的地，映入眼簾的是有人在整理菜園，田地裡的拖拉機和播種機忙著農務。根本沒有爆炸，我不曉得有什麼好拍的……

我們拍攝的第一個場景是村子裡的公會堂。舞台上擺了一台電視，民眾聚在一起聽戈巴契夫發表演說：「一切都很好，情況全在掌控之中。」我們拍攝的村子裡正好在進行除汙作業。有人清洗屋頂，有人運來乾淨未受汙染的土壤。問題是老婆婆家的屋頂如果有漏洞是要怎麼洗？上頭規定得鏟除一鍬深的土壤，那可是整整一層的沃土呀！再往下就只剩黃沙了。老婆婆雖然遵循村蘇維埃的指示鏟掉了土壤，但附在土壤上的糞肥她還是把它給刮了下來。我很遺憾沒拍下這一幕……無論走到哪，人人見到我就說：「誒！拍電影的來了。我們這就去找人給你們拍。」結果找來了一位老人家和他孫子，他們從車諾比把牛隻趕到這裡，走了整整兩天的路。拍攝結束，一名畜牧從業人員領著我前往一條大深溝，那裡的推土機正在掩埋牛隻。當時我沒想到要將這景象拍下來，反而轉身背對深溝，本著國內紀錄片的優良傳統，拍下推土機駕駛閱讀《真理報》的模樣，還在報紙上下了個斗大的標題：「國家絕不會見死不救」。我那天特別走運，讓我看見一隻鸛鳥飛進田裡。那可是個徵兆！表示不管遭遇什麼困境，我們都能順利克服！生命也得以延續下去……

走在鄉間道路，塵土飛揚。我很清楚那些揚塵受到了輻射汙染，不再是普通的塵土。我小心翼翼收好攝影機，畢竟光學儀器禁不起沾染一丁點灰塵。當時正值五月時節，天氣特別乾燥。我不曉得自己到底吞下多少沙塵。一個星期之後，我的淋巴就發炎了。為了迎接中央委員會的第一書記斯留恩科夫大駕光臨，底片就像子彈一樣彌足珍貴，我們是能省則省。官方事前雖然並未公布書記會現身在什麼地方，不過我們猜也猜得到。像是：如果前一天馬路上車子經過還是沙塵滿天飛，隔天卻已經鋪好兩三層的柏油，這擺明就是有長官要來！後來我捕捉到長官蒞臨的畫面：他們的車子行駛在剛鋪好的柏油路上，四平八穩，不偏不倚！那一幕我雖然拍下來了，但沒有剪進帶子裡……

大家什麼都不懂才是最可怕的。放射劑量師測出的數據和報紙上寫的根本兜不起來。啊！我這才慢慢明白事有蹊蹺。哎——，我家裡還有老婆和小孩呀……我真的是腦袋壞了才會跑到這種地方！拿到勳章又怎麼樣……到那時候老婆也不會想繼續和我再一起了……遇到這種狀況幽默以對是唯一的出路。我們常講笑話，例如：有個遊民在一座荒廢的村子落腳，結果四個女人竟然跟著他留了下來；或是：「您家男人還好嗎？」「那個色鬼又溜到別的村莊去拈花惹草了。」坦白來說吧……你人明明在那個地方，你也知道車諾比核電廠就是爆炸了……但馬路還是馬路啊，流水還是流水啊。可是事情就是發生了……空中依然有蝴蝶翩翩飛舞啊，河邊一樣可以見到美麗女子啊。可是事情就是發生了……和我很親近的人過世時，我也有過類似的感受。陽光煦煦依舊，隔壁傳來音樂，燕子在屋簷下拍翅，可是他已經不在人世……雨照樣落下，可是他已經不在人世了……您懂嗎？我希望能用簡單的幾句話總結自己的感受，把當時內心的種種想法傳達給外界知道。我真希望能進入另一個維度……

有一次見到開花的蘋果樹，我拿起攝影機拍攝：熊蜂嗡嗡嗚叫，樹頭開滿雪白的花朵……當下同樣的感受再度油然而生：看著大家工作和奼紫嫣紅的花園……我拿著攝影機記錄，總覺得有什麼地方不大對勁卻說不上來……眼前一切正常，景色優美如畫，但就是怪，我這才赫然驚覺：居然聞不到任何氣味。園子裡百花綻放，卻毫無一絲氣味！直到事後我才知道，輻射量過高會導致某些器官失能。我媽媽現年七十四歲，我印象中她不時抱怨鼻子不靈光，聞不到味道。如今這情況也發生在我身上。和我同行的一共有三人，我問另外兩人：「你們有聞到蘋果樹開花的味道嗎？」「完全沒有。」我們的身體機能出了問題……紫丁香怎麼會沒花香……那可是紫丁香吔！我質疑起周遭事物的真實性。我彷彿身處於一座人造布景……碰上這種毫無公式可循的情況，我的認知失去了理解的能力，不知道該相信什麼！

我小時候……打過游擊的鄰居告訴我他們那支小隊在戰爭中突破重圍的故事。她當時抱著一個月大的嬰兒，一行人沿著沼澤地前進。四周討伐軍環伺……小嬰兒哭個不停……這樣放任下去整支小隊勢必會行跡敗露，於是她只好把小孩活活悶死。敘述這件事的時候，她一副事不關己的模樣，彷彿死的是別人家的孩子，彷彿痛下毒手的是別人，不是她。我忘了她為什麼提起這樁往事，反倒是當下內心那股驚惶恐懼的感受我至今仍記憶猶新。我不斷思索著：她究竟幹了什麼好事？她怎麼下得了手？整支游擊小隊應該要為了拯救小孩殺出重圍才對，怎麼會是為了保全青壯男子的性命犧牲孩子呢？這樣子生命還有什麼意義可言？聽完之後我失去了活下去的意志。小小年紀的我得知了這個女人的過去後，每次見到她總是渾身不舒服……我真是見識到了人性黑暗的一面……而她又是如何看待我呢？（沉默半晌）這就是我為什麼不想回憶待在管制區的那段日子……我給自己設想了各種不同的理由。我內心十分抗拒開啟那扇回溯過去的大門……進駐那裡的日子我試圖弄清楚哪裡的我是真實的，哪裡的我是虛幻的。那時候我已經為人父親，有了第一個小孩，是個男孩子。兒子出生之後，才讓我不再畏懼死亡，也讓我的人生有了意義……

有一晚半夜我在旅館睡到一半醒了過來，窗外陣陣噪音千篇一律，不知名的藍光閃個不停。拉開窗簾一看，夜闌人靜的街上數十台標紅十字、開警示燈的瓦滋越野車。我相當震驚。電影的畫面浮現腦海，童年的記憶襲上心頭……我們這個戰後出生的世代特別鍾情戰爭片。那種畫面……那種小孩內心的恐懼：全城的人都走光了，只剩你自己孤單一人，做決定的重責大任落在你身上，你拿不準什麼才是正確的決定。要裝死呢？還是要怎麼做？如果有事非做不可，那會是什麼事情？

霍伊尼基市中心擺了一面榮譽欄，專門表揚區裡頭最優秀的人。不過去災區把幼兒園小朋友載出來的並不是榮譽欄上這些人，而是一名酒鬼司機。所有人都自動自發挺身幫忙。撤離的時候也是讓兒童坐上伊凱洛斯大巴士優先疏散。我發覺自己取的景和看過的戰爭片如出一轍，同時也意識到不只是我，其他經歷這場災變的人舉手投足之間也是如此。您記得《雁南飛》[7]這部電影嗎？民眾的行為十分酷似片中的橋段：淚水在眼眶打轉，簡短道別，揮手再見……可見我們都試著依循自己熟悉的行為模式，盡可能做出類似的舉動。小女孩向媽媽揮手，表示一切平安，表現她勇敢無畏。我們一定可以克服萬難！我們……我們就是這樣的人……

我原本以為會去明斯克。那裡也在疏散居民。我暗自盤算過要如何和妻兒道別。「我們一定可以克服萬難！」的手勢也曾出現在我的想像中。我們的靈魂裡都住了一個鬥士。像我父親雖然不是軍人，但打我有記憶以來，他無時無刻不是一身軍裝。滿腦子錢財太過庸俗，只顧個人生死不夠愛國，做人不能只想著飽食終日。我們父母那一輩經歷過動亂的年代，我們也應該走他們走過的路，否則哪算真正活過。我們受的教育主張，無論面對什麼樣的情況都必須努力奮鬥，咬緊牙關撐下來。以我個人為例，常備役退伍之後，恢復老百姓身分的生活索然乏味，所以晚上時常夥同三五好友上街尋找刺激。小時候我讀過一本精采絕倫的書《清潔工》，作者是誰我忘了，內容講的是追捕突襲份子和間諜的故事。滿腔熱血！獵殺敵人！這就是我們從小養成的人格素質。每天只懂得埋首苦幹，大啖美食，這種事我沒法忍受。太彆扭了！

我們和年輕的善後人員同住在某一所技職學校的宿舍。上級發了一箱伏特加給大家祛除輻射。我們無意中發現，同一棟宿舍住了清一色女孩子的醫護隊。「嘿，我們去找點樂子吧！」大夥說。去了兩人，沒過多久只見他們回來的臉是這——樣——！他們瞪大眼睛，呼喊著我們……說他們看到走廊上的女孩子……上半身穿軍便服，下半身配長褲和繫綁繩的襯褲。褲子在地板上拖來拖去，她們一點也不感到害臊。她們全身上下都是不合身的二手舊衣，大的像掛在衣架上的布袋。有的人穿拖鞋，有的人穿破爛的靴子。軍便服外面還套一件看起來像是上過某種化學藥劑的塗膠布工作服，那個味道實在是……有些人甚至穿著睡覺，從不脫下來。光是看就嚇死人了……再說，她們哪裡是什麼護士，只不過是從學校的軍事教研室抓來濫竽充數的。本來人家跟她們說只要待兩天就好，但等我們到的時候，她們已經待一個月了。聽說她們被帶去反應爐那邊，見識過不少灼傷的病例。灼傷的事情我也是聽她們說才知道的。我到現在都還可以想見她們走在宿舍裡面的樣子，像在做夢一樣……

報紙說風沒往大城市……沒往基輔的方向吹是不幸中的大幸……但是，當時沒人知道……沒人料到風竟然會吹向白俄羅斯，竟然會影響到我和我兒子尤里克……那天我還帶著他到森林踏青，採酢漿草。老天爺啊！怎麼沒有人事先警告我呢！

出差結束回到明斯克……某天搭電車上班時，我聽見旁人的談話：「有人去車諾比拍片，當場死了一名攝影師，是讓輻射活活燒死的。」我納悶：「他們說的是誰呢？」接著又聽到他們說是個有兩個孩子的年輕人，名字叫古列維奇。我們同行的人之中確實有這麼一位攝影師，年紀非常輕。他有兩個小孩？怎麼沒告訴大家呢？快到片場的途中，有人證實死者並非古列維奇，而是古林。天啊！那不就是我嗎？這下可好笑了。不過從地鐵站走向片場的路上我其實很怕一開門就……我腦子浮現荒唐至極的想法：「他們去哪兒生出我的照片？難不成是跟人事處拿的嗎？」這起謠言究竟打哪兒來的？災情規模和罹難人數不成比例。舉例來說，二戰期間德蘇兩國爆發的庫斯克會戰奪走了數千人的生命，這不難理解；可是談到核災，一開始大家以為總共不過才死七名消防隊員而已，誰知道接下來死亡人數會向上攀升，最後甚至出現令人難以理解的抽象語彙，例如：「經過若干世代」、「永遠」、「絕無」等等。亂七八糟的傳言四起，什麼三頭鳥啊，雞啄死狐狸啊，不長刺的刺蝟啊……

後來……後來又需要派人前往管制區一趟。一名攝影師提出胃潰瘍的證明，另一名說自己度假玩太兇，累癱了……於是任務便落到我頭上：「你非去不可！」「可是我才剛回來啊。」「反正你都去過了，對你根本沒差。再說，你已經有小孩了，而他們還年輕。」說這什麼鬼話，說不定我想生五六個啊！長官使出手段，說什麼不久之後會按工作內容制定給薪標準，到時候我的優勢就會凸顯出來，薪水也會跟著水漲船高……真是可悲又可笑。看來我是把他們逼得狗急跳牆了……

我曾經拍攝過集中營的倖存者。這群人大多不願意出面受訪。畢竟把人集合起來叫他們回憶戰爭時遇害和殺人的經驗的確有違常理。遭受過屈辱的人……不只不想見到彼此，不想正視自我，更不願面對見識過人類有多麼表裡不一的事實……這就是……這就是為什麼……我在車諾比……也認知、體會到一些讓人不願多談的事情……比方說，所謂人道其實是相對的……人身處在非常時期會徹徹底底變一個樣，和書中所講的完全是南轅北轍。我從沒見過書裡面說的那種人。現實生活才沒有那種事，根本沒有什麼英雄。我們都是拿世界末日當作賣點的人，只是或多或少而已。我還記得……有個集體農莊主席想要派兩台車把一家大小連同家具和家當載走，也有黨基層組織負責人為了給自己爭取一台車子要求一視同仁。我可以作證，小孩和托兒所的幼童因為缺乏車輛載運，好幾天哪裡也去不了，可是卻有人為了日後打算，把家裡面拉拉雜雜的東西，連果醬和醃菜都塞上車，還嫌兩台不夠裝。這些我也沒拍下來……（冷不防笑了出來）我們在當地商店買了臘腸和罐頭，但不敢吃，丟了又覺得可惜，所以只好拎著。（一臉正經）即使末日來臨，各種惡形惡狀也不會因此停止。這我懂。還是有人會在長官面前搬弄是非，阿諛奉承，試圖拯救家裡的電視和卡拉庫爾羔羊皮大衣。就算世界毀滅也改不了人的本性。

當初沒替攝影團隊爭取到任何優惠害我心裡一直過意不去。我們有個男性夥伴需要一套公寓，所以我曾上工會去：「請您幫幫忙，我們在管制區蹲點半年，應該給我們一點優惠吧。」「好。」對方說，「請提出證明。證明記得用印。」於是我們跑了區委員會一趟，可是除了走廊拖地的娜思嘉阿姨，其他人一見到我們全嚇得落荒而逃。我們之中有個導演蒐集了一大疊證明，不管待過哪裡，拍過什麼，都有文件佐證。實在了不起！

我心裡面有一個長片構想，想用分成很多集的方式來拍，但沒有付諸實踐……（沉默）我們只是拿世界末日當作賣點罷了……

有一次我和士兵走進一家農舍，裡頭住著一個老太婆。

「誒，老婆婆，該走了。」

「好的。」

「東西去收拾收拾。」

我們在門外一邊抽菸一邊等。老太婆出來時，手裡捧著聖像畫，抱著一隻貓，拎著包袱。她帶上的就只有這些東西。

「老婆婆，貓不能帶。規定有說，不行就是不行。貓的毛有輻射汙染。」

「那怎麼行。貓不走，我也不走。我怎麼可以留牠孤伶伶一個在這裡呢？牠是我的家人呀！」

自從老婆婆這件事之後……自從看見花朵盛開的蘋果樹之後……一切都不一樣了……我現在只拍動物……我說過，我的人生有了意義……

我曾經因為把車諾比的影片播給小孩看，引來外界非難：「幹麼給孩子看這些？不可以這麼做。不應該這麼做。」就算不給他們看，他們的生活一樣充斥著恐懼和輿論，他們的血液早已突變，免疫系統早已失常。我原本以為只會來五到十人，結果竟然座無虛席。觀眾提出的問題更是五花八門，其中一個讓我印象尤其深刻。發問的是個小男孩。他說話結結巴巴，滿臉漲得通紅，看得出來個性內向，不擅言詞。他問道：「為什麼不幫助留在那裡的動物？」是啊，為什麼呢？我自己從來沒有想過這個問題。我無法給他一個答覆……我們的藝術只關注人的苦難與愛戀，而忽略了其他生物。就只關注人而已！我們不曾為動植物著想……不曾為別的生物世界著想……可是人卻有能力摧毀一切，可以將所有生物趕盡殺絕。如今這種事不再是幻想了……聽說事故發生後的頭幾個月，在討論疏散民眾的同時，也曾打算讓動物和人一起遷出。只是要怎麼做呢？怎麼樣才能全數撤離？陸地上的或許還行得通。地底下的甲蟲和蚯蚓該怎麼處理？還有天上飛的呢？如果是麻雀和鴿子，要怎麼疏散？我們該拿牠們怎麼辦？我們沒有辦法讓牠們知道相關訊息啊！

我想拍一部片……名稱就叫《人質》……一部關於動物的片……您記得〈汪洋中漂流的紅色島嶼〉這首歌嗎？講述一艘船載浮載沉，乘客坐上小艇倉皇逃生，馬兒卻不知道小艇根本沒有牠們的位子……

當代有這麼一則寓言……故事發生在遙遠的星球。身穿太空服的太空人隔著耳罩聽見一陣嘈雜聲響，眼看有龐然巨物撲面而來，心想：莫非是恐龍？還沒搞清楚情況，他便開槍掃射。不久又有東西再度逼近，他照樣開槍。過了一會兒，一大群動物直衝過來，他將牠們殺得片甲不留。後來才知道是大火逼得動物逃命，太空人站的地方碰巧是動物奔竄必經的道路。這就是人啊！至於我呢……我告訴您……我在那裡因為經歷了不尋常的事，所以我改變了看待動物、樹木、小鳥的態度……這幾年來，我經常往管制區跑……廢棄頹圮的住屋衝出野豬，或是走出駝鹿……這些我都拍了下來，這些剛好都是我在尋找的題材……我想製作一部從動物的視角來觀察世界的新片……「你拍這什麼東西？」有人對我說，「你看看，現在車臣戰爭打得如火如荼啊。」聖方濟各曾對小鳥布道。他和小鳥說話就如同對待同類一般。或許並非是他放下身段屈就小鳥，而是他聽得懂小鳥的神祕語言，小鳥只是用自己的語言在和他說話而已。

您記得嗎……杜斯妥也夫斯基的小說裡，有一個人拿鞭子抽打馬兒溫馴的雙眼。簡直喪心病狂！打的不是屁股，竟然是溫馴的雙眼……

——古林，電影攝影師

無名的獨白——吶喊

好心人……請別來攪擾我們！讓我們平平靜靜過日子吧！你們訪談結束，拍拍屁股就走，我們可走不了啊……

這些都是病歷卡……我每天拿在手裡。我唸給你們聽……

布黛，一九八五年生，三百六十侖目。

葛林科維奇，一九八六年生，七百八十五侖目。

莎布羅夫斯卡雅，一九八六年生，五百七十侖目。

佩列寧，一九八五年生，五百七十侖目。

寇特臣科，一九八七年生，四百五十侖目……

今天有個媽媽帶小女兒來看診。

「哪裡不舒服？」

「我全身都好痛，跟奶奶一樣，心臟痛，背也痛，還會頭暈。」

他們年紀輕輕就知道什麼是「脫髮」，因為許多人的頭都禿了。沒有頭髮，連眉毛、睫毛也掉光了。大家早已司空見慣。我們村子裡只有小學，小朋友上了五年級必須搭車到十公里外去上學。他們哭著說不想去，就怕那裡的小孩會嘲笑他們。

你們自己也看見了……我這裡滿滿的走廊全部是等待看診的人。我每天都會聽見人家說，你們電視上播的恐怖片根本是胡扯。你們把這些話轉告給首都的領導高層知道。都是胡扯！

現代也好……後現代也罷……有個晚上一通急診的電話把我吵醒。趕到病人家時……看見媽媽跪在床邊，小孩氣若游絲。我聽見她哭喊：「兒子啊！就算你真的要走，至少也等到夏天。夏天天氣暖和，不只有花，土地踩起來也柔軟。現在可是冬天……你好歹撐到春天好嗎……」您會照我的話寫吧？

我不想要拿他們的不幸當作交易的籌碼，我也不想去思考什麼高深的道理，不然我還得先把自己抽離出來……這我做不到……我日復一日聽他們的談話內容……看他們怨嘆、哭泣……好心人……你們想聽實話嗎？坐到我身邊，記下我的話……不會有人想看這種書的……你們最好別來攪擾我們……我們這裡的日子還得過下去……

——博格丹克維奇，駐村醫士

男人和女人的獨白

妮娜與尼古拉老師。他教工藝，她教語文。

她：

「死亡這件事太常盤旋在我腦海中，所以凡是有人過世的場合我都會盡量避免。您可曾聽過小孩談死亡？

我教的七年級小朋友不時爭論死亡恐不恐怖。如果以前小孩好奇的是自己從哪裡來到世上，那麼現在他們在乎的則是原子戰爭過後的日子是什麼模樣。現在的他們不再喜愛閱讀文學經典。每回我背誦普希金的作品給他們聽，只見他們兩眼呆滯，無動於衷……他們生活的世界已經改變……他們沉迷奇幻小說，因為小說裡的人物可以騰空飛翔，穿越時空，遊走在不同的世界之間。他們不像我們大人會害怕死亡，死亡對他們而言是不可思議的，因為死亡意味著跨越到另一個世界……

我常在思索……滿腦子想的都是這件事情……生活周遭一條條生命的離去，逼得我們不得不好好思考。我的工作是教小孩俄國文學，但這群孩子和十年前的孩子很不一樣。在這些孩子面前，成天都有東西或人被掩埋。他們看著有人鑿坑，把認識的人、房子和樹木全埋進土裡……這些孩子經常排隊排到一半就昏厥倒地，或是站個十五、二十分鐘就鼻血直流。沒有什麼能讓他們驚訝，也沒有什麼能讓他們開心。每個人總是精神不濟，蒼白的臉龐滿是倦容。他們不嬉鬧玩耍，也不調皮搗蛋。正因為他們和一般的小孩很不一樣，長得也很慢，所以如果他們打架，不小心弄破窗戶，老師非但不教訓人，反而會為此倍感欣慰。課堂上，要是要求他們重複個什麼東西，這些孩子根本做不到。有時甚至誇張到說個句子讓他們跟著唸，他們也記不住，逼得我們抓著他們問：『你怎麼那麼心不在焉呢？到底有沒有在聽啊？』我反反覆覆想了又想……可是就像拿水在玻璃上作畫，只有我知道自己畫了什麼，其他人看不見，猜不透，也無法想像……

我們的人生完全圍繞著車諾比運轉——事發當時人在哪？住在離反應爐多遠的地方？看見什麼？誰死了？誰離開了？去哪了？我記得頭幾個月餐館再度熱鬧了起來，派對上人聲鼎沸，不時可以聽見：『人生只有一次……』、『就算死也要有音樂作伴……』這類的話。之後，來了許多士兵和軍官……車諾比已經成了我們無法切割的一部分……年輕的孕婦猝死，病理解剖專家連診斷也懶得做；五年級的小女生無緣無故上吊自盡，她的父母情緒崩潰。車諾比是這一切的禍根，大家把所有的問題都歸咎到車諾比的身上。有人指責我們：『你們就是太害怕才會生病。恐懼是你們的病灶，這叫輻射恐懼症。』如果真是這樣，為什麼小孩子也會生病、喪命呢？他們哪裡知道什麼叫恐懼，他們根本還不懂。

我還記得那段日子……喉嚨灼熱，全身沉得彷彿有什麼東西壓在身上。『您多慮了。』醫生說道，『車諾比核災發生後，每個人都變得疑神疑鬼的。』『怎麼會是多慮？我是真的渾身疼痛，疲軟無力。』我和先生彼此雖然不好意思推誠布公，但我們的雙腳的確漸漸不聽使喚。

身邊的人和朋友都在抱怨，覺得走在路上好像只要跌一跤，就會摔得不省人事。學生常常上課上到一半，便趴到桌上睡著了。大家變得鬱鬱寡歡，一整天下來沒有人的臉色是好看的，一張笑臉也沒有。小朋友從早上八點一直到晚上九點都得待在學校，不准到戶外玩耍、奔跑。校方發給大家一人一套衣服——女生拿裙子和上衣，男生拿西裝。我們不知道他們回到家還是穿著這套衣服。按照上頭的指示，這套衣服做媽媽的應該要每天清洗，好讓小朋友可以乾乾淨淨出門上學。可是一來，學校只給一套，如果是女孩子，就是一件上衣配一條裙子而已，沒有第二套可以替換；再者，媽媽家務繁重，不只要養雞，還得照料牛隻和豬崽。況且她們也不懂這些東西何必每天洗，在她們眼裡，墨水、泥巴、油漬那才叫做髒汙，短生期同位素造成的影響哪需要大驚小怪。我試圖向學生家長解釋的時候，感覺自己就像突然蹦到他們面前的非洲部落薩滿。做母親的揮揮手說：『輻射是什麼東西？聽不到也看不到……我每次領的工資都不夠用了。這三天我們只能吃馬鈴薯配牛奶。』可是牛奶是不能喝的，馬鈴薯也是不能吃的……商店雖然進了中式燉肉和蕎麥，但要拿什麼去買呢？喪葬費嗎？政府補償我們居民所發放的喪葬費也沒多少錢，頂多買兩個罐頭就差不多了……政令方針是給受過教育的人和特定文化階層聽的，可惜我們國家沒有聽得懂的人。再說，要向每一個人解釋清楚侖目和侖琴的差異，或是微量輻射的理論實在不是件容易的事……

就我看來，我會說我們的宿命論相當膚淺。舉個例子來說，第一年菜園收成的蔬果照理是不能吃的，但民眾照吃不誤，不然就是採收起來以備不時之需。況且每一樣作物都長得那麼漂亮！跟人家說小黃瓜和番茄不能吃，他們反而納悶：什麼叫不能吃？味道正常得很啊！吃了不會鬧肚子疼，人也不會因此在黑暗中『發亮』……我們鄰居那年伐了當地的林木做地板，儘管測量發現背景輻射超出容許值一百倍，他們還是日子照過，也沒把地板拆除。他們說，萬物生成存續冥冥之中皆有定數，而且一切形成自有其道，無須他人介入。起初，民眾還會乖乖把農產品拿給放射計量師檢驗，可是一檢查發現每一樣都超標好幾十倍，後來乾脆放棄不檢驗了。『什麼也沒聽到，什麼也沒看到。啊——，肯定是科學家捏造出來嚇人的！』翻土、播種、收成，各種農事仍然依循時程進行……儘管出了這種令人難以想像的事故，大家的生活依舊沒變。而且比起車諾比核災，自家種的小黃瓜不能吃，那才真的叫嚴重。整個夏天小孩哪裡也去不得，只能窩在學校。士兵則是忙著用洗衣粉清洗學校，甚至將周遭的土壤整整刨掉一層……至於秋天呢？到了秋天，小學生下田採收紅甜菜根，技職學校的學生也來幫忙，但最後所有人都遭到驅離。對人民而言，放著田裡的馬鈴薯不採收比起車諾比核災還要糟糕……

是誰的錯？如果不是我們自己造的孽，那會是誰的錯？

以前我們不曾留意身邊的世界，以為它就和天空，和空氣一樣，都是上天賜予，永恆而長久，不會因為我們而有所改變。以前我喜歡躺在森林的草地上欣賞天空，舒服得我可以連自己的名字都拋諸腦後。現在呢？森林美麗依舊，處處長滿了黑果越橘，卻無人摘採。如今，秋天的森林杳無人煙。恐懼籠罩著我們所有的情緒，潛伏在潛意識之中……我們只剩下電視和書本，什麼都只能靠想像……小孩也和一般人不一樣，他們不能到森林和河邊玩耍，只能待在家裡從窗戶觀察外頭的景色。普希金的詩歌在我心中是歷久不衰的經典，我時常朗誦給孩子聽：『陰鬱的季節，醉人目光……』然而有時候一些輕瀆的想法不免會浮上心頭：我們的文化、我所熱愛的一切會不會……充其量只是一箱箱陳腐的文稿呢？」

他：

「出現了另一種敵人……我們眼前的敵人和以前見過的大為不同……

我們接受的是軍事教育，思維模式也像個軍人。抵禦核武攻擊、解決後續影響是我們從小學習的重點。我們要做的應該是對抗生化和原子戰爭，而不是怎麼消除體內的放射性同位素，或是計算、追蹤鍶和鍶的劑量……大家都說這是戰爭，其實不能這樣比，太不切實了。我小時候經歷過列寧格勒圍城。兩者根本不能比。我們當時每天過的和在前線一樣，身陷槍林彈雨，飽受饑荒之苦。連續幾好年的饑荒下來，人退化到像頭野獸，只剩下動物的本能。可是現在你出門看到的卻是生機盎然的菜園，田野和森林也沒有改變，這怎麼能比呢？我本來想說的是另一件事……但我忘了……啊！我想起來了：戰爭中，一旦遇上砲火轟擊——但願這種事別發生才好——你等都不用等，馬上就回老家見列祖列宗去了。冬天到處都有人挨餓。我們把家具、公寓裡的所有木頭製品、書籍統統拿來燒。我印象中連老舊的破布也燒來生火取暖。路上不時會有人走著走著，就一屁股跌坐在地上。到了隔天，還是一動也不動，整個人凍僵在那。要不是坐上一個禮拜，就是一路坐到春暖花開。沒人有多餘的力氣可以幫他從冰霜中解救出來。遇到倒地不起的人，大家往往直接離開，而且是爬著離開，很少會有人出手相助。我記憶中，人的腳步非常緩慢，慢得不像是在走路，反而更像是在爬行。這種事情不是隨隨便便什麼東西可以相提並論的！

反應爐爆炸的時候，我媽還跟我們住在一起。她一再地說：『兒子啊，最可怕的我們都撐過來了。我們熬過圍城那段日子，沒什麼更可怕的了。』這是她的想法……

我們蓋了核戰避難所，準備應付核武攻擊，以為逃避輻射就像躲砲彈碎片一樣容易。然而輻射無所不在，不只麵包有，鹽巴也有，我們呼吸的空氣有輻射，吃的食物也都是輻射……我可以想像沒有麵包和鹽巴，甚至聞水煮皮帶的氣味望梅止渴的生活，但眼前這種事情我沒辦法理解……每一樣東西都有毒……當前最迫切的問題是：我們該如何活下去？頭幾個月社會上一片恐慌，醫生、老師這些知識份子和教育程度較高的人尤其害怕。他們無視外界的恐嚇和阻撓，不顧一切連忙逃命。按軍紀這是必須革除黨籍的……我想弄清楚這一切是誰的錯。要想知道我們該如何繼續在這裡住下去，勢必得先揪出罪魁禍首。究竟是誰？是科學家？是發電廠的工作人員？還是我們自己？是我們看待世界的方式錯了嗎？我們不可以一味索求無度……結果罪名扣到了廠長、值班作業員和科學的頭上。可是，試問汽車同樣是人類的智慧結晶，為什麼只針對反應爐，卻不反對汽車？我們不只主張關閉所有的核電廠，還要控告核能專家。核能成了過街老鼠，人人誅之！人類的知識及人類創造的事物我可以說是推崇備至。知識……知識本身絕非罪惡……即使是科學家，他們也是車諾比核災的受害者。我不願讓車諾比奪走我的性命，我要活下去。我想知道自己的信仰中有什麼可以給我依靠，有什麼可以給我力量……

大家的心裡都掛念著這件事……現在每個人的反應不盡相同，雖說已經十年過去了，卻還是有人拿戰爭來相提並論。戰爭[8]打了四年……算起來等於是兩場戰爭的時間了……民眾有哪些反應我說給您聽：『一切都過去了』、『總會結束的』、『十年了，不可怕了』、『我們都會死！剩下的日子不多了』、『我想出國』、『外界應該幫助我們』、『隨便啦！日子還是得過』。差不多就是這些話了吧？這些話每天在我們耳邊迴盪，如影隨形……我認為我們不過是科學研究的材料，而白俄羅斯則宛如坐落在歐洲中心的國際實驗室……我們白俄羅斯一千萬人口中，超過兩百萬生活在輻射汙染區。這裡根本是渾然天成的實驗室……隨便大家採集數據，進行實驗。世界各地紛紛有人為了畢業論文或學術專書飛到我們這裡來，有從莫斯科和彼得堡來的，有從日本、德國、奧地利來的……這些人抱著面對未來的恐懼專程而來……（久久不語）

你問我剛剛在想什麼？我又一次在心裡頭稍微比較了一下……我想呢，要我談車諾比可以，要我談圍城就沒辦法。我曾經收過一封列寧格勒寄來的信——很抱歉，我實在不習慣用彼得堡這個名字，因為對我而言那段垂死掙扎的日子是發生在列寧格勒——總之，那是封邀請函，邀我出席「列寧格勒圍城之子」的會談活動。我去是去了，但從頭到尾我卻一句話也說不出口。要我們只談恐懼？純粹談恐懼太表淺了……這恐懼到底影響了我什麼？我到現在依然說不上來……我們家從來不去回想圍城的經過，我媽不希望我們重提這段往事。不過我們倒是會聊車諾比……不對……（停頓）我們彼此不談，只有外國人、記者，或是外地的親戚來訪時才會談。為什麼我們不談車諾比？因為這個話題並不存在……政府嚴禁我們討論這檔事，不管是在學校、對學生、在家裡都一樣。小朋友飛去奧地利、法國和德國接受治療的時候，才會有人同他們討論。我常問這些小孩，那些外國人那麼好奇，究竟想知道什麼，可是他們往往連自己去了哪個城市、到過哪座村莊、接待他們的是什麼人都記不得，只知道細數收到的禮物和吃過的美食。有的人拿到錄音機，有的人什麼都沒有。回國時穿的衣服也是別人送的，並不是他們自己或父母賺錢買來的。這些孩子的樣子就好像去哪兒看了展覽，或逛了大賣場和高檔超市……他們成天等著下一次出去的機會。只要給別人看看就有禮物可以拿……他們逐漸適應這樣的日子，最後習慣成了自然。他們不僅以此為生，更認定生活就是如此。等孩子逛完了這個名為『國外』的大賣場，等他們結束高檔展覽的行程回國，我還是得幫他們上課。走進教室，我發現他們已經把自己當成旁觀者……他們觀察著一切，彷彿自己並不住在這裡一樣。我必須幫助他們……解釋給他們知道，這個世界並非一座超級市場，而是有更多挑戰和美好事物的地方。我帶他們到我的工作室，裡頭擺了我的木雕作品，他們看了都很喜歡。我告訴他們：『做這些只需要一塊普通的木頭，你們自己動手試看看吧！』我要他們清醒過來！雖然花了好多年，但我就是靠著創作走出圍城的陰影……

人可以分成兩種：我們車諾比災民和你們其他人。您注意到了嗎？我們這裡不會特別強調自己是白俄羅斯人、烏克蘭人或俄羅斯人，所有人都是車諾比災民。『我們來自車諾比』、『我是車諾比那邊的人』。我們就像是遺世獨立的一群人，一支全新的民族……」

獨白：不明物體偷偷潛入你體內

螞蟻……小小的螞蟻沿著樹幹爬上爬下……

儘管四周戰車轟隆作響，士兵走動，叫吼、咒罵、髒話此起彼落，直升機嘈雜不休，牠們只是默默爬行……從管制區回來以後，一天下來看到的事物中，唯獨這畫面……這一刻……鮮明地烙印在我的腦海。我們在森林稍作休息時，我站到一棵白樺樹旁，倚靠著樹抽菸。螞蟻在我眼前沿著樹幹爬上爬下，沒有聽到我們的聲音，毫不理會我們的存在，自顧自地循著路線前進，即使我們離開牠們也沒發現。在零碎的思緒中這樣一件事一閃而過。太多感受，多得我無法思考。我看著牠們……我……我以前從來不曾這麼靠近……不曾留意過牠們就在身邊……

一開始大家都說這是一場「浩劫」，又說這是「核戰」。我讀過介紹廣島和長崎原爆的書，也看過相關的紀錄片。可怕歸可怕，不過不難理解何謂核戰，何謂爆炸半徑……我甚至可以在心中推想那個場景。然而，我們的遭遇……我不懂……我的知識和這輩子讀過的書都不足以解釋我們的遭遇究竟是怎麼一回事。出差結束回到家，我滿腹疑惑看著書房裡的藏書……我找書來讀……其實讀了也沒用……某種不明物體摧毀了我原有的生活，不管你想不想，它都會偷偷潛入你的體內……我記得曾和某個科學家聊過，他解釋道：「這東西的壽命可長達數千年之久。鈾在衰變的過程會經歷二百三十八次半衰期[9]，換算成時間等於是十億年。如果是釷，甚至得花上一百四十億年。」五十、一百、兩百……再來呢？再算下去只會叫人瞠目結舌！時間的概念是什麼？而我的位置又在什麼地方？這都已經不是我可以理解的了。

才過十年就要寫這件事情……十年太短了……能寫出什麼東西？我認為這麼做太冒險了！寫出來的東西未必可信。反正到時候也只是依照我們的生活為雛形，憑空杜撰一些類似的故事。我曾經嘗試著去寫，可惜最後功敗垂成……核災發生後，有關車諾比的荒誕無稽之談甚囂塵上。各家報章雜誌彼此比拚，看誰寫得比較恐怖。這些可怕的故事對於沒去過車諾比的人別具吸引力。人頭般大的蘑菇，或是長了兩隻嘴巴的小鳥，這些描述大家都不陌生，但就是沒人親眼見過……所以不應該寫作，應該要記錄真相，並且如實呈現才對。您去找有關車諾比的奇幻小說來給我看看……絕對沒有這種書！以後也不會有！我可以跟您保證！以後也不會有……

我有一本隨手的記事簿……事發後我陸續將聽到的對話、傳言和笑話記錄下來。這些內容不只值得一讀，可信度高，更保留了原汁原味。看看古希臘最後留下了什麼？除了神話，其餘一概不剩……

我去拿這本記事簿給您看……我把它擱在紙堆中，也許等小孩長大，我會讓他們讀讀這本子中記錄的事情。這些可都是歷史啊……

對話片段：

「廣播已經連續三個月不停報導：情勢漸趨穩定……情勢漸趨穩定……情勢漸趨……」

「史達林時代那些早已為人所忘的用語瞬間捲土重來：『西方情報單位的特務』、『社會主義的死對頭』、『間諜滲透』、『突襲行動』、『暗地攻擊』、『離間齊心協力的蘇聯人民』。到處都有人在談論潛入我國的間諜和突襲份子，卻沒有人提到應該服用碘片防治輻射傷害。凡是與官方消息相左，都被打成是異己的意識形態。

昨天，編輯從我的報導中刪除了一名在事發當晚出勤的消防隊員的母親所陳述的故事。那名消防隊員最後因為罹患嚴重的輻射疾病不幸過世。他的父母幫他在莫斯科辦完後事，返回疏散完畢的村莊，偷偷穿越森林到自家莊園採收了一袋的番茄和小黃瓜。這位母親滿意地說：『我們足足醃了二十罐。』那是對土地……對經年累月的務農經驗的信賴……讓他們即使遭逢喪子之痛也不改以往熟悉的生活……

『你聽《自由電台》[10]嗎？』編輯把我叫去問話。我沒有回應。『我們報社不需要危言聳聽的人。你只管報導英雄事蹟……我要你寫士兵是如何爬上反應爐屋頂去救災……』

英雄……英雄……誰才是英雄？我認為是那些不顧上級命令，堅持對人民說實話的醫生，以及記者、科學家。然而，誠如編輯在工作會議上所言：『你們記住，沒有什麼醫生、老師、科學家、記者之分，我們現在每個人的職業只有一個，那就是安分守己做好一個蘇聯人。』

他真的相信自己說的這些話嗎？難道他一點也不怕嗎？我的信仰正一天一天逐漸瓦解。」

「中央委員會派了幾名指導員過來。他們的路線：搭車從飯店前往州委員會，回程一樣還是搭車。他們對情勢的認知完全仰賴當地報紙的合訂本。他們的旅行袋裝的是滿滿的明斯克三明治，泡茶用的也是從外地帶來的礦泉水。這是他們下榻飯店的值班人員告訴我的。民眾不相信報紙、電視和廣播的報導，只能從長官的行為中搜查蛛絲馬跡，因為沒什麼比這個更可靠了。

小孩子該怎麼辦？雖然想抱著孩子逃命，但我領有黨證，沒辦法這麼做！」

「管制區裡最受歡迎的瞎話就是——喝『首都牌』伏特加最能有效對抗鍶和銫。鄉下雜貨店突然販售起稀罕的商品。州委員會的書記演說時提到：『我們要為各位開創美好人生。只要你們肯留下來好好工作，我們一定供應充足的臘腸和蕎麥，未來你們也可以買到高級專賣店特有的商品。』所謂可以買到的地方其實是在說他們州委員會的小吃部，因為政府認為民眾一點也不缺伏特加和臘腸。

太可惡了！我有在農村雜貨店給老婆買過進口褲襪，卻從沒見過那裡同時販售三種不同的臘腸……」

「放射劑量計才銷售一個月就下架的消息不能報，逸散出來的放射性同位素有多少、是哪些不能說，村裡只留下男人這件事也不可以提。女人和小孩撤離之後，整個夏天都是由男人負責為牛群洗澡、餵牠們喝水、整理菜圃。不消說，他們當然也喝酒鬧事。沒有女人的世界就是這樣……可惜我不是編劇，不然這還真是拍電影的好題材……史蒂芬．史匹柏怎麼沒來取材？我最欣賞的蓋爾曼呢？他寫是寫了，但編輯毫不留情，紅筆一刪，告訴他說：『別忘了現在大敵當前，我們國外還有很多敵人要應付。』[11]正因如此，才會永遠都只有好消息，從來沒有半點負面新聞，更不用說那些讓人摸不著頭緒的事情了。

可是聽說有人在某個地方發現政府官員拖著行李箱準備搭乘專用列車……」

「在警察的崗哨附近有個阿婆把我攔下：『你到那裡幫我看看我家現在怎麼樣了。現在是馬鈴薯收成的時節，偏偏士兵不肯放我過去。』居民被迫遷居。當初要是不扯謊說三天後能回家，小老百姓是不會乖乖就範的。這些人現在落得身無分文，一無所有。他們常常踰越軍方拉起的封鎖線，趁著夜色昏黑，順著森林小徑，穿過沼澤地返回自己的村子……不過通常都會有車子和直升機過來驅離，甚至逮捕他們。『簡直和德軍入侵的時候一模一樣……』看在老一輩的人眼裡：『就像是在打仗啊……』」

「我頭一次碰到洗劫財物的小偷是個身穿兩件毛皮外套的年輕小夥子。他向巡邏的軍人證明這樣有助於治療神經根疼痛，可是一被套出話，他只好坦承：『當初幹第一票確實有點害怕，不過習慣之後，只要一杯酒下肚壯壯膽便出發了。』他的行為違背了人類保全自我的天性。在正常情況下這是不可能的。不過我們人想立功的時候就是如此，犯罪的時候亦然。」

「我們走進一間空蕩蕩的農舍，白色桌巾上擺著一幅聖像畫……有人說：『這是為神準備的。』

到了另一間，餐桌上鋪著白色桌巾……有人說：『這是為人準備的。』」

「一年之後，我回到故鄉，狗都變野狗了。我雖然找到了我們飼養的雷克斯，可是叫牠，牠却不靠近。難道認不得我了嗎？還是委屈生氣，所以不想認我了呢？」

「頭幾個禮拜，甚至是頭幾個月，民眾噤若寒蟬，不敢提隻字片語，氣氛相當低迷。本來應該要離開的，但到了最後一天，我決定不走了。真是腦袋壞了我。嚴肅的話我沒有什麼印象，只記得笑話：『店裡賣的商品絕對可以給你帶來滿滿的「輻」氣』、『陽痿有兩種：有人「輻」軟，有人不「輻」軟。』不過後來忽然就再也沒有人說這些笑話了……」

「醫院裡一個小妹妹對媽媽說：

『那個男生死掉了。他昨天還請我吃糖果說。』」

「等待購買砂糖的隊伍中有人說：

『誒，各位！今年的蘑菇產量真多！不只蘑菇多，漿果也很多，就好像有人種的一樣。』

『那些都有輻射汙染……』

『你這人也真奇怪，誰要你吃啦！你把這些蘑菇、漿果採收下來曬乾，然後運到明斯克的菜市場去賣，包準你賺大錢。』」

「真的能幫我們嗎？要怎麼幫？讓所有人移民澳洲或加拿大嗎？據說政府高層時不時就會說出類似這樣的話。」

「修築教堂的地點通常是由上天直接選定。除了神職人員會看到神蹟顯現之外，動工前還得舉行聖禮。可是蓋核電廠就像在蓋工廠或是養豬場，屋頂還鋪柏油、瀝青，所以失火的時候才會融化……」

「你看到報導了嗎？在車諾比附近逮到了一名逃兵。他獨自挖了個地洞，在反應爐旁邊生活一年之久。平時他就到各個廢棄的屋子覓食，有時候會發現醃豬油，有時候會發現醃黃瓜。他還設了一些捕獸夾抓野味來加菜。當初是因為軍中的『老鳥』把他往死裡打，他才會逃出來，躲在車諾比，否則小命早就不保了……」

「我們是宿命論者，相信未來會怎麼樣就會怎麼樣，也相信命運，所以才會不懂得採取行動。在我們的歷史上，每一個世代都經歷過戰爭的洗禮，死傷慘重……我們還能有什麼其他選擇的餘地？我們只能當宿命論者……」

「逃到森林的狗和母狼生出的第一批狼犬不僅體型比野狼大，而且不甩旗子，不畏光，不怕人。你『啊嗚啊嗚』地叫（獵人呼喚牠們發出的模仿聲音），牠們也不會靠近。回歸野外的貓平時行動成群結隊，一點也不怕人。牠們已經忘記過去依附著人類生活的日子。虛實之間的界線漸漸模糊……」

「我爸昨天剛過八十大壽。全家人團聚在一起吃飯慶祝，我看著他心想，他這輩子經歷的事情真不少——活過了史達林時期的古拉格，也挨過戰爭，現在又碰上車諾比核災。這一切全都集中發生在他這個世代。我爸他平常熱中釣魚，喜歡在菜園裡種種東西……他年輕時可是個性情風流的花花公子，我媽常常抱怨：『我們這個區裡面有哪個女人他沒追過。』但是，現在我發現，要是迎面走來一名年輕貌美的女人，我爸反而會低下頭，看也不看一眼……我們能多了解一個人？他的本事和能耐我們又知道多少？」

傳言：

「車諾比郊區在蓋營區，準備將災民集中起來。先把人關起來觀察觀察，死了再送去埋。公車把死者從核電廠附近的村莊運出來，直接送往墳場。成千上萬的屍體就這樣埋在亂葬崗，和列寧格勒圍城的時候一樣……」

「據說不少人在爆炸前夕見到核電廠上空閃著不明的亮光，有人甚至拿相機拍了下來。從底片上可以發現某種不屬於地球的形體在天空飛翔……」

「在明斯克，火車和貨車經過一番清洗後，準備將首都的民眾載運到西伯利亞。那邊已經著手整修史達林時代勞改營遺留下來的板棚。之後會先送女人和小孩過去。話說人家烏克蘭人早就在搬遷了……」

「漁夫愈來愈常捕到水陸兩棲的魚，牠們在陸地上會用魚鰭充當腳掌爬行。也開始有人抓到缺頭缺鰭，只用肚子游水的狗魚……

類似的情況不久就會發生在人類身上，白俄羅斯人就要變成似人非人的生物了……」

「這才不是什麼事故，這是地震，是地殼底下有了異狀而引發的地質爆炸，是地球物理與宇宙物理兩種力量交互作用的結果。軍方早有相關消息，倘若不是他們必須嚴守機密，無法洩漏，不然是可以事前發出警告的。」

「森林裡的動物罹患了輻射疾病，個個鬱鬱寡歡，眼神苦悶。獵人看了，心裡害怕，也捨不得開槍獵殺牠們。動物則不再畏懼人類，狐狸和野狼會闖進村落，甚至對小孩撒嬌。」

「車諾比災民生出來的孩子身上流的不是血，而是某種不知名的黃色液體。有科學家舉證，猴子因為生活在充滿輻射的環境中，所以變得特別聰穎。再過個三四個世代，小孩都能像愛因斯坦一樣聰明。這是外星人對我們做的實驗……」

——什曼斯基，記者

獨白：談笛卡爾派哲學；一起吃輻射汙染的三明治才不會過意不去

我是活在書堆裡的人……在大學任教已經有二十年的時間了……

所謂的學院派學者，指的是駐足在自己所選擇且喜愛的歷史時代的人，是悉心研究並浸淫在自己世界中的人。這是理想……這當然只是理想……因為我們那個年代崇尚的是馬列哲學，教授建議的論文題目若非探討馬列主義之於農業發展或墾荒闢地的意義，便是世界無產階級領導人所扮演的角色……總之，和笛卡爾的思想完全沾不上邊。不過我很幸運，我大學寫的一篇學術報告因緣際會送到莫斯科參加競賽，莫斯科那邊來電要求：「別干涉這位年輕人，讓他自由發揮。」我研究的對象是採用理性主義觀點詮釋《聖經》的法國宗教哲學家馬勒伯朗士。十八世紀是啟蒙時代，主張信仰理性，相信人可以解釋世界萬象是普世價值。就我現在看來，當初實在太走運了。沒有慘死在怪手破碎機底下或混凝土攪拌機裡面，簡直是奇蹟！在那之前不少人多次警告過我：「學生報告研究馬勒伯朗士也許很有意思，不過當作論文題材就需要三思了。這可不是鬧著玩的。我們給您念的是馬列哲學研究所，您卻回頭鑽研舊時代的東西……您明白我的意思吧……」

戈巴契夫推動改革……我們盼望已久的日子終於來臨。我注意到的第一件事是民眾的表情改變了。忽然之間大家臉上的神色煥然一新，走起路來的姿態也有別以往。一股生命力讓社會不一樣了，人與人之間多了微笑，氣氛中洋溢著新鮮的活力，好像有什麼東西……是的，好像有什麼東西徹底改變了。這一切來得如此之快，至今我仍然覺得不可思議。連我……連我都從研究笛卡爾思想的世界中抽離了出來。我放下哲學書籍，閱讀起最新出版的報章雜誌。改革時期發行的每一期《星火》雜誌是我特別期待的刊物。每天一大清早「蘇聯報刊發行總局」的書報攤前一定是大排人龍，那幅景象真可謂空前絕後。改革時期之前，民眾從不信任報章雜誌，之後亦然。當時各種資訊排山倒海而來……政府公開了塵封在機密檔案室長達半世紀之久的列寧政治遺囑，書攤兜售起索忍尼辛的書，隨後更可見沙拉莫夫[12]和布哈林[13]的作品……沒多久之前收藏這些書不只會遭到逮捕，還得面臨牢獄之災呀！此外，薩哈洛夫院士[14]也結束流放的生涯，電視台更是破天荒首度轉播蘇聯最高蘇維埃會議，全國人民無不守在電視機前屏息以待……大家放膽地說，大聲說出了以往只能躲在廚房偷偷耳語的內心話。我們有太多世代的生命就是在廚房的竊竊私語和奢望中流逝了！七十多年的光陰啊！那可是整個蘇聯時代啊！如今大家參加集會遊行，簽名連署，發出反對的聲音。我記得有位歷史學家上電視發言，他帶了一份史達林時期的勞改營地圖進攝影棚……整個西伯利亞地區標記著滿滿的紅色旗幟，庫洛帕替[15]的真相昭然若揭……社會一片啞然失驚！位於白俄羅斯的庫帕洛替是一九三七年的亂葬崗，數以萬計的白俄羅斯人、俄羅斯人、波蘭人、立陶宛人全葬身在此。內務人民委員部當初挖了兩米深的壕溝，裡頭埋的屍體疊了兩三層。這地方本來和明斯克有好一段距離，後來劃入城市行政區，成了城市的一部分，搭電車也到得了。五〇年代這塊地種植新林，松樹日益茁壯，市民不疑有他，每逢假日便到這裡野餐，冬天更是滑雪勝地。等到有人開挖發現了，政府……共產黨政府卻謊話連篇，迴避問題。雖然警方常趁著夜色昏暗摸黑把開挖的墳地重新填土覆蓋，可是一到白天民眾又繼續挖。我在紀錄片裡面看過一排排洗去泥土的頭骨，每個頭骨的後腦勺都有個孔洞……

我們當然都覺得自己參與了革命，共同開創了歷史新章……

我沒有離題，您別擔心……我只是想先回溯一下車諾比核災發生時，我們過的是什麼樣的生活。社會主義垮台與車諾比浩劫兩者在歷史上密不可分，時間正好重疊在一起。車諾比核災加速了蘇聯瓦解的命運，徹底摧毀了一個帝國。

這場災難則驅使我步入政壇……

五月四日……核災爆發後第九天，戈巴契夫才出面發表談話，這當然是沒有擔當的懦夫行為，政府顯然慌了手腳。一九四一年，戰爭開打的頭幾天，情形也相當類似……報紙說是敵軍的陰謀和西方國家的狂熱，不然就說是反蘇潮流，是敵軍陣營暗中從國外散播過來擾亂人心的謠言。如今回想那些日子……社會上一直都感受不到恐懼的氛圍，將近一個月的時間民眾懷著滿心的期望，以為不消多久政府就會宣布：在共產黨的領導下，我國的科學家、英勇的消防隊員與士兵再度征服了大自然，取得空前的勝利，成功控制住彌天大火。恐懼的氛圍並沒有立即浮現，是因為我們拒絕讓恐懼得逞。沒錯……對啊……對啊！就我現在看來……我們總以為和平用途的核能說什麼也不可能和恐懼扯上關係。無論是學校教科書，或我們讀過的書都是這麼教的……在我們想像中，軍事核能會產生像廣島和長崎那種直衝天際的可怕蕈狀雲，讓人瞬間灰飛煙滅，而和平用途的核能則例如無害的電燈。可見我們對世界的認知仍停留在十分幼稚的階段，而且還不知長進。車諾比核災不只讓我們，也讓全人類學了一次教訓……一夜之間我們都長大了。

事發後的頭幾天常常可以聽到這樣的對話：

「核電廠失火了。火災發生在烏克蘭某個很遠的地方。」

「我看報紙說，政府派了戰車和軍隊過去，一定沒問題！」

「我們白俄羅斯沒有核電廠，沒什麼好擔心的。」

第一次前往管制區時……

我坐在車上猜想著，那裡肯定處處都蒙著一層灰燼和煙炱，就像是布留洛夫[16]在《龐貝末日》所描繪的那樣。可是一到才發現風景宜人，宛如世外桃源！草原上百花齊放，森林裡春芽嫩綠。那恰巧是我最愛的時節。萬物復甦，生機蓬勃，鳥語婉轉……但最讓我震驚的是美和恐懼的結合。恐懼伴隨著美而來，美卻因恐懼而不再。一切都反了，我明白，都反了……我們從來不知道原來死亡是這種感覺……

我們一行人抵達管制區……沒有人派我們過去。大家都是白俄羅斯在野黨的國會議員。時代不同了！時代真的不同了！共產黨政府不再獨大……它權力式微，失去信心，整個政府危如累卵。不過地方政府見到我們，態度相當不友善：「你們有許可證嗎？你們憑什麼來擾亂民心？憑什麼問這麼多問題？誰給你們這個任務？」對方拿出高層下達的指導方針：「切莫慌張，等待進一步指令。」言下之意是：我們有要務在身，得處理穀物和肉品問題，你們卻來胡搞瞎鬧，危言聳聽。這些人在意的竟然不是人民的身體健康，而是國家指派的任務……他們害怕上級，不敢違抗比自己層級高的人，這種現象可層層遞進至高高在上的總書記。他說一，沒人敢說二。權力的結構儼然一座以沙皇為首的金字塔，在那個年代，站在頂端的是掛著共產黨名義的沙皇。「這裡的東西都已經遭到輻射汙染。」我們宣稱，「你們所生產的東西都不能食用。」「簡直是妖言惑眾，你們少在這裡搞這種意圖不軌的宣傳活動，否則我們這就打電話向上通報……」對方真的撥了電話去通報……

馬利諾夫卡村每平方公尺的輻射劑量達五十九居禮……

我們走進學校：

「大家都還好嗎？」

「還用說，每個人都嚇壞了。不過政府要我們放心，說只要把屋頂洗乾淨，水井用膠膜封起來，馬路鋪上柏油，繼續住下去絕對不成問題！但不瞞您說，這裡的貓不知道為什麼抓癢抓個不停，馬的鼻涕流到都拖地了。」

學校的教務主任邀請我們到家中共進午餐。他的家還很新，兩個月前才慶祝完喬遷之喜，在我們白俄羅斯又叫做「入厝」，是剛搬進門的意思。住家旁邊有一座作工講究的小木屋和酒窖，以前是富農的財產，後來遭到政府強制沒收。他邀請我們過去除了同歡，也是想讓我們羨慕羨慕。

「您再不久就得離開這裡了。」

「我哪裡也不會去！這一切全是我的心血。」

「您看看放射劑量計的讀數……」

「你們一堆人成天往我們這裡跑……什麼科學家的，去你媽的！都不讓人好好過日子！」屋主揮了揮手，連聲再見也沒說便出門到草原上騎馬去了。

楚加尼村每平方公尺的輻射劑量達一百五十居禮……

女人家在菜園翻地，小孩子在街上奔跑，男人在村子另一頭刨著蓋新木屋要用的原木。我們把車停在他們附近。他們一擁而上，圍著我們請抽菸。

「首都那邊情況怎麼樣？有發伏特加嗎？我們這裡時有時無，幸好自己有私釀酒可以先擋擋。戈巴契夫自己不喝，害得連我們也不准喝。」

「誒，各位議員……我們這裡菸草也缺得很啊。」

「各位鄉親，」我們開始向他們說明，「你們再沒多久就要撤離了。你們看看放射劑量計……你們看，我們現在站的這個地方輻射劑量已經超出標準值一百倍了。」

「胡說八道……哎呀，誰需要你這什麼放射劑量計！要走你自己走，我們絕不離開。去你的放射劑量計！」

我看了好幾次講述《鐵達尼號》海難的影片，那部片總是會讓我回想起親眼所見的這些景象。我經歷過車諾比核災剛爆發的那段日子……我發現……兩相對照之下，一切都和當初《鐵達尼號》上的情況一模一樣，人們的行為和心理簡直如出一轍。明明船底已經撞出了一個洞，大量海水灌入底艙，木桶和箱子翻倒在地，海水突破重重障礙長驅直入……可是船上依舊燈火通明，笙歌鼎沸，杯光斛影。家人反目成仇，男女談情說愛的場景繼續上演。與此同時，水不斷湧進，順著階梯倒進船艙……

燈火通明，笙歌鼎沸，杯光斛影……

我們的民族心理相當獨特，總是以感覺為重。這雖然為我們的生命增添了氣魄與高度，卻也伴隨著致命的危機。無法秉持理性做決定一直以來都是我們的罩門。我們總是順著自己的心意做事，從不理智思考。在村子裡無論上哪一戶人家，對他們來說來者是客，主人自然高興，但高興歸高興，卻也憂心又無奈：「唉呀，我們沒有新鮮的魚，沒什麼好招待的。」或者：「想來點牛奶嗎？我這就給您倒一杯。」村民習慣熱情招呼客人進屋坐坐。我們一行之中有的人心有顧忌，我倒是不怕。進了門，坐上桌。大家都吃了有輻射汙染的三明治，我也就跟著吃，酒也是舉杯而盡，內心甚至為自己有那份膽量可以做到這一步而感到驕傲！是的……是的！我對自己說：既然無法改變一個人的人生，我所能做的就是和他一起吃有輻射汙染的三明治，一同承擔命運，心裡頭才不會過意不去。這正是我們看待自身生命的態度。我有太太和兩個小孩，我必須對他們負責才對，可是我卻把放射劑量計收在口袋……就我現在看來……我們的世界就是這樣，我們就是這樣。十年前的我為自己有那個膽量感到驕傲，而今我卻為自己有那個膽量感到羞愧。然而，即使從頭來過，我仍然會坐下來把那個該死的三明治吃下去。我當時想著，我只想著我們要和人民站在同一陣線。我怎麼也忘不了那個該死的三明治。把它吃下去憑的是感性而不是理性。有個人曾寫過一段非常貼切的話：雖然是二十世紀（如今已經進入二十一世紀了），十九世紀文學卻仍是我們生活所依循的圭臬。天啊！諸多疑惑時時刻刻折磨著我的心智……我和不少人討論過一個問題：我們究竟是什麼人？是什麼人啊？

我和一名直升機駕駛的遺孀有過一段相當有意思的談話。她是個聰明的女人。我們談了許久。她也想理解……想要理解丈夫的死，想要知道丈夫的犧牲意義何在。她雖然想坦然面對既成的事實，可惜始終無法如願。我在報紙上看過不少次直升機駕駛飛到反應爐出勤的相關報導。他們一開始先拋放鉛塊，但看著鉛塊在洞中消失得無影無蹤才有人想到，七百度的高溫就足以讓鉛蒸發，更何況現場溫度高達兩千度。於是，後來改成投擲裝著白雲石和砂石的袋子。揚起的濃濃飛塵鋪天蓋地，使得高空中暗無天日，一片漆黑。駕駛員為了能精準「轟炸」目標，便打開座艙的窗戶，用肉眼瞄準，決定機身該往右還是往左，往上還是往下。現場的劑量高得嚇人啊！我記得有幾篇文章下了「青空英雄」、「車諾比雄鷹」這類的標題來形容他們。眼前這個女人……她向我坦承內心的疑慮：「新聞都說我的先生是英雄。對，他的確是英雄。但什麼叫英雄？我只知道我先生是為人正直、使命必達的軍官，做事總是嚴守紀律。他從車諾比回家之後，沒幾個月就病倒了。他到克里姆林宮受獎那時，雖然見到自己的同袍也同樣疾病纏身，不過大家都很開心有緣再度相逢。他配戴著勳章，滿心歡喜回到家……我問他：『你有沒有可能不要病得這麼重？有沒有可能還是健健康康的呢？』『如果當初多考慮一點，也許可以吧！』他回答，『照理來說，我們本來應該要拿到好的防護衣、專門的護目鏡和面罩，結果卻一樣也沒有。況且我們自己也沒乖乖遵守個人安全規定，不知道要三思而後行才會……』我們當初考慮得都不夠周全……可惜我們以前沒有多想一點……在我們的文化裡，替自己著想是自私自利、懦弱無能的表現。比起自己和自己的性命，永遠都還有更重要的東西需要捍衛。

一九八九年四月二十六日，適逢核災三周年。災難發生後三年，絕大部分的居民已從強制疏散區撤離，然而仍有超過兩百萬名為世人所遺忘的白俄羅斯人居住在輻射汙染區內。我們白俄羅斯的在野黨在這一天發動示威遊行，政府則片面宣布當天為義務星期六[17]當作回應。那天全城飄揚著紅旗，行動小吃攤上街做生意。那個年代能賣的東西有限，差不多就是生燻臘腸、巧克力糖、即溶咖啡一類的食物。路上隨處可見警車的蹤影，便衣警察也出動拍照蒐證……不過呢……我注意到了一個前所未見的徵兆！民眾一點兒也不在意警察，也不再像以前那樣畏懼他們。人群絡繹不絕地湧向切柳斯金采夫公園……接近十點鐘的時候，已經聚集了兩三萬人（這是警方統計的數據，電視新聞報導的也是這麼多），人數分秒遞增，我們完全沒預料到聲勢會如此浩大……民眾的情緒激憤高昂……有誰阻擋得住這樣的人潮？十點一到，遊行隊伍按計畫沿著列寧大道朝市中心移動，打算在那裡舉行集會。一路上加入我們團體的愈來愈多，他們或在隔壁街，或在小巷弄，或在大門口等待遊行隊伍經過。據說軍警雙方的巡邏隊封鎖了進城的道路，攔擋各地前來參加示威遊行的公車和汽車，要求他們掉頭，不肯屈服的乘客索性下車，徒步前來與我們會合。有人拿起擴音器廣播這個消息，隊伍遂傳來一陣高聲歡呼。沿途房屋的陽台上擠滿了人。不少人甚至打開窗戶，爬上窗台，朝我們揮手，或是舉著布條和小旗子歡迎我們。那一刻我發現，身邊的人也開始說，警察和穿著便衣拍照的男子消失了……就我現在看來……他們一定是收到命令，才會撤到中庭，躲進蓋著粗帆布的車上去。政府害怕了，所以不敢聲張，只能伺機而動……民眾牽著彼此的手，一邊走一邊落淚。之所以哭，是因為他們終於克服了自己的恐懼，掙脫了恐懼的枷鎖……

接著集會開始……雖然我們策畫了很長一段時間，演說名單也來回討論了無數次，但最後根本沒照名單走。從車諾比災區過來的小老百姓沒帶任何講稿就自動走上匆促趕搭出來的講台。大家自然而然排好隊伍。我們聆聽著這些親身經歷核災的人訴說他們的所見所聞……上台演說的知名人士只有曾經指揮過核災善後行動的維利霍夫院士，但他演講的內容我忘了，記得的反而是其他人所說的話……

有一位母親帶著兩個孩子——一男一女……她帶著孩子走上講台：「我這兩個孩子已經很久不曾開口笑了。他們不吵不鬧，也不會到院子去玩耍。他們沒有力氣這麼做，他們的身體已經退化得和老頭子一樣了。」

我也記得一名女性善後人員……她捲起衣袖，伸出雙手給群眾看。那是一雙潰爛、結滿瘡痂的手。「我們的男人到反應爐出任務，我幫他們洗衣服。」她說道，「因為運過去的洗衣機不多，又負荷不了大量的髒衣服，沒多久就洗壞了，所以衣服主要都是我們用手洗的。」

還有一個年輕的醫生……

他上台先是宣讀了希波克拉底誓詞[18]……隨後坦言，所有的病例資料都因為歸檔為「密」或「極機密」而不得公開。醫學和科學淪為政治操弄的工具……

集會現場形同一場專為車諾比而設的法庭。

不可諱言，那是我生命中最重要的一天。我們是那麼欣喜雀躍……

遊行隔天，警方約談我們幾位籌畫人，不只以鼓動大批民眾占用道路、阻礙交通、手持未經核准的標語為由將我們起訴，並且依「蓄意製造騷亂」這一條判處每人十五天刑期。做出判決的法官及押送我們到看守所的警察無不感到羞愧，我們反倒笑得開心……是的，沒錯！因為我們欣喜萬分……

而今我們面臨的問題是：我們能做什麼？未來該做什麼？

在車諾比災區中的某一座村莊，有個女人得知我們是明斯克過去的，二話不說便跪倒在地，央求我們：「救救我的孩子吧！請你們帶他走！我們這裡的醫生診斷不出他的病因。我的孩子他呼吸困難，臉色鐵青，就快撐不下去了。」（沉默不語）

我到醫院探望那名小男孩時，才知道他才七歲就罹患甲狀腺癌。我打諢說笑，試圖轉移他的注意力，可是他卻轉身面向牆壁：「不用騙我說我不會死。我知道我活不了了。」

科學院的人（應該是在那裡沒有錯）把受到「放射性粒子」灼傷的肺部X光片拿給我看，兩片肺葉有如繁星閃爍的夜空。「放射性粒子」是投放鉛塊和砂石到失火的反應爐時所產生的極細微粒子，鉛、砂石和石墨的原子相互混合黏結後，會隨著重物垂落的衝擊飄揚到高空中，向遠處飛散至數百公里以外的地方……它們往往是透過呼吸進入人體。從事耕耘或時常行駛於鄉間小路的人，例如拖拉機駕駛和汽車司機，他們的死亡率比起其他人都要來得高。凡是遭受這種粒子侵害的器官，因為布滿了密密麻麻有如細篩縫隙的孔洞，所以透過X光片一看，都是「閃亮亮」的。受害者就是這樣活活燒死……人的壽命有限，「放射性粒子」卻是永恆不滅的物質。人死後經過一千年便會歸於塵土，但「放射性粒子」卻不然。這種粉塵會繼續存在，而且殺人於無形……（沉默不語）

有一次我外出回來，把心裡五味雜陳的感受說給太太聽……她本科念的是語言學，素來對政治和體育不感興趣，但她卻重複著同一個問題：「我們能做什麼？未來該做什麼？」於是我們著手做起了一件常理看起來不可能實踐的事情。唯有在動盪不安的時代，在內心徹底獲得解放的時候，人才做得出這樣的事情。當時正是這樣一個時代……戈巴契夫上台執政，人民有了希望，有了信念！我們決定拯救孩子，讓世人看見白俄羅斯的孩童身處於什麼樣的危險當中。我們向外界疾聲求援，竭力發出警訊！政府隱瞞真相，背叛自己的同胞，我們可不會。很快地，在非常短的時間內……許多有志一同的朋友加入了我們的行列。我們彼此之間的密語是：「你讀誰的書？索忍尼辛、普拉東諾夫……好，進來吧……」我們每天都得忙上十二個鐘頭。替組織取名字時，我們考慮了數十個選項，最後決定採用最簡明扼要的名稱──「車諾比兒童基金會」。成立之初我們懷著諸多疑慮，內部曾意見不合，也曾惶恐難安，如今說這些也沒有人會相信……現在和我們性質雷同的基金會比比皆是，但十年前我們可是走在所有人的前面，開創了公民倡議的先河……遺憾的是，我們的倡議並未獲得政府核准……每一個官員的反應都是：「基金會？什麼基金會？這種事情我們有衛生部會處理。」

我現在明白，車諾比的悲劇解開了桎梏我們的枷鎖，讓我們學會自由……

我還清楚記得……（開心得笑了）我永遠都記得……提供人道救援的第一批冷藏車按著住家地址駛進我們大樓的中庭，我從公寓窗戶望著那些車子，心想：東西這麼多是要怎麼卸下貨車？要放去哪裡？我印象很深，那些車子是從摩爾多瓦過來的。車上載了十七到二十公噸的果汁、各種水果和兒童食品。當時流傳著一則消息：多吃水果可以排除輻射。我趕緊打電話拜託朋友來幫忙，可惜有的在鄉間別墅，有的在上班，我只好和太太兩個人自己動手卸貨。不過漸漸地，大樓住戶陸續走出門來（畢竟我們住的是九層的樓房），路人也停下腳步詢問：「這些是什麼車？」「他們送救援物資來給車諾比核災的病童。」大家便擱下手邊的事情，加入我們一起搬。到了傍晚，所有的貨物終於搬卸完畢。東西塞滿了地下室和車庫，我們甚至還得向某間學校商借空間來囤放。事後我們自己笑自己……救援物資送到輻射汙染地區時，通常會選在學校或文化中心發放給前來的民眾。我忽然想到，在韋特考斯基區發生的一件事……一對年輕夫婦和其他人一樣領了兒童食品和果汁，男的卻蹲下身，眼淚撲簌地掉了出來。這些罐頭、果汁救不了他孩子的性命，他大可以不要！他會哭是因為他體會到，原來外界並沒有忘記他們，還是有人惦記著他們的遭遇，表示仍然有一絲希望。

世界各地隨後紛紛響應公益，義大利、法國、德國等國都同意幫助我們的孩子進行治療……漢莎航空公司不僅自行吸收載送孩子飛往德國的費用，更舉辦競賽，細心揀選，派出頂尖的德國機師。小朋友準備登機前，各各臉色蒼白，安靜不說話。凡事難免會有意外插曲……（笑）某個小男孩的父親衝進我的辦公室，要求退回他兒子的文件：「他們會抽我們小孩的血，拿他們做實驗。」沒錯，戰爭的可怕仍舊深深烙印在人民的記憶裡，尚未褪去……[19]然而這完全是另一碼子事，我們在社會主義陣營裡與世隔離太久了，才會對外面的世界懷有戒心，而且一無所知……這些深受車諾比核災之苦的爸爸媽媽又是另一個議題，在他們身上我們可以延續對於我們蘇聯民族心理的探討。即使蘇聯政權垮台，國家分崩離析，人民卻還是始終盼望著步入歷史的強大祖國伸出援手。您想聽聽我的見解嗎？所謂的社會主義——明確而言應該是蘇維埃式的社會主義——說穿了不過是監獄加上幼兒園的綜合體。人民全心全意為國家犧牲奉獻，換來的是定量配給的糧食，拿多拿少端看個人運氣。不過無論是誰，一樣都得付出生命作為代價。我們最不樂意見到基金會援助災民的善舉落入這種配給的窠臼。遺憾的是，民眾已經習慣等待，習慣抱怨：「我是車諾比核災的受難者，這本來就是我應得的，因為我是受難者啊！」我現在明白……車諾比核災之於我們是一場對人心和文化的嚴峻試煉。

第一年有五千名病童出國就醫，第二年增加至一萬人，第三年一萬五千人……

您和小朋友談過車諾比核災嗎？不是和大人，是和小孩喔？他們常會蹦出一些出人意表的想法，讓身為哲學家的我覺得相當有趣。比方說有個小女孩告訴我，一九八六年秋天，他們班受命到田裡採收甜菜根和胡蘿蔔。同學看見滿地的死老鼠，笑著說：「老鼠、甲蟲、蚯蚓死光之後，換兔子和野狼，等牠們也死光，就輪到我們了。人最後才會死。」接著他們想像著沒有飛鳥走獸，沒有老鼠，連蒼蠅都消失無蹤，只剩下人類的世界是什麼模樣。這些孩子當時最小的十二歲，最大的十五歲。這就是他們想像中的未來。

我也和另一個女孩子聊過……她在少先隊夏令營和一個男生成為朋友。「那個男生人很好。」她回想著，「我們總是膩在一起。」但是，自從那個男生的朋友揭穿她是車諾比人的事實之後，他再也沒接近她半步。我和這個女孩子通過一陣子的信。「每當我想到自己的未來，」她寫道，「我希望畢業之後可以到一個很遠很遠，沒有人知道我來自哪裡的地方。找一個愛我的人，然後把這一切忘得一乾二淨……」

您記下來吧！趕快記下來……對，對！記憶會淡去，會消失。我很後悔當初沒有好好記錄……我還有一個故事……我們到災區的村莊，看見小孩在學校附近玩球，球滾進花圃裡面，小孩子只是圍著花圃走啊走，就是沒有人敢伸手去撿球。起先我還摸不著頭緒，理論上來說，我其實知道是怎麼一回事，不過因為我不住在當地，只是一個從正常世界來的外地人，所以欠缺時時警覺的戒心。我正準備去撿球的那一刻，小孩連忙大叫：「不可以！不可以！叔叔，不可以啦！」短短三年（這件事發生在一九八九年）他們已經養成習慣，不坐草地，不採花朵，不爬樹木。等帶孩子到了國外，我們哄著他們說：「走，去森林和河邊玩玩水，去曬曬太陽。」您真應該親眼看看他們踏進水中時那狐疑的神情和撫摸草皮的動作……可是之後……之後各各玩得笑逐顏開！終於又可以跳進水裡，也可以躺在沙地上了……他們成天待在草原上採野花，或一束束拿著，或編成花環。我心裡在想……想什麼呢？我知道……沒錯，我們可以送他們出國治療，可是我們要怎麼做才能把原本的世界還給他們呢？怎麼做才能把屬於他們的過去和他們的未來還給他們呢？

有個問題……我們應當捫心自問：我們是什麼人？假若不釐清這個問題，再多的努力也是枉然，現狀永遠無法改變。對我們而言，生命是什麼？自由又是什麼？說到自由我們只會想：明明可以擺脫鎖鏈，卻將自己束縛，想要的自由再度淪為一場空。我們花了七十年的時間實踐共產主義，而今轉而奉行資本主義。以前我們推崇馬克思，而今美元至上。我們在歷史中丟失了自己。每當想起車諾比事件，便又折回到「我們是什麼人」這個問題。對自己，我們了解了什麼？對自己生活的世界，我們又了解了什麼？在國內，軍事博物館的數量遠超過美術館，裡頭收藏的是陳舊的衝鋒槍、刺刀、手榴彈，外頭展示的是坦克和迫擊砲。小學生到這些地方參觀，認識到的戰爭是長這樣，但戰爭的樣貌已經不同了……一九八六年四月二十六日我們又歷經了一場戰爭，戰火至今仍持續延燒……

終歸一句，我們……我們究竟是什麼人呢？

——格魯什沃依，白俄羅斯國會議員，「車諾比兒童基金會」理事長

獨白：進化成人卻沒成仙

「請坐……您可以靠近一點……我就不拐彎抹角了，我不喜歡記者，記者也常對我有怨言。」

「這是為什麼？」

「您不知道嗎？沒有人事先提醒您一聲嗎？難怪您會來辦公室找我。您同行的記者大哥都戲稱我是號難搞的人物。所有人大聲疾呼說這片土地住不得的時候，我的回應卻是：可以。我們只是需要學習如何在這裡生活下去，需要多點勇氣。土地受到汙染，我們就把它劃為管制區，三分之一的國土用鐵絲網封鎖起來，拍拍屁股，一走了之。反正我們什麼沒有，土地最多。這樣想是不對的！我們的文明發展完全無視其他生物的存在，人類是大自然最大的敵人，然而人也可以憑著自己的創造力改變世界，譬如艾菲爾鐵塔或太空船……只不過進步需要付出代價，發展程度愈高，犧牲愈多，一點也不比戰爭少，這是眾所周知的事實。空氣汙染、土壤汙染、臭氧層破洞、氣候變遷……搞得我們惶惶不可終日。知識本身非罪非過，那麼車諾比核災……錯又在誰呢？是反應爐還是人類？無庸置疑，當然是人類。因為人類操作不當，疏忽瀆職，才會鑄下滔天大錯。這起災難正是許多過失的總和。技術方面我們就不深究了……木已成舟，多說無益……不少委員會和科學家都做過技術檢討。這場人類歷史上最慘烈的科技浩劫造成的損失之大難以想像。物質上的損失尚且可以估量，可是非物質的又該如何計算呢？車諾比核災不僅震撼了我們的想像，也重擊了我們的未來……讓我們對未來感到惶恐……既然害怕，我們當初就不該進化成人，不然就應該直接成仙還比較乾脆。論死傷人數，車禍意外排名世界第一，車諾比核災還比不上呢！為什麼不禁止生產汽車？騎腳踏車、騎驢子或搭四輪馬車安全多了……

反對我的人一聽，悶不吭聲，連個字也吐不出來……

很多人抨擊我，問我說：『那麼讓小孩喝輻射汙染的牛奶，吃輻射汙染的漿果，您有什麼看法？』我當然覺得這樣不好，而且非常糟糕！但是，我認為這是小孩的爸媽和我們的政府應該要關心的事。我只反對一件事……我反對沒學過或是早把門得列夫元素週期表忘得一乾二淨的人恣意指導別人怎麼過日子，搞得人心不安。我們人民走過革命，熬過戰亂，還受過嗜血如命的史達林這個惡魔的荼毒，生活本來就夠多恐懼了……現在又來個車諾比核災……我們詫異不解：為什麼我們的人民生不自由，又害怕自由？為什麼會這個樣子呢？那是因為大家早已習慣向天王老子俯首稱臣，管他叫總書記也好，總統也罷，又有什麼分別？一點兒也沒有。我不是政客，我是讀書人。我一輩子關心土壤，研究土壤。土壤和血液一樣，都是謎樣的物質。我們以為自己對土壤瞭若指掌，其實還有許多不為人知的祕密等待我們去發掘。我們人可以區分為兩類，不是贊成和反對在此居住的兩派，而是有知識有腦袋與不學無術之人。若是突然得了盲腸炎，需要開刀，您會求助於誰？絕對是外科醫生，不會是社會狂熱份子。您一定選擇聽從專家的意見。我不搞政治。我常想，除了土地、水資源、森林，白俄羅斯還有什麼？石油含量豐富嗎？出產鑽石嗎？事實上什麼都沒有，因此我們更應該好好珍惜並重建現有的一切。的確……世界各地有不少人同情我們的遭遇，有意提供救援，但我們總不能無止境地仰賴西方世界的施捨，或奢望別人的資助。想走的人都走了，留下來的都是努力求生，不甘讓車諾比核災奪走生命的人。這裡是他們的家園。」

「您有何建議？人該怎麼做才能在這裡活下去？」

「人生病了會痊癒，受汙染的土地亦然……

我們不只要努力，也要懂得思考。哪怕進步緩慢，至少必須向前邁進。那我們……我們呢？斯拉夫民族的性格特別散漫，導致我們寧可相信奇蹟，也不相信靠著自己的力量能有所作為。您看看大自然……我們應該師法自然……大自然不斷運行，自我淨化，同時也幫助著我們。大自然遠比人類更有智慧。它努力恢復原有的平衡，讓萬物得以生生不息。

州執行委員會曾傳喚我過去……

『此事非比尋常……費爾薩科娃，您明白嗎？我們不知道該相信誰的話。數十名科學家說的是一套，您說的卻是另外一套。有個女巫很出名，叫帕拉絲卡，您聽說過她的事蹟嗎？我們決定邀請她過來。她會在一個夏天之內降低伽馬背景輻射的劑量。』

您肯定覺得可笑……可是和我對談的都是正經八百的人。有幾家農莊已經和這個叫帕拉絲卡的簽好合約，錢也付了不少出去。這種迷信、蒙昧、集體失心瘋的行為我們也不是沒見過……您記得嗎？曾經有成千上萬，甚至上百萬的民眾守著電視機，看那些自稱有特異功能的神棍表演。有一個叫楚馬克，還有一個之後出來的卡什彼羅夫斯基，他們宣稱能在水中『灌注能量』。我的同事雖然個個捧著高學歷，卻也跟著在電視螢幕前面擺三公升的水，然後再拿來飲用或洗臉……據傳聞所說，這種水有治療功效。這些神棍在體育場表演時，萬人空巷，觀眾多到連歌星普加喬娃都望塵莫及。民眾爭先恐後，擠破頭也要進場觀賞。大家以為不費吹灰之力就能治癒百病，深信不疑的程度簡直不可思議！結果呢？不過是另一種布爾什維克主義式的行動……民眾情緒激昂，滿腦子妄想著新的烏托邦世界……『嗯哼！』我心想，『如今神棍倒成了拯救我們脫離車諾比災情的救星了。』

有人問我：

『請問您有什麼看法？我們當然都是無神論者沒有錯，但大家說得繪聲繪影，新聞報導也大肆宣揚……我們安排您和她見個面，您意下如何？』

後來我確實見到這個帕拉絲卡……我不知道她這人的出身，也許是烏克蘭人吧！她四處幫人處理伽馬背景輻射已經有兩年之久了。

『您打算怎麼做？』我問道。

『我擁有潛藏的特殊力量。我感受得到我有能力可以降低伽馬背景輻射的劑量。』

『做這件事您需要什麼東西？』

『我需要一台直升機。』

我當下一聽，怒不可抑。氣的不只是帕拉絲卡，還有我們這些聽得目瞪口呆，讓她當傻子要得團團轉的政府官員。

『何必一下子就出動直升機，』我說道，『我們先弄點汙染土壤過來倒在地上，至少堆它個半米。您先把背景輻射降低給我們看看……』

大家就此照辦。土運過來之後，她便動手開始施展法力……只見她口中唸唸有詞，對著土堆啐了幾口沫，揮揮手作勢驅趕邪靈。結果呢？有效嗎？根本沒用。如今帕拉絲卡因為詐欺罪名遭到逮捕，關在烏克蘭的某座監獄裡。還有另一位女神棍，她誇下海口說能讓一百公頃內的鍶和銫提早衰變。他們這些人究竟是打哪裡冒出來的？想必是我們渴望奇蹟的心造就了他們。他們成了鎂光燈的焦點，採訪通告絡繹不絕，甚至登上報紙頭版和電視的黃金時段。如果人類背棄理性，就會變得像原始野蠻人，這也怕，那也怕，盡相信一些怪力亂神的東西……

聽我這麼一說，反對我的人閉上嘴巴，什麼話也說不出來……

那麼多位高權重的領導幹部我就記得那麼一個。他打過一通電話給我，拜託我說：『我這就到您所上一趟，您給我解釋解釋，居禮是什麼？微侖琴又是什麼？又比方說，這個微侖琴怎麼進入神經衝動？我到鄉下，每個人見我就問這些東西，我卻只能傻傻的像個白癡，像個小學生一樣。』還是有這樣的人，他叫沙赫諾夫……請您記下他的姓氏……絕大多數的領導幹部根本不願意花心思去了解物理和數學。他們每個人都是高等黨校畢業，學校就只有馬克思主義這門課教得特別透澈。他們就只懂得鼓舞煽動群眾。這種政治委員的思維，從布瓊尼[20]率領騎兵部隊那個年代到現在從沒來改變過……我記得有一位深受史達林垂愛的集團軍司令曾說：『要砍誰我都無所謂，我就是愛耍大刀。』

至於該怎麼做才能在這片土地上好好活下來？我的建議嘛……一點也不聳動，恐怕您會和其他人一樣覺得無趣。我受訪時對記者說的話和隔天報紙刊登出來的內容往往南轅北轍，這種情況屢試不爽。報導若不是寫有人在管制區發現多處罌粟田，毒蟲雜處，蛇鼠一窩，就是有人目睹三尾怪貓，還有人在事發當天察覺天有異象。這種報導讀者看了不嚇死才怪……

這些是我們研究所製作的手冊。我們打出這些須知是要發送給集體農莊和居民看的。您也可以拿一本，替我們宣傳給大家知道……

這份是針對集體農莊所寫的須知……（讀了起來）

我們有什麼建議？就是學著將輻射當作電力去控制它，讓它乖乖聽話，不傷害人類。唯有改變並修正我們的生產形態才有辦法達到這個目的……與其生產乳品和肉品，不如改種非食用的經濟作物。原先就有種植的歐洲油菜榨出來的油不只可食用，還能當內燃機油，作為發動引擎的燃料。我們也可以利用實驗室刻意讓種子暴露在輻射環境中來培育種子和秧苗，以保留強健不受輻射影響的品種。這是一個方向。另一個方向則是：假如我們不放棄生產肉品，而且又找不到辦法淨化穀物，有個解套的做法是利用餵養牲畜，讓動物消化穀物達到所謂的動物除汙。至於牛隻，在宰殺前兩至三個月將牠們轉移到牛欄飼養，餵食『乾淨』的飼料便能夠淨化肉質……

我看差不多了……我想我就不跟您說教了？我們談的是科學……甚至可以說是生存哲學……

這份是寫給私營企業主的須知……

我多次下鄉，去向老先生老太太宣讀這些內容……他們卻氣得直跺腳。老人家對我們的建議置若罔聞，他們只想依祖先的生活方式過活。牛奶明明喝不得，他們還是要喝……我只好告訴他們，去買台分離器，壓出乳渣，打出奶油，剩下的乳清就倒掉不要了。若是想做乾蘑菇，先將蘑菇放進洗衣盆，加水浸泡一個晚上，然後再風乾。不過乾脆不要吃最保險。法國雖然處處種蘑菇，但人家可不是露天種植，而是採溫室栽培。我們有溫室嗎？白俄羅斯人自古以來就是倚林而居，房子全是木造的。房子還是磚砌的好，磚頭的防護力佳，消散游離輻射的效果比木頭好上二十倍。住家附近的自種園地應該每五年施撒一次石灰，因為鍶和銫不是什麼老實的東西，一逮到機會就會作怪。施肥要避免使用牛糞，最好去買礦物肥……」

「您這些想法只適用於別國的人民和官員。我們的老年人憑著微薄的退休金光是買個麵包和砂糖口袋就快見底了，您還要他們買礦物肥和分離器……」

「我可以告訴您……我是在捍衛科學的真理。我所說的都是在向您證明車諾比核災是人類鑄下的大錯，與科學無關。反應爐本身無罪，要怪也要怪人類自己。至於政治方面的問題不該找我，找我就錯了……

唉呀……真沒想到！我竟然忘了，我還特地記在紙上提醒自己以免忘了說……我們這裡來了一個莫斯科的年輕科學家，他希望參與車諾比善後計畫。他叫尤拉……他的太太懷了五個月的身孕，也跟著一起過來……大家一聽都無奈地直搖頭：為什麼啊？這是何必呢？當地人逃之夭夭，外地人卻前仆後繼。因為他是真正的科學家，他要證明只要有知識這裡也能住人。『有知識』、『有紀律』正好是我們最不重視的兩種特質。我們的人寧可當肉靶，當砲灰，但說到住在這裡……不只蘑菇要泡水，馬鈴薯煮滾後的第一鍋水需要濾掉，還得經常服用維他命，漿果也要送實驗室檢驗，爐灰要掩埋……我去過德國，我注意到德國人在街上丟垃圾時都會確實分類：透明的玻璃罐丟一起，紅色的丟一起，牛奶盒的蓋子丟塑膠類，盒子則丟紙類，相機用的電池有專屬的回收桶，生物廢棄物則另外歸為一類……他們一點兒也不嫌麻煩……玻璃還要分透明的、紅色的……我不覺我們的人民肯這麼做，他們只會嫌這種事情乏味又低賤。他媽的。

他們寧可費心讓西伯利亞的河川逆流向上，寧可做這類的事，『肩膀一聳，手臂一揮……』這種事。真要想生存下去，我們勢必得改變自己。

不過這已經不是我要煩惱的問題了，而是您需要傷腦筋……這涉及到文化、民族心理，以及我們生活的各個層面。

反對我的人只會沉默，反駁的話一句也說不出口……（陷入沉思）

我由衷希望，車諾比核電廠能早日封鎖拆除，然後將底下的土地恢復成翠綠的草地……」

——費爾薩科娃，農學博士

封井邊的獨白

春天融雪弄得道路泥濘不堪，我費盡千辛萬苦，好不容易抵達這座村莊。我們搭乘的警用瓦滋越野車也終於氣力用罄。幸好我們已經來到種滿橡樹和槭樹的莊園附近。我這趟過來是要拜訪住在波列西耶的知名歌者兼說書人——瑪麗亞。

我在庭院碰見她兩個兒子。老大馬特維是老師，弟弟安德烈是工程師。他們倆聊得很起勁，一問之下我才知道原來大夥兒因為即將搬家都很興奮。

「客人上門，但主人要出門了。我們在等車，準備帶媽媽去城裡……您說您寫的是什麼書？」

「講車諾比的嗎？」

「如今回顧車諾比的種種是件很有意思的事，我看報紙都會關注和這個議題相關的文章。目前這類書籍並不多。我身為一名教師，一定得了解這個議題，可是沒有人能教我們該如何和孩子談這件事。讓我不安的不是物理那些東西……我教的是文學，我在意的是，主導核災善後行動之一的列加索夫院士為什麼回到莫斯科的家中會舉槍自盡，核電廠的主任工程師又怎麼會發瘋……什麼β粒子、α粒子的，什麼鉋啊鍶的……它們這些東西會衰變，會讓水沖走，會轉移到其他地方去……但是，人呢？」

「我個人支持日新月異，也支持科學！我們誰還能夠回頭去過沒有電燈的生活呢？如今恐懼成了商品，因為我們已經拿不出其他東西在國際市場上貿易，只好變賣車諾比的可怕故事。我們的切身之痛就是新興的商品。」

「數百座村莊、數萬名民眾被迫遷離，偌大的農村聚落就像亞特蘭提斯一樣消失了……如今這些村民散居在前蘇聯的各地，窮途末路，沒辦法再回去了。我們失去了全世界，那個世界再也無法重建了……您聽聽我們媽媽怎麼說吧……」

這場意料外的談話才剛起頭，我們也聊得認真，但是可惜他們還有事要忙，只能就這麼戛然而止。我心裡明白，他們這一走就再也不會回來了。

這時女主人出現在門邊。她對我又是抱又是親，像是親人一樣。

「親愛的，我在這裡獨自度過了兩個冬天，一個人影也沒有，倒是會不時見到野獸的蹤跡……有一回，一隻狐狸闖了進來，看到我還嚇了一跳。雖是冬天，白天卻特別漫長，夜晚更是像人生一樣難熬。如果當時你也在的話，我一定會唱些歌，說點故事給你聽。老人家的生活沒什麼樂趣，只能聊聊天殺時間。核災爆發之前，有一些從首都來的大學生拿著錄音機採訪我。那已經是好久以前的事情了……

該跟你說什麼好呢？時間應該還來得及……前些日子我到水邊算命，水中浮現出一條道路的影像……我看見我們的根從土裡面給拔了起來。我們的祖先一直以這塊地為家，他們篳路藍縷，在森林中一代接著一代生衍不息，誰知道如今遭逢不幸，逼得我們不得不離開自己的家園。我還不曾看過有哪個故事比這個更悲慘的了……對……

親愛的，我告訴你，想當初還是荳蔻年華的青春少女的時候，我們最愛算命了……現在回想起來，過去那段時光真美好，真開心……我猶然記得我人生的起點就是從這裡開始……我和爸媽感情融洽，我和他們一直住到我十七歲正值適婚年齡，該找人嫁的那年。在我們這個地方嫁人叫做『嫁翁』。夏天，我們女孩子會到水岸算命；冬天，則是看煙囪的炊煙往哪個方向飄，以後就會嫁去哪邊。我很喜歡到水邊算命，譬如河岸。水的存在先於世界萬物，它無所不知，無所不曉，能給人指點迷津。我們也會把蠟燭放水流，將融化的蠟倒入水中。如果蠟燭一直流，代表不久就會找到另一半；如果沉入水中，意味著那年是無緣出嫁的了，只得繼續獨守空閨。我們算命的方式五花八門，為的就是想一窺自己的命運，想知道自己的幸福究竟在何方……我們還會拿著鏡子到澡堂，在裡面待上一晚。要是鏡子裡浮現人影，一定要立刻把它蓋在桌上，否則魔鬼會跑出來作怪——魔鬼最愛從鏡子裡面偷溜出來了……我們也會依照光影變化來算命。在一杯水上頭燒紙，牆上的影子如果是十字形狀，表示陽壽將盡，如果看起來像教堂圓頂，就是差不多要結婚了。每次算下來都是幾家歡樂幾家愁……人各有命啊……也有人會在睡前將一隻脫下的靴子塞到枕頭底下，晚上若是夢到未來的丈夫脫鞋，要仔細看個清楚，記住他的長相。那時候出現在我夢中的不是我先生安德烈，而是一個身材高䠷、臉蛋白淨的男人。我家安德烈長得不高，眉毛濃黑，總是笑臉迎人：『唉呀，我的太太唷……』（笑開懷）我們結髮六十個年頭，生了三個小孩……孩子他們老爸走的時候，是他們抬著送他到墓園……我先生臨終前親了我最後一次：『唉呀，我的太太啊，這下只剩你一個人了……』我能知道什麼？人活久了，怎麼過的都忘了，愛過的也忘了。對……願上帝保佑！還有啊，年輕的時候有些人會在枕頭下放一把梳子，據說一頭散髮直接上床睡覺，就能夢見未來的老公前來討水喝，或是拜託你弄點水給馬喝……

我們有時也會在水井邊撒一圈罌粟籽，等到傍晚時分，再聚在一塊兒，朝著井裡大喊：『命運唉——，命運噢——。』回音在井底迴盪，每個人依照各自聽到的聲音去解讀含意。雖然我這個老太婆能活的日子已經不多了，我還是會想到水井邊問問自己往後的命運會如何……可惜我們這裡的水井全部被士兵用木板封死，不能用了……只剩下集體農莊辦公室旁邊還留有一支鐵打的汲水栓……村子裡本來有個幫人算命的巫醫，不過她搬到城裡跟女兒住去了。離開時，她帶了兩袋的藥草。願上帝保佑！對……城裡面有誰還需要煎藥的舊陶壺或白色的粗麻布……城裡的人不是坐著看電視，就是讀書，只有我們這裡的人才會像鳥一樣，觀察大地和草木的動靜——如果春天久久不融雪，夏天肯定是要鬧乾旱的；如果月光昏暗不明，那麼牲畜就不會生；如果鶴提早離開，表示寒冬將至……（一邊說一邊靜靜地隨著自己的話搖頭）

我這幾個兒子都很孝順，媳婦和孫子也很乖巧，可是走在都市的街上有誰可以陪我聊天呢？我在那邊人生地不熟的，一點溫暖也沒有。再說，跟陌生人有什麼共同回憶好聊的呢？我喜歡到森林散步。我們以前住在森林附近，大家總是成群結伴一起去，不過現在有站崗的警察守著輻射，不准任何人進入森林……

兩年啊……上帝保佑！我這些兒子足足勸了我兩年：『媽，我們搬去城裡住吧！』我終究……終究還是敵不過他們的苦苦勸說。我們這個地方多棒啊！放眼望去盡是森林、湖泊。湖水清澈，還有水妖棲居在裡面。老一輩的人說，水妖是紅顏薄命的少女死後變來的。村民習慣放幾件女用外衣在矮樹叢上給她們。只要在樹叢或田裡的繩子上掛上衣服，水妖就會現身在田間遊蕩。你相信我說的話嗎？在以前那個還沒有電視的年代，說什麼話大家都會聽，都會信……（大笑）對……你看我們這片土地多美啊！這裡是我們的家，但我們的後代子孫卻不能住在這兒。唉呀……現在這個時節是我的最愛……太陽愈升愈高，鳥兒也回來了。冬天日落之後就不能出門，太無聊了。現在野豬把村子當成森林，四處亂竄。我剛剛採收完馬鈴薯，想來種點洋蔥……人就該找事做，不能坐吃等死，不然等再久也死不了。

親愛的，我跟你說說我遇到家神的故事吧……祂在我家住很久了，究竟住在哪裡我是不清楚，不過祂每次都是從爐灶裡面跑出來的。祂穿著一身黑衣，戴著一頂黑帽，上衣鈕釦閃亮亮。雖然沒有身體，卻會走路。我原先還以為是我家老頭回來看我。對……但不是他，是家神……我這個獨居老人沒有伴可以說說話，所以一到晚上，我都會對祂講講我一天下來發生的事：『我一大清早就出門，等到日頭出來，我看著大地，又驚又喜，內心充滿了幸福快樂……』可是如今卻得拋棄家園，離開這裡……每逢棕枝主日，我總會摘些柳枝。自從我家老頭走了以後，我都是自己獨自一人到河邊進行柳枝神聖化的儀式。我會把柳枝插在門口，也會拿一些進門裝飾家裡。有的插在牆上，有的插在門邊，有的插在天花板，或擺在屋頂下方。我習慣邊走邊說：『柳枝啊柳枝，救救我家母牛。請你保佑莊稼和蘋果能有好收成。請讓我多孵一點小雞，讓鵝多下點蛋。』一定要這樣一直走一直唸。

以前送冬迎春，我們會遊戲、唱歌，非常熱鬧……慶祝活動從各家女主人第一天放牛出來吃草開始。這時候得驅趕巫婆，以免她們傷害牛隻或偷擠牛奶，不然等牛群回家，不只奶水沒了，還會嚇得三魂七魄全散了。你要記住，根據教會經書所言，也許我們還能回到過去那樣的生活。我們這裡本來有一名講經布道的神父，他曾說，生命結束後會再重新來過。你再聽我說……現在記得的人已經不多了，也不大會有人跟你說這些。在第一批放出來的牛群前面的路上要鋪一塊白色桌巾，讓牠們跑過去，牧童則要跟在後頭喊：『壞巫婆，啃石頭，吃泥土；牛啊牛，草原、沼澤放心去，不怕壞人，不怕猛獸，心無恐懼。』春天來臨，不會只單生一株草，絕對是萬物一片生機盎然，各種不乾淨的東西也蠢蠢欲動，它們藏匿在暗處、屋子角落、牲畜棚舍或溫暖的地方。像是水游蛇會從湖水中鑽出來爬進院子，一早就攤在沾滿露水的草地上。人要懂得保護自己。可以挖一些蟻丘的土埋在籬笆門邊，不過最有用的還是拿把老舊的鎖頭埋到大門旁，可以驅邪避煞。至於土地，不只需要耕耘，也需要防止邪靈侵害。自家的田一定要巡個兩圈，而且邊走還得邊唸：『我播種啊我播種，收成多，收成好，鼠大爺啊鼠大爺，行行好，別把穀子吃到飽。』

還有什麼能跟你說呢？鸛鳥在我們這裡又叫做灰鳥仔，春天來的時候，要對牠們抱持敬意，感謝牠們重回舊地，因為灰鳥仔會庇佑地方上免於祝融之災，還能讓人早生貴子。人民常常會叫喚牠們：『嘎嘎嘎，灰鳥仔，快來唷，快來唷！』新婚的夫妻則會另外祈求：『嘎嘎嘎，請保佑我們相親相愛，讓小孩長得像柳樹一樣健壯。』

復活節家家戶戶都會畫彩蛋，紅的、藍的、黃的，五顏六色。家裡如果有人過世，要畫一顆黑的表示哀悼，至於紅色的彩蛋是用來表達愛意，藍色則是用來祈求長命百歲。對……就像我這樣……雖然活了這麼久，春夏秋冬的風光都看盡了，但還是繼續活著。看看這世界……我不覺得有什麼好不開心的。親愛的，你再聽我嘮叨一句……復活節記得在水中放顆紅蛋，稍微浸泡一下，再用這些水洗臉，臉會特別紅潤乾淨。要是想在夢中會會過世的親朋好友，你可以拿顆蛋到墓園的地上一邊滾一邊說：『媽媽啊，回來吧！我想對你撒撒嬌。』你可以把生活上大大小小的事都說給她聽。如果老公對你不好，她也能提供你一點建議。滾彩蛋之前，別忘了先將蛋拿在手中，閉上眼睛好好想一想……墓園沒什麼好怕的，有人抬棺下葬的時候才真的可怕……大家關窗的關窗，關門的關門，生怕死神盯上自己。死神總是一襲白衣，手持鐮刀。我雖然沒有親眼見過，但見過的都是這樣形容……要是碰到了，千萬別跟祂對到眼，不然就讓祂得逞了。

每次上墳我總會帶兩顆彩蛋，一紅一黑，其中一顆塗的是哀悼的顏色。我家老頭的墓碑上嵌有他的相片，那張拍得真是恰到好處，不會過於年輕，也不會太顯老氣。一坐到墳邊，我就先告訴他：『安德烈，我來找你說說話了。』把近況一一交代完畢，我總會聽見有個聲音叫喚著我……不知道是從哪傳來的：『唉呀，我的太太啊……』安德烈這邊結束之後，我會接著去看看女兒……我女兒四十歲那年死於癌症。我們帶她四處求醫，仍舊徒勞無功，一個漂漂亮亮的女孩子年紀輕輕就這樣撒手人寰……死後的世界也是需要形形色色的人，無論老少美醜，即使是小孩也不例外。但究竟是誰帶走這些人？我們這個世界的事他們到了那裡又有什麼好說的呢？我不懂……不是只有我不懂，城裡頭那些教授天資再怎麼聰穎也答不出個所以然。說不定神父可以幫忙解惑。等遇到他，我再問個清楚。對……跟女兒，我都這麼說：『我的心肝寶貝啊！你會隨著哪些鳥兒從遠方回來呢？夜鶯還是杜鵑？我該到哪邊去等你呢？』我常常一邊唱歌給她聽，一邊盼望，也許她會冷不防地出現在我面前，或給我捎個信號……可惜墓園不給人待到天黑，傍晚五點就得走人。太陽雖然還懸得高高的，但當它開始西下就是道別的時刻了……死者他們和我們一樣需要獨處，和我們一樣也有自己的生活。我雖然不知道是不是真的如此，不過我猜想一定是這樣。不然……還有啊……家中如果有人折騰著，嚥不下最後一口氣，擠在屋裡的人——不論是爸媽還是小孩——都得出去，留他一個人靜靜離開。

今天一早天色微亮，我繞著庭院和菜園子散步，回憶自己這一生的點點滴滴。我這幾個兒子長得好，個個跟橡樹一樣健壯。說幸福嘛，有是有，只是不多。我一輩子的時間就在辛苦工作中度過。我這雙手都不知道採過、搬過多少馬鈴薯了？鬆土、播種……（不斷重複）鬆土、播種……我待會兒……要拿一些種子出去。我這裡還有大豆、向日葵和甜菜的種子……我要撒在空地上，讓它們自己生長。院子裡的『花蕊』必須先除一除……我們說的『花蕊』就是花朵……你聞過秋天的波斯菊在夜裡散發出來的香味嗎？下雨前的香氣尤其強烈。香豌豆也是……不過現在居然連摸個種子都對身體有害。種子丟到土裡，雖然還是會長大茁壯，但已經不能供人使用了。這是上天給我們的警訊……該死的核災發生那天，我夢見好多好多蜜蜂，一群又一群，不知道要飛往哪裡。結果竟是飛去撲火。大地陷入一片火海……上天發出了信號提醒我們：人只是這片土地的過客，人生在世，不會永久居留，只是短暫駐足而已。我們都只是過客罷了……（哭了出來）」

「媽！」其中一個兒子叫喊著。「媽！車來了……」

獨白：渴望角色與戲分

雖然有那麼多的書，那麼多的影片，也不乏各種評論，但這起事件仍然不是我們能夠理解，不是任何評論能夠解釋得了的……

我曾聽說，或是在哪裡讀過，車諾比這件事最重要的其實是讓我們認識自己。我同意這樣的說法，這和我的感覺不謀而合。以前有人幫我看透了史達林、列寧和布爾什維主義，或是耳提面命：「市場開放了！市場開放了！自由市場來了！」現在我也一直在等，看看是不是有哪個聰明人可以說明、釐清這一切的問題。我們……我們這些人過去從來不知道會發生車諾比核災這種事情，現在卻得承受核災的後果活下去。

我的專業是火箭技術，主攻火箭燃料，曾經在貝科奴太空發射場服務，參與過「宇宙號人造衛星」、「國際太空人計畫」等太空計畫，為了這些我付出大半輩子的光陰。那段日子真是不可思議！我們一心只想征服青天！探索北極！開墾荒地！飛上太空！加加林離開地球那一刻，全蘇聯的每個人也隨著他一起飛上太空！我現在還是很欣賞他這個人！他總是笑容可掬，是個無懈可擊的俄羅斯人！就連他的死都好像一齣精心安排的戲碼。那時候的我們夢想著翱翔、飛行、自由……期望有所突破……那段日子實在不可思議！我因為家庭因素搬來白俄羅斯，在這裡繼續工作。我到的那一刻，整個人沉陷在車諾比這塊土地的氛圍裡，這個地方改變了我的感受。雖然我的工作會接觸到最先進的太空科技，但像這樣子的情況是我連做夢都想不到的……現在還很難說出個所以然……沒辦法想像……有點……（陷入沉思）前一秒鐘……前一秒鐘我以為自己想透了些什麼……這種事會引人深思。不管是和誰談車諾比，每一個人都不免尋思箇中道理。

我想最好還是跟您談談我的工作吧！我們真的包山包海，什麼事都做！我們曾經為了《指引逝者》這幅聖母聖像興建教堂——車諾比教堂；此外，也募集善款、探望病人和臨終患者、記錄歷史、創立博物館。我一度以為自己做不來，以為在這樣一個地方勞心勞力我會承受不住。我接到的第一份任務是：「這裡有三十五個家庭，三十五個守寡的女人，這些錢你拿去分給她們。」她們死去的先生都是善後人員。錢要分得公平，可是怎麼做才對呢？這些寡婦裡面，有一個的小女兒生病，有一個有兩個孩子，有一個自己疾病纏身，還得承受房租壓力，另外還有一個獨自扶養四個小孩。晚上睡覺我常苦惱得無法入睡：「我這錢要怎麼發才能讓每個人都夠用？」我想來想去，算來算去。您懂嗎？我沒辦法……最後只好按照名單平均分配。收藏車諾比相關文物的博物館是我苦心經營的結晶。（沉默不語）有時候我感覺這裡不是博物館，反而更像殯儀館。我就像搞殯葬的一樣！今天早上我外套還來不及脫下，就有個女人打開門，站在門邊嚎啕大哭。不對，不是大哭，是大喊：「他的獎牌、獎狀您統統拿去吧！優待也不要了！把我的老公還來！」她鬧了好一陣子，留下先生的獎牌和獎狀。是的，這些東西會收藏在博物館的玻璃櫃中展示，會有訪客來參觀……但這一聲一聲的吶喊，她的吶喊，除了我，沒有人聽到。陳列這些獎狀的時候，也只有我會記得這肝腸寸斷的吶喊。

專長是化學的放射計量師雅羅舒克上校如今命在旦夕……本來好好一個身體健壯的大男人，現在卻癱瘓在床，像顆枕頭一樣，翻身還得太太幫忙，吃飯也要人用湯匙餵……他有腎結石的毛病，需要把結石震碎，可是實在籌措不到手術的費用。我們很窮，全靠別人的施捨苦撐。政府對這些人棄而不顧，跟騙子沒有什麼差別。雖說他死後，街道、學校或部隊會以他來命名，但那也得等他先死再說……雅羅舒克上校他徒步走遍管制區的每一寸土地，偵測出汙染最嚴重的區域範圍，完全被當作一個生化人在利用。就算自己也知道被利用，但他還是拿起測量放射劑量的儀器，從核電廠往外一步一步尋索「汙染區域」，並沿著這個「汙染區域」的邊界慢慢走，為的就是要精準地在地圖上標記位置……

至於那些在反應爐屋頂出任務的士兵？救災一共出動了兩百一十個部隊，將近三十四萬名士兵。最慘的是清理屋頂的人……上頭發給他們鉛圍裙，但背景輻射會由下往上擴散，這些人的下半身卻一點防護也沒有，腳上穿的也只是用普通人工皮革做的靴子……他們每天在屋頂工作的時間是一分半到兩分鐘……從軍中除役之後，政府簡單頒發一紙獎狀和一百盧布的獎金給他們打發了事，而他們就此從我們國家這片廣袤的土地上銷聲匿跡。這些人在屋頂上的工作是將燃料、反應爐的石墨，還有混凝土和鋼筋的碎塊集中起來，並在二三十秒內裝進擔架裡面，再用同樣的時間把這些「垃圾」從屋頂往下倒。光是這些專門用來扛重物的特殊擔架就重達四十公斤，您想看看，穿著鉛圍裙，戴著面罩，抬著擔架以這種瘋狂的速度……您能想像嗎？基輔的博物館裡面展示的石墨模型尺寸和大盤帽差不多大，據說這塊石墨如果是真的，絕對有十六公斤那麼重。遙控的機器常常不聽使喚，要不然就是做出違背指令的動作，因為強烈電磁場會造成電子電路故障，士兵反而是最耐操的「機器人」，大家甚至給他們起了個綽號叫「綠色機器人」（因為軍服的顏色）。三千六百名士兵上去失事的反應爐屋頂出任務。他們說初來乍到的時候，睡覺都是直接到反應爐附近，拿綑垛好的乾草回營帳鋪在地上當床鋪用。

這些小夥子年紀都還小……他們如今也是生命垂危，不過他們明白，當初要是沒有他們，後果不堪設想……況且他們這些人自成一種文化，為了追求功勳，犧牲性命在所不惜。

核爆危機爆發時，當務之急是將反應爐下方的地下水排掉，以免鈾和石墨的熔漿流下去跟水混合在一起，造成嚴重的汙染。以爆炸威力高達三到五百萬噸級來說，假設地下水真的不幸遭到汙染，不只基輔和明斯克會化為不毛之地，大部分的歐洲土地也將不宜人居。您能想像嗎？那肯定是一場影響全歐的浩劫。於是政府下令找人潛入水底打開排水閥，允諾會提供車子、房子、鄉間別墅作為獎賞，而且保證幫忙贍養家眷直到老死。權責單位四處徵集志願者，還真的有人自告奮勇！這些人來來回回潛入水中開啟閥門，沒想到結果竟然只拿到七千盧布，說好的車子、房子全數告吹。然而話說回頭，他們自願下水並不是為了這些破東西和物質享受，絕對不是為了物質享受！我們的人才沒有那麼膚淺，沒有那麼簡單……（激動了起來）

這些人早就不在人世了，現在只能從博物館裡的文件得知他們姓什麼名什麼……如果當初沒有他們挺身幫忙會怎麼樣？我們這種隨時願意犧牲小我的精神……沒有人能夠相提並論……

我曾經和人爭辯……對方據理力爭對我說，會這樣是因為我們把自己的命看得太低賤了。他認為這是一種東方人的宿命論。犧牲奉獻的人不覺得自己獨一無二，無可取代，所以渴望嶄露頭角的機會。從前沒有台詞，沒有戲分，只能充當背景的小配角，如今搖身一變成為主角，所以渴望獲得點意義。我們國家的政治宣傳和意識形態是什麼？就是叫人拿性命去換取意義，跟你說犧牲生命可以提高聲望，讓你千古留名！因為死後留下的是永恆，所以死亡的價值才會如此之高。他據理力爭，還給我舉了好多個例子……但是，我不同意這樣的說法，打死我也不會同意！從小我們的教育就培養我們要活得像個軍人，要隨時動員，隨時準備好面對各種不可能的事情。我中學畢業後原本打算進入一般大專院校就讀，這個消息一傳到我爸耳裡，他大發雷霆：「你老子我是軍校出身的職業軍人，你居然要給我去念一般大專院校？我們做人就是要保家衛國！」他接連跟我冷戰了好幾個月，一直到我繳交軍校的入學資料他才釋懷。我爸他曾經從軍出征，現在已經不在人世。和他們那一輩的人一樣，他身後幾乎沒有留下任何財物。沒有房子，沒有車子，沒有土地，什麼都沒有……那麼他留下了什麼給我？只有一只他在蘇芬戰爭[21]開打前領取到的軍用包，裡頭塞有他參戰獲頒的勳章。另外還有一個塑膠袋，裝著我爸從一九四一年開始陸陸續續自前線寄回家的三百封書信，每一封我媽都收得好好的。我爸的遺物就只有這些，但在我心中都是無價之寶！

您現在了解我是怎麼看待我們的博物館了吧？那邊那個小罐子裝的是一撮車諾比的土壤，那邊那個是礦工帽，也是從那裡帶回來的……還有管制區的農具……這個地方輻射劑量高得嚇人，絕對不能讓放射計量師進來！這裡每一樣東西都是真的！不是模型！大家一定要相信我們。不管以前還是現在，車諾比這件事攪和了太多的謊言，所以只有真的才能取信於人。原子這種東西不單單局限於軍事和和平用途，它也可以是個人牟利的工具。核災爆發後，各式各樣的基金會及商業組織如雨後春筍般接連成立……

既然您在寫這樣一本書，務必看看我們這支絕無僅有的影片，這是我們一點一滴慢慢蒐集起來的成果。想找車諾比的歷史影片幾乎可以說是天方夜譚！政府把什麼都列為機密，不准人家拍攝。凡是拍下任何東西，相關單位便會立刻將影帶沒收，消磁後才退還給物主。當初政府嚴禁拍攝悲慘的畫面，只准歌頌英雄事蹟，所以我們這裡找不到撤離居民或載運牲畜的相關紀錄……車諾比的照片終究還是問世了，只不過電影和電視的攝影機已經不知道讓人砸了多少回，攝影師也不知道給抓去審判了多少次……想要如實呈現車諾比的故事相當需要勇氣，哪怕現在也是如此。我不騙您！您真的一定要看看這些畫面……第一批前往救災的消防隊員他們的臉黑得跟石墨沒兩樣。您看見他們的眼神了嗎？那是置生死於度外的眼神。影片中有個片段拍到一名婦人的雙腳。她在事發後的隔天早上到核電廠附近去整理菜園子。她踩在掛滿露水的草地上，導致她兩腿膝蓋以下變得像蜂窩一樣坑坑疤疤的……既然您要寫這樣一本書，就一定得看一看……

我每天回家都不能抱我的小兒子。我得先喝個五十公克的伏特加——最好是一百公克——才能抱小孩……

我們博物館內有一整區專門介紹沃多拉日斯基上校這位直升機駕駛……他是一名俄羅斯英雄，長眠在白俄羅斯的茹科夫草原這座村莊。他體內累積的輻射量到達上限時，本來應該盡速撤離，但他卻選擇留下繼續訓練三十三支飛行小隊，而自己也飛了一百二十趟，空投了兩三百噸的東西。他一天飛四五趟。在反應爐上方三百公尺的高空中，機艙內的溫度直逼攝氏六十度。沙包丟下去之後，下面是什麼情況？您想想看……那是煉獄啊……每小時將近八十萬侖琴的輻射劑量常常讓駕駛員在空中感到身體不適。為了能夠不偏不倚地把東西投擲到火坑中，他們往往會將頭伸出機艙往下看，因為除此之外別無他法……在政府部門的會議上，負責報告的人居然還能一派輕鬆地說：「這裡需要犧牲兩三個人，這裡要一個。」一副稀鬆平常的樣子……

沃多拉日斯基上校過世了。醫生在他的劑量紀錄卡上面寫：七侖貝。實際上應該是六百才對！

至於那些沒日沒夜在反應爐下方開鑿隧道的四百名礦工又是怎麼樣呢？鑿隧道的目的是為了注入液態氮來冰凍土層，防止反應爐沉陷到地下水層……來自莫斯科、基輔、第聶伯羅彼得羅夫斯克等地的礦工渾身赤膊，忍受五十度的高溫，在同樣高達好幾百侖琴的輻射環境中推著四輪平車埋頭苦幹……卻從來就沒有一則新聞報導過他們的貢獻。

他們這些人現在性命垂危……當初要是沒有他們的付出會怎麼樣呢？我認為他們是英雄，而非戰爭的犧牲品。雖說看起來並不是真的有什麼戰爭，而且大家都說這是一起災難，一場浩劫，但實際上和打仗並沒有什麼差別……再說，我們豎立的那些車諾比紀念碑也跟戰爭紀念碑一模一樣……

斯拉夫民族怕丟面子的性格使然，有些事在我們這裡是不能夠張揚的。您既然在寫這樣一本書，您不會不知道，在反應爐或附近工作的人通常……都有和火箭兵類似的症狀。這是眾所周知的事情……他們的泌尿生殖系統的功能都有問題……但是，這種事在我們這裡是不能說的祕密……有一次我帶了一個英國記者，他對於核災議題中的人這個面向特別感興趣，所以準備了一些非常有意思，剛好也是這方面的問題。他想了解，發生了這些事情，人在家裡，在日常生活中，在房事上會產生什麼樣的轉變。可惜沒有人願意敞開心胸。例如他曾要求把直升機駕駛找過來，進行一場男人之間的對話……出席的駕駛有幾個才三十五、四十歲卻已經退休。有一個斷了一條腿的坐輪椅前來參加——輻射導致他骨質疏鬆，害他跟老人家一樣骨折。還得人家幫忙推，他才能來……那個英國人提出了事先準備好的問題：「你們現在在家和太太之間的生活美滿嗎？」這些直升機駕駛不發一語。他們之所以過來，是想想談談自己每天飛五趟的心路歷程。竟然問這種問題……談什麼太太？這種事情……於是他將他們一個個單獨找出來訪談，他們卻異口同聲回答：身體一切安好，國家很看重他們，家庭和樂幸福……他們沒有一個人……沒有一個人肯實話實說……大家各自離去之後，我感覺到他意志消沉。「你現在明白為什麼沒有人相信你們說的話了嗎？」他說道，「你們都在自欺欺人。」那次座談辦在咖啡店，店裡兩名女服務生收拾桌椅的時候，他問她們：「你們可以讓我問幾個問題嗎？」這兩個女孩子毫不隱瞞。他問道：「你們想嫁人嗎？」「想啊，但不是嫁給這裡的人。我們大家都期待著能找個外國人當老公，這樣生下來的小孩才會健康。」他放膽繼續問：「你們有對象嗎？他們身體狀況怎麼樣？能滿足你們嗎？你們應該很清楚我指的是什麼吧？」「剛剛坐在這裡和您談話的那些人，」她們笑著說，「他們都是直升機駕駛，個個身高將近兩米，身上配戴勳章，當主委可以，當老公不行。」您能想像嗎？他替這兩個女孩子照了張相，轉頭對我重複了同樣的話：「你現在明白為什麼沒有人相信你們說的話了嗎？你們都在自欺欺人。」

我也陪他去管制區走走。大家都知道，車諾比附近一共有八百座放射性廢料掩埋場。他原本期待能夠見到驚人的工程建築，結果看到的只是幾個平凡無奇的窟窿。棄置在洞裡面的是從反應爐周邊砍下來的一百五十公頃的「紅褐林木」（意外發生後的頭兩天，松樹和樅樹的葉子先轉紅，接著變紅褐色），以及上千噸的金屬、鋼鐵、細軟管、工作服、混凝土構件……他拿出一張刊登在英國雜誌上的空拍全景照片給我看——數以千萬計的汽車拖拉機、飛行器、消防車和救護車……那是在反應爐附近一個規模奇大無比的放射性廢料掩埋場。他想將這個地點現在（十年過後）的樣貌拍攝下來。一旦拍下這張照片，可以讓他賺進一筆為數可觀的報酬。於是我和他兩個人四處求人問路，領導幹部把我們當足球踢，不是說找不到地圖，就是說沒有許可不能過去。我們奔波了好一陣子，我才想通：這個掩埋場除了在報告書中可以找到紀錄之外，實際上已經不復存在了。東西早就讓人偷的偷，搬的搬，不是載去市場賣掉，就是帶回集體農莊和自己家裡當零件備用去了。那個英國人好似丈二金剛，摸不著頭腦，不敢相信竟有這種事！即使我把事情真相一五一十說給他聽，他仍然無法置信！現在我就算讀的是什麼都敢說的文章，也不會輕易買單，總是會暗自質疑：這該不會也是捏造出來的吧？該不會是假的嗎？因為如今回顧這樁悲劇已經成了流於俗套的陳腔濫調，成了用來嚇人的可怕故事而已！（惆悵地說完這段話後，沉默了好一陣子）

我把所有東西都搬到博物館裡面蒐集起來……但是，偶爾還是會有個念頭：「全扔一扔，一走了之算了！」我要怎麼做才能撐下去呢？

我曾經和一名年輕的神職人員聊過……

我們站在岡察洛夫准尉的新墳前面。他也是上反應爐屋頂出勤的一員……那天風雪肆虐，天氣惡劣。做安靈彌撒的神職人員口中唸著禱詞，頭上沒戴任何東西保暖。「看樣子您不怕冷？」我事後問他。「不怕。」他回答我，「這樣的時刻我什麼都不怕。所有的教會儀式裡面就只有安靈彌撒能給我這種力量。」這是成天與死亡為伍的人說的話，我至今仍記憶猶新。我不止一次向來訪的外國記者（很多人甚至來過很多趟）提問：「為什麼他們會想來管制區？」如果你認為他們只是為了謀名求利那就太愚昧了。「我們喜歡你們這裡，」他們坦白說，「在這裡我們可以感受到豐沛的活力。」您能想像嗎……這樣的答案是不是出人意料之外？對他們而言，我們這裡的人、我們的情感、我們的世界都是前所未見的。這就是所謂神祕的俄羅斯靈魂……我們自己也喜歡在廚房一邊喝酒一邊辯論這個話題……有一次我一個朋友說道：「如果哪天我們不再挨餓，不再受難，我們豈不變得庸俗乏味嗎？」他這一番話始終縈繞在我耳邊……只是我依然不懂，我們有什麼好讓人喜歡的。他們喜歡的究竟是我們的人，還是因為我們是值得報導的素材，又或者是因為我們讓他們有所領悟？

為什麼我們老是離不開死亡？

車諾比事件後，我們的世界就此定型……起初，不知所措的民眾還會吐吐苦水，不過現在大家都知道，世界不會改變了，人生也走投無路了。人們不只體會到被綁在車諾比這片土地上的悲哀，就連處世態度也一百八十度大轉變。戰場造就了「迷惘」的世代……是否讓您想起雷馬克[22]呢？車諾比核災造就的卻是「惶恐」的世代……我們亂了分寸……唯一不變的只有苦難……那是我們僅有，而且用之不竭的資本！

結束一天的行程回到家，太太聽我說完當天的事情，輕聲說道：「我很愛你，但我不會讓你碰我們兒子。我不會把他交給任何人。我不會讓車諾比核災或車臣的戰亂傷害他……誰都不准碰他一根寒毛！」恐懼的種子已經在她心裡萌芽……

——索伯列夫，「國立車諾比之盾協會」副主席

老百姓大合唱

善後人員之妻克拉芙吉亞、醫生貝拉歐卡雅、原普里皮亞季居民葉卡捷琳娜、記者布爾特斯、小兒科醫生維爾蓋奇克、布拉金市級鎮居民伊蓮娜、善後人員之妻斯維拉娜、原普里皮亞季居民娜塔莉亞、納羅夫拉市級鎮居民塔瑪拉、醫生札里茨基、醫生克拉芙佐娃、放射科醫生拉杜千科、婦產科醫生盧卡雪薇琪、遷村者安托妮娜、水文氣象學家波利舒克、母親瑪麗亞、善後人員之妻妮娜

「幸福的孕婦和幸福的媽媽我很久沒見到了……

有個女人剛生產完，一恢復意識，便連忙叫喊：『醫生，快抱來讓我看看！』她撫摸著嬰兒的小腦袋瓜、額頭和身體，數著手腳的指頭……她檢查著，想要確認：『醫生，我生的小孩是正常的吧？沒問題吧？』小孩送去餵奶的時候，她害怕地說：『我家就在車諾比附近……我曾經淋到黑雨……』

孕婦常會敘述她們的夢境，有的夢到自己生下八腳的小牛，有的夢到自己生下刺蝟頭的小狗……多麼奇怪的夢！以前的女人從不會做這類的夢。我也從沒聽說過。

我幹婦產科這行已經有三十個年頭了……」

「我一輩子都活在文字堆中，與文字為伍……

我在學校教俄文和文學。印象中事情發生在六月初的考試期間。校長突然把大家集合起來宣布：『明天每個人來學校記得帶鏟子。』原來是要我們先鏟除校舍周邊受到汙染的表層土壤，好讓士兵隨後過來鋪上柏油。有人發問：『我們會拿到什麼樣的防護裝備？有特殊的服裝和防毒面罩嗎？』校方給了個否定的答覆。『你們帶鏟子來挖土就對了。』只有兩個年輕的教師拒絕，其他人無不聽命行事。不管大家內心再怎麼苦悶，卻還是肩負著冒險犯難、保家衛國的義務。我總是教導自己的學生要勇於上刀山下油鍋，拋頭顱灑熱血在所不惜。我在課堂上給學生讀的是蕭洛霍夫、綏拉菲莫維奇、富爾馬諾夫、法捷耶夫、波列伏依的作品……他們的文學不談生命，談的是戰爭和死亡。拒絕的就只有兩名年輕教師。他們是新的世代，思想已經不同了……

我們從早挖到晚。下班回家路上，發現城裡的商店還沒打烊，女人逛街買絲襪和香水，這感覺相當奇怪，因為我們的生活已經籠罩在戰爭的氛圍之中，尤其突然出現了等待搶購麵包、鹽巴、火柴的人龍，更是不言而喻……人人都忙著烘麵包乾……地板一天刷洗五六次，窗戶的縫隙也用東西封得緊緊的，甚至成天守在收音機前面聽廣播。雖然我戰後才出生，但對這樣的行徑卻一點也不陌生。試著剖析自己的感受時，我對自己的心理狀態轉變如此之快，而且面對戰爭莫名地經驗老到大感震驚。周遭的生活一切平和如舊，電視依然播映著喜劇片，我卻已經可以想像拋棄家園、帶著孩子離開的畫面，也知道該收拾哪些東西，給媽媽的信裡面又要寫些什麼。

記憶提醒著我們……我們無時無刻不是活在恐懼之中，我們知道怎麼活在恐懼之中，因為我們的生活環境就是這樣。

在這方面沒有人可以和我們相比……」

「我沒經歷過戰爭，但我感覺這情況和戰爭沒什麼不一樣……

士兵到各個村莊疏散居民，鄉間街道排滿了裝甲運輸車、蓋著綠色粗帆布的貨車，還有坦克等軍車。大家在士兵的監督下離開自己的家，這對那些走過戰亂年代的人而言尤其難受。一開始大家怪罪俄羅斯人，認為都是他們的錯，因為是他們蓋了核電廠……後來又把矛頭轉了方向：『都是共產黨的錯……』人心因為這種無可名狀的恐懼而忐忑不安……

我們受騙上當。政府允諾我們三天後就能返家，於是我們丟下了家、澡堂、木造水井和照顧多年的花園。離開的前一晚我走到花園，花開得絢爛，可是到了早上居然全部謝光了。我媽沒能撐過離開家的日子，過了一年就走了。我一再做著兩個夢……在第一個夢中，我看見空蕩蕩的老家；另一個夢裡面，我看見我們家的籬笆門邊有紅軍女英雄……我媽也在，而且還活著，微笑著……

大家總是拿戰爭來做比較。戰爭……我們還可以理解……父親對我說過戰爭的故事，我也讀過相關的書籍……可是這個情況該怎麼理解？我們村子現在只剩下三座墳場：年代久遠的那一個埋的是人，另一個埋的是遭人類遺棄最後死在槍口下的貓和狗，第三個埋的是我們的家。

連我們的家也埋了……」

「每一天……我每一天都會重溫腦袋裡的記憶……想像自己走在熟悉的街道上，走過熟悉的房屋。我們的城市很小很幽靜，除了一家糖果工廠，沒有任何重工廠。某個星期天，我躺著做日光浴。我媽媽連忙跑來：『女兒啊，車諾比發生爆炸，大家都躲進屋子裡去了，你還在這裡曬太陽。』我笑了笑，因為納羅夫拉和車諾比相隔四十公里遠。

傍晚我們家附近來了一輛日古利汽車，一位我認識的熟人和她先生登門造訪。她穿著睡袍，他穿著運動衫和兩隻老舊的拖鞋。他們穿越森林的鄉間小路從普里皮亞季偷偷逃了出來，因為一路上執勤的警察和站哨的軍人誰也不放行。她見到我頭一句話就是喊著：『快去找牛奶和伏特加！快！』她又是喊又是叫，『家具和冰箱才剛買沒多久，訂製的毛皮大衣才剛做好，現在只能用玻璃紙包起來留在家裡……我們晚上根本睡不著……以後要怎麼辦？以後要怎麼辦？』她的先生安撫她的情緒。他告訴我們，城市上空有直升機盤旋，街道上有軍車來來往往噴灑某種泡沫，男的都被抓去當半年的兵，就像打仗一樣。大家每天守在電視機前面，等著看戈巴契夫什麼時候出來說話，但當局一點動靜也沒有……

一直到五一節慶，戈巴契夫才說：各位同志，你們放心，局勢都在控制之中……只是發生一般的火警……沒什麼好大驚小怪……當地人民照常生活、工作……

而我們就這麼相信了……」

「這些畫面……害得我晚上不敢睡覺……不敢閉上眼睛……

牲口……所有的牲口從疏散的村莊趕到我們區中心這裡的接收處，母牛、羊羔、豬崽在大街上發狂亂竄……誰想要就自己抓……肉品加工廠的車子將屠宰好的牲口載到加林諾維奇火車站，再轉運到莫斯科，但莫斯科那邊拒絕接收，於是滿載著屍體的列車又回到我們這裡，好幾台列車只好就地掩埋。腐敗的臭味每天晚上瀰漫在空氣中，散也散不去……『莫非這就是核戰的味道？』我納悶。戰爭的味道應該是煙硝味才對吧……

頭幾天，政府的人為了避人耳目，連夜把我們的小孩帶走。只是壞事再怎麼隱瞞，人民終究會發現。大家拎著牛奶罐和烤好的麵包去搭公車準備上路。

就像打仗一樣……這如果不是打仗是什麼？」

「州執委會的會議上宣布進入戰備狀態……

所有人引領期盼，等著民防局長發言，因為就算有人想得起任何關於輻射的資訊，也只是十年級物理課本上的一些零碎片段而已。局長站上講台，講的卻是書本和課本上介紹核戰的內容，例如士兵身上的輻射量一旦達到五十侖琴就得撤退，還有如何建造防護設備、如何使用防毒面具、爆炸範圍等等。可是我們面臨的不是廣島和長崎的原爆，我們遭遇的是截然不同的情況……大家都心裡有數……

我們搭直升機到輻射汙染區出勤，全身裝備都按照指示，除了不穿內衣褲，還得像廚師穿棉質連身工作服，外頭還套一層防護膜，並且戴上手套和紗布口罩。我們上上下下掛滿各種儀器裝置從空中降落在村子附近，那裡的小孩卻跟麻雀一樣在沙堆裡玩耍，叼著滿嘴小石子和樹枝。這些小朋友光著屁股沒穿褲子……上頭交代過我們，不准和民眾接觸，避免引起恐慌……

這件事我到現在始終過意不去……」

「電視突然播起節目……

其中一個橋段是老太太把擠好的牛奶倒進罐子裡，記者拿軍用的放射劑量計繞著罐子測量……記者說這裡雖然距離反應爐只有十公里，但結果完全正常……攝影機拍民眾在普里皮亞季河邊戲水、做日光浴……遠遠還可以看見反應爐和裊裊上升的煙霧……節目旁白說：西方國家刻意挑起人民恐慌，擺明在散播災情的謠言。接著又拿著同一支放射劑量計，一會兒測量魚湯，一會兒測量巧克力，一會兒測量路邊攤的甜甜圈。這是個騙局。當時軍中發配的放射劑量計目的並非檢測食物，它們只能用來測量背景輻射。

車諾比的謊言如此之多，大概也只有一九四一年史達林統治時期可以相提並論吧……」

「我想和愛的人一起生個小孩……

我們期待著第一胎出生。我老公希望是個男孩子，我則希望是女孩子。醫生勸我說：『您應該要把孩子打掉。您的先生在車諾比待的時間太久了。』他是個司機，事發後第一時間就被召集到那邊幫忙，負責載運砂石和混凝土。可是我誰的話也不相信，我不想相信。我讀過的書說愛情可以戰勝一切，哪怕是死亡也不例外。

結果生出來是個死胎——缺兩根手指頭的女嬰。我哭著說：『好歹也讓她十指健全吧！畢竟是個女孩子啊……』」

「沒有人明白發生了什麼事……

我致電兵役委員會，告訴他們我們醫生都有服役的義務，並自願協助。電話那頭的人姓什麼我忘了，只記得官階是少校，他回答我：『我們需要的是年輕人。』我試圖說服他：『年輕的醫生一方面經驗不足，另一方面他們的身體對於輻射的影響比較敏感，所以承受的危險相對也比較大。』對方回說：『上面給的命令就是要我們找年輕的。』

我記得……病患傷口癒合的情況愈來愈差。而且呢……第一場輻射雨下完，草原全枯萎了。陽光下一片焦黃。現在只要一想起那個顏色就讓人心驚膽戰。我們沒有做好任何心理準備來應付這樣的情況；再者，我們可是最優秀、最出色的民族，國力強盛無人能比，怎麼可能發生這種事情。我先生是受過高等教育的工程師，他一臉正經對我說這肯定是恐怖攻擊，是敵軍的偷襲。我們都這麼認為……因為國家就是這樣教導我們的……我記得有一次搭火車時，同行一位製造部門負責人告訴我，興建斯摩棱斯克核電廠的過程中有多少水泥、木板、鐵釘、砂石因為金錢和伏特加，被人偷偷從工地運往鄰近的村莊……

黨派了區委員會的工作人員到各個村莊、工廠發表演說，跟民眾溝通，但這些人面對什麼是除汙、如何保護孩子、放射性同位素進入食物鏈的係數是多少這些問題，沒有一個能夠回答出個所以然。至於什麼是α、β、γ粒子，什麼是放射生物學和游離輻射，他們也是一問三不知，更遑論什麼是同位素了。他們以前演說講的都是蘇聯人民的英雄氣魄、驍勇善戰的象徵及西方情報單位的陰謀，現在這些對他們來說完全是另一個世界的東西……

我在黨員大會發問：『專家都去哪兒了？怎麼沒找物理學家、放射學家來說明？』我話說完就有人恐嚇要沒收我的黨證……」

「太多人死得不明不白……讓人毫無心理準備……

我姊姊有心臟方面的疾病……她聽說車諾比出事後有感而發：『這你們還熬得過去，我就沒辦法了。』幾個月後她過世了……醫生什麼也沒解釋。從診斷結果來看，她明明還能活很久……

聽說有的歐巴桑七老八十了竟然還跟孕婦一樣脹奶，這種現象在醫學上叫做『再度泌乳』，可是對鄉下人來說這叫什麼？這就叫天譴……有個獨居老太婆，沒有先生，沒有小孩，身體出了這種問題，逼得她精神崩潰。她有時候拿一塊木柴，有時候拿一顆裹著頭巾的小皮球，成天就這樣抱著在村子裡面走來走去……口中不時還哼著搖籃曲：搖啊搖……」

「我很怕住在這片土地上……

人家給了我一支放射劑量計，可是我需要這個幹麼？洗衣服的時候，明明很乾淨，放射劑量計卻一直叫，煮菜、烤餡餅的時候也叫，整理床鋪的時候也叫。我到底要這個做什麼？餵孩子吃飯，我一邊掉眼淚。『媽媽，你怎麼哭了？』

我有兩個小孩，都是男孩子。我帶著他們跑遍各家醫院，看遍每個醫生。老大頭髮都掉光了，外表看不出來到底是女孩子還是男孩子。我帶著他找過學校教授，也求過巫醫，能看的都看了。他在班上個頭最小，不能跑，不能玩，要是一個不小心讓人打到，就會流血。他罹患的是血液的疾病，我甚至不知道那個病的名字要怎麼唸。陪他住院時，我躺著想：『他一定活不成了。』後來我才明白不可以這樣想，不然會被死神聽見。我常在洗手間偷哭。做母親的不能在病房裡掉眼淚。大家都會躲到洗手間和浴室去，哭完再笑著回來：

『你的臉色比較紅潤了，很快就會好起來囉！』

『媽媽，帶我出院吧。我在這裡一定會死翹翹。這裡的人都活不了。』

我能躲去哪裡哭？洗手間嗎？等著進去的人太多了……大家都和我一樣……」

「追悼日……思念亡者的時候……

我們獲准進入墓園，到墳前……可是警察交代不可以回去家裡的庭院。他們會開著直升機在我們頭上盤旋監視，所以我們只好站得遠遠的看著自己的家……對著屋子畫十字……

我從故鄉帶回了一枝紫丁香，插在我現在的住處已經一年了……」

「我來跟您說說我們蘇維埃人是什麼樣的一群人……

前幾年這些『不乾淨』地區的商店裡要蕎麥有蕎麥，要燉肉有燉肉，民眾開心得不得了，誇口說：誰都別想把我們趕走。我們在這裡過得稱心如意！土壤汙染的程度並不平均，在同一個集體農莊有些地很『乾淨』，有些地卻『不乾淨』。在『不乾淨』的土地上工作可以領比較多的錢，所以大家都不願去『乾淨』的土地，反而爭先恐後到那邊做事……

前不久我住在遠東地區的哥哥過來作客。『你們啊，』他說，『就像黑盒子。人就像黑盒子。』每架飛機都有『黑盒子』，用來記錄飛行過程的資訊，一旦出了意外，一定得先找『黑盒子』。

我們行走、工作、戀愛，以為自己和其他人一樣……不對！我們其實是在記錄給未來世代參考的資訊……」

「我是小兒科醫生……

小孩和大人很不一樣。比方說，他們不畏懼死亡……死亡的意象尚未在他們心中成形。他們每個人都知道自己的情況，不管是診斷結果、各種手術的名稱、藥物，他們知道的都比媽媽還多。他們玩什麼遊戲呢？他們常在病房之間追逐喧鬧：『我是輻射！我是輻射！』我猜想，他們死的時候，表情一定很驚訝……百思不得其解……

一臉不可置信的樣子躺在病床上……」

「醫生警告過我，我的丈夫必死無疑……因為他有血癌……

他從車諾比的管制區回來之後兩個月就病倒了。他是從工廠調派過去的。晚班下班回到家，他說：

『我一早出發……』

『你去那裡要做什麼？』

『到集體農莊幫忙。』

他們在案發地點方圓十五公里內的管制區中耙草、採甜菜根、挖馬鈴薯。

他回來之後，我們去了趟公婆的家，幫忙老爸把火爐批土。他就是在那時候昏倒的。我們叫了救護車，送到醫院才知道他體內的白血球數量多得可以致人於死。於是院方幫我們轉到莫斯科就診。

出院回來，他腦子一個勁兒地想：『我活不久了。』人變得沉默寡言。我勸也勸了，求也求了，但我的話他怎麼也聽不進去。為了讓他相信真的沒事我還給他生了個女兒。我不知道該如何解讀自己的夢……有時候夢到我上斷頭台，有時候我身穿一襲白衣……我不看解夢的書……早上醒來，看看身邊的他，我心想：『我一個人要怎麼活？』至少等女兒長大，記住爸爸的樣子吧！她還小，前陣子剛學會走路就朝著他跑過去大喊：『爸——爸——。』我真不願去想這些事……

如果早知道……我一定把每一扇門都關上，我一定擋在門口，用十副鎖把門統統鎖上……」

「我已經陪兒子住院兩年了……

穿著病人服的小女生玩洋娃娃。她們把娃娃的眼睛闔上，表示娃娃快死了……

『為什麼娃娃要死翹翹了呢？』

『因為他們是我們的小孩，我們的小孩都活不久。他們一出生就死翹翹了。』

我的小艾喬姆今年七歲，但大家都以為他只有五歲。

他閉上眼睛，我以為他睡了。想說他不會發現，於是哭了出來。

沒想到他出聲說：

『媽媽，我快死了嗎？』

他只要一睡著，幾乎就沒有了呼吸。我會跪在床邊陪著他。

『小艾喬姆，你張開眼睛……說話啊……』

『還有體溫……』我在心裡面想著。

他每次睜開眼，立刻又昏睡過去，沉得像沒了生命一樣。

『小艾喬姆，你快張開眼睛……』

我不准他死……」

「前不久我們才剛慶祝完新年……備了一桌好菜，除了麵包是店裡買的，其他像是煙燻製品、醃豬油、肉、醃黃瓜，全部都是自己做的，就連伏特加也是自己釀的。我們自嘲這些是車諾比專屬的私家貨，特別加了銫和鍶做佐料。不自己做的話，還能上哪裡買東西？商店的架上空空如也，就算有貨，光憑我們的薪水和退休金根本別妄想了。

有一次鄰居到我們家來作客。他們年紀都很輕。一個是教師，另外還有一個集體農莊的技工和他太太。我們邊喝邊配下酒菜，不約而同唱起歌來。我們唱的是革命歌曲和歌頌戰爭的軍歌，還有我的最愛——〈煦煦晨光照耀克里姆林宮的古城牆〉。那天晚上大家和以前一樣，個個都玩得很開心。

我把這件事寫在信裡面給在首都念大學的兒子知道，他在回信中寫道：『媽，我可以想像那幅景象——車諾比的土地、我們的農舍、繽紛的新年樅樹……大家坐在一起唱革命歌曲和軍歌，彷彿古拉格和車諾比核災都沒發生過……』

我害怕，但不是為自己，而是替兒子感到害怕。他已經沒有家可以回了……」

注解

1 此處所指的是十九世紀末俄國作家安德列耶夫（Леонид Андреев，一八七一～一九一九）的短篇小說《以利撒》（Елезар）。小說原型取材自《新約聖經》中耶穌讓拉撒路（Лазарь）起死回生的事蹟，描述死亡三天的主角以利撒奇蹟復活後，失去原先開朗活潑的個性，變得陰森鬱悶，甚至影響了親朋好友，以及任何一個接近他的人，於是眾人出於畏懼，不再與他往來。作家在設定主角名字時，特別選用和「拉撒路」系出同源的「以利撒」。然而，敘事者可能將兩者混為一談，才會把小說主角的名字誤說成「拉撒路」。

2 指一九四一至一九四二年因希特勒企圖拿下蘇聯首都莫斯科所爆發的戰役，史稱莫斯科會戰（Битва за Москву）。

3 札波羅熱人牌（Запорожец）是蘇聯時代的汽車品牌，品質低劣遂成為許多笑話諷刺的對象。

4 一九四三年三月二十二日，為替之前被附近游擊隊打死的兩名德國軍官報仇，法西斯包圍白俄羅斯首都明斯克東北約六十公里的哈騰村，全村二十九戶，所有村民被集中到一間木屋裡活活燒死。共有一百四十九名村民被殺害，包括老人、婦女和孩子，其中有七十五個孩子，最小的只有六周大。由於全部村民被殺害，這個村子再也沒能重建，永遠被抹去了。

5 卡羅博（Колобок）是俄國民間童話的故事人物，本身是一顆小圓麵包，逃離了製作它的老夫婦家，一路上面臨各種野獸的威脅，最後落入狐狸的口腹之中。車諾比核災發生後，民眾謠傳刺蝟長不出刺，因此這則笑話中光溜溜的刺蝟才會被誤認為是卡羅博。

6 為林務經營管理方便，在林中依天然地形線或人工線而劃分的森林區域，是林地區劃的最小單位。（教育部國語辭典）

7 《雁南飛》（Летят журавли）是一九五七年由卡拉托佐夫（Михаил Калатозов，一九〇三～一九七三）執導的蘇聯電影，該片榮獲一九五八年坎城電影節金棕櫚獎。

8 此處所指的是一九四一至一九四五年的德蘇戰爭。

9 半衰期（Half Life）最早是用於說明放射性核子數（Number of Radicative Nuclei），在某個時間內，會遞減至原來數目的一半，而這「某個時間」，便稱為該放射性核子的半衰期。（《圖書館學與資訊科學大辭典》）

10 《自由電台》（Радио «Свобода»）由美國國會在美蘇冷戰期間出資成立，旨在向蘇聯及東歐地區等共產主義國家宣傳民主價值和制度。

11 一九八六年車諾比事件期間，蘇聯還處於美蘇對抗的冷戰後期，且正和阿富汗進行為期十年的戰爭中。

12 沙拉莫夫（Варлам Шаламов，一九〇七～一九八二），二十世紀蘇聯作家及詩人。一九二九年因參加托洛斯基派（Троцкизм）的地下活動，私自散播〈列寧遺囑〉遭逮捕；一九三七年因參與托洛斯基派反革命活動再度遭捕，並下放至科雷馬（Колыма）的勞改營（Севвослаг）。而後又因宣稱布寧（Иван Бунин）為「偉大的俄羅斯作家」而獲判十年有期徒刑，褫奪公權五年。多舛的命運讓沙拉莫夫寫下代表著作《科雷馬故事》（Колымские рассказы），揭露囚犯在勞改營的生活面貌。

13 布哈林（Николай Бухарин，一八八八～一九三八），蘇聯共產黨中央政治局委員，同時也是政治理論家、思想家。列寧逝世後，與托洛斯基、史達林、季諾維也夫、加米涅夫、李可夫同為蘇聯共產黨主要領導人。曾與史達林結為政治盟友，鏟除異己，然而後來因為在蘇聯產業發展方向議題上與史達林意見相左，於大整肅（Большая чистка）期間遭到逮捕，並判處死刑。

14 薩哈洛夫（Андрей Сахаров，一九二一～一九八九），蘇聯原子物理學家，曾主導研發蘇聯的第一枚氫彈，因而有「蘇聯氫彈之父」的美譽。他曾在一九八〇年抗議蘇聯入侵阿富汗而遭到逮捕，並流放至高爾基（Горький），直到一九八六年戈巴契夫執政期間推動改革開放才獲准結束流放，重返莫斯科。

15 庫洛帕替（Куропаты）是位於明斯克東北方的一處林地，一九三〇至一九四〇年代曾是內務人民委員部（НКВД）槍殺掩埋政治犯的地方。

16 布留洛夫（Карл Брюллов，一七九九～一八五二），十九世紀俄國學院派畫家，代表畫作有《義大利清晨》（Итальянское утро）、《拿坡里近郊採葡萄的少女》（Девушка, собирающая виноград в окрестностях Неаполя）、《龐貝末日》（Последний день Помпеи）等。

17 義務星期六（Субботник）是蘇聯時期政府以提升社會福祉為名義，要求人民於休假日無償付出的勞動服務。

18 希波克拉底是古希臘醫生，生於西元前約四六〇年，卒於西元前約三七〇年，為醫學史上的傑出人物之一，享有「現代醫學之父」的美譽。希波克拉底誓詞傳統上是西方醫生行醫前宣讀的誓言，該誓詞明文規範醫學倫理。

19 二戰期間，德軍曾為了救治傷兵，活捉蘇聯孩童抽血。在亞歷塞維奇《我還是想你，媽媽》一書中收有經歷者的見證。

20 布瓊尼（Семён Будённый，一八八三～一九七三）出身騎兵司令官，為蘇聯元帥，在一九一八年俄國內戰期間協助紅軍擊退白軍，並與史達林建立起盟友關係。

21 蘇芬戰爭（Советско-финская война），又稱冬季戰爭（Зимняя война），是蘇聯與芬蘭在一九三九至一九四〇年期間爆發的戰爭。蘇聯與芬蘭長久以來一直存在著領土邊界問題，而且芬蘭獨立時與德國來往密切，蘇聯擔心德軍透過芬蘭長驅直入，因此處心積慮意圖武裝入侵，甚至併吞芬蘭。一九三九年，蘇聯謀畫「曼尼拉砲擊事件」（Майнильский инцидент）向芬蘭宣戰，戰事直至隔年簽訂《莫斯科和平協定》（Московский мирный договор между СССР и Финляндией）才宣告終止。

22 雷馬克（Erich Maria Remarque，一八九八～一九七〇年），著有描繪第一次世界大戰的反戰小說《西線無戰事》。

第三章

醉心悲歌

獨白：原來死亡也可以這麼美麗

事發初期我們急著想知道是誰該負責任。我們需要有人出來承擔過錯……情勢逐漸明朗之後，我們開始思考該怎麼辦，該如何自救。不過現在我們看開了，畢竟這個問題短短一兩年是解決不了的，至少得花上好幾個世代的工夫才夠。於是我們開始在記憶中逐一翻尋過去發生的點點滴滴……

出事的時間是星期五深夜……星期六一早完全沒人發覺有任何不對勁的地方。我送兒子上學，老公也出門到理髮店上班。在我準備午餐時，老公提早回到家裡……一進門他就說：「核電廠失火了。政府要大家收音機開著不要關。」我忘記告訴您，我們就住在普里皮亞季，在反應爐附近。現在回想起來那道豔紅的火光仍歷歷在目。反應爐內部發出光芒，顏色相當不可思議。與其說是起普通的火警，倒不如說是場精采奪目的光影秀。如果無視其他問題，那晚的景象實在美得不像話。那般無與倫比的畫面就是在電影裡面我也從來沒看過。到了傍晚，居民全擠上陽台，家裡沒陽台的人只好去朋友家。我們住九樓，視野特別好，到反應爐的直線距離只有三公里左右。出來湊熱鬧的人抱起小孩說：「快看！要好好記住哦！」這些人不乏在反應爐上班的工程師和工人……有一些甚至是物理老師……大家站在烏黑的揚塵中議論紛紛，觀賞奇景的同時，也把髒東西吸進體內了。有的人從幾十公里外的地方開車或騎腳踏車過來，只為了一睹為快。我們不曉得原來死亡也可以這麼美麗。不過死亡帶有一股味道，不像春天或秋天會聞到的，而是一種不屬於這個世界的氣味……就是有個味道……弄得人喉嚨發癢，眼淚直流。那一夜我輾轉難眠，聽見樓上鄰居也沒睡，在家中踱來踱去，敲敲打打，不知道在搬什麼，也許是在包東西、封窗戶吧！我吞了顆止痛藥抑制頭疼。早上天色一亮，看看四周，感覺和以往不大一樣，似乎有什麼徹徹底底改變了。這不是我臨時捏造，也不是事後諸葛，當時的感受確實就是如此。早上八點，許多軍人臉上戴著防毒面具在街上來回穿梭。看見士兵和戰車出現在城裡的街道，我們非但沒受到驚嚇，反而像是吃了顆定心丸——有了軍隊的支援，任何事一定都能擺平。然而我們萬萬沒想到和平核能也會致人於死……整座城市本來可能在那晚的睡夢中命喪黃泉……外頭竟然還有人放著音樂開懷大笑。

下午電台廣播通知民眾準備撤離，說是讓大家暫時離開三天，政府會趁這段期間清理檢查環境。播音員宣布「撤離至鄰近村莊」、「不得攜帶寵物」、「至大樓門口集合」、「小朋友務必帶上課本」的聲音猶然在耳。雖說只是離開三天，我老公還是把一些文件以及我們的結婚照收進公事包。至於我，只帶了一條薄紗頭巾，以免碰上壞天氣……

打從一開始我們就察覺到，車諾比災民的身分導致我們處處受到排擠和壓迫。不論是誰看見我們，都避之唯恐不及。我們搭乘的公車在一座村莊停了一晚，大家沒地方住，只好找了間學校，睡在地板上。有個婦女請我們到他們家過夜：「跟我走吧！小朋友這樣太可憐了，我整理一張床鋪讓你們休息。」站在旁邊的女人把她拉開：「你瘋了嗎！他們會傳染吔！」我們搬到莫吉廖夫安頓好之後，兒子也到新學校上課，可是第一天放學他就哭著跑回家……原來是老師安排他和一個女孩子坐在一起，但人家說他身上有輻射，和他坐會死掉，所以拒絕跟他坐。我兒子當時念四年級，整個年級就他一個人是車諾比核災的受害者。沒有人敢接近他，其他同學都笑他是「螢火人」、「禿頭男」……我真的嚇壞了，沒想到他這麼快就失去了小孩該有的童年……

離開普里皮亞季的路上，看見迎面而來的裝甲車軍隊，我們才開始害怕。一肚子的疑惑和滿心的恐懼。但是，我總覺得這是發生在別人身上的事情，與我無關。說也奇怪，明明是自己在掉眼淚、找食物、找地方住、安撫兒子，可是內心卻老是覺得自己像是一個透過玻璃觀望別人的旁觀者……到了基輔我們終於拿到第一筆補助，不料卻碰到有錢買不到東西的窘境。成千上萬的民眾爭先恐後搶購架上的貨物，食物也被吃個精光。許多人在火車站和公車上不是心臟病發就是中風。幸好我媽救了我一把。她這輩子遭遇過好幾次家產盡失的窘境：第一次發生在三〇年代，她受到迫害，牛隻、馬匹、房子全數充公；第二次不幸碰上祝融肆虐，她只抱著還小的我衝出火場。「我們還活著，」她安慰我，「要咬緊牙關撐下去。」

我想到一件事……我們在公車上哭得一把眼淚一把鼻涕時，坐在第一排的男人對著自己老婆破口大罵：「你這個蠢女人！好歹也帶點有用的東西！你竟然給我帶一堆空罐子！」他老婆原本打算，既然要搭公車，不如順路帶這些空罐子回娘家給媽媽裝醃漬物。我們一路上不斷被擺在他們身邊的幾個大型網袋絆到腳。他們就這樣拖著瓶瓶罐罐來到基輔。

我參加教會合唱團，平時也讀經。上教會是因為只有那裡才會談什麼是永生，只有那裡能獲得一點慰藉。想聽這些話除了教會沒有別的地方可以去了。撤離的途中一旦見到教堂，所有人便會一擁而上，任你怎麼擠也擠不進去。無神論者也好，共產主義份子也罷，沒有人例外。

我常夢見自己和兒子走在陽光和煦的普里皮亞季（如今那裡淪為鬼城），我們邊走邊欣賞玫瑰花。普里皮亞季的玫瑰特別多，大片的花圃都種滿了玫瑰。可惜這只是夢……我們過去那段日子轉眼已是一場夢。當時的我還年輕，兒子還小……我真的很愛他……

隨著時間一年一年過去，凡事只能回憶。現在的我再次成為一個旁觀者……

——娜潔日達，原普里皮亞季居民

獨白：生命多麼脆弱

我藉著寫日記……

試圖把那段日子發生的事情記下來……內心恐懼是一定的，同時還有許多以往不曾有體會過的感受……我們就像來到了火星，一切都是見所未見，聞所未聞……我老家在庫斯克，一九六九年我們家附近的庫爾恰托夫蓋了一座核電廠。居民都會舟車勞頓從庫斯克到那邊去採買食材和臘腸。在核電廠工作的人則從優處理。我印象中離反應爐不遠處有一池大水塘，經常有人去那釣魚……核災爆發後，我時不時會想起這件事……可惜現在已經無法再像以往那樣去釣魚了……

總之呢，我是個嚴守紀律的人，收到通知當天隨即就到兵役委員會報到。委員一邊翻閱我的資料，一邊說道：「你雖然沒來參加過集訓，不過現在非常需要懂化學的人，你要不要去明斯克附近的營區幫忙個二十五天？」我心裡暗忖：「何不趁這個機會暫時離開家裡，放下工作，稍微休息一下？到郊外走走，呼吸點新鮮空氣也不錯。」一九八六年六月二十二日早上十一點，我收拾好行囊，帶上軍用便當盒和牙刷到定點集合。讓我訝異的是，在這個太平盛世竟然需要召集那麼多人。我的腦海中霎時間閃過以前在戰爭片中看過的橋段，沒想到竟會給我碰上這麼一天。六月二十二日，我們的戰爭開打了……長官一下子要我們整隊，一下子讓我們解散，來來回回一直到傍晚才結束。天色變黑後，所有人陸續上車。上級指示：「晚上要轉搭火車，明天一早你們就直接下部隊，所以有帶酒的人趕快喝掉，免得到時候精神不濟，也省得行李過多。」

這話說得挺有道理的。那晚火車鳴了一整夜的汽笛。

隔天早上我們到駐紮在森林的部隊報到。一樣先整隊，長官按照每個人姓氏的第一字母依序唱名，叫到的便出列領取工作服：一套、兩套、三套……我心想：「看樣子事情非同小可。」當時明明是炎炎夏日，而且說好只待二十五天就可以回家，不知道為什麼卻要另外發放冬天用的軍裝大衣、毛帽、床墊和枕頭。「各位弟兄！你們別傻了。」帶隊的大尉笑我們。「什麼二十五天？你們要去車諾比半年好嗎！」大家聽了滿腦子問號，激憤鼓譟。他們遂而開始利誘我們：在二十公里內執勤的人可以領兩倍薪餉，十公里內的領三倍，願意去反應爐的領六倍。有人心裡盤算，只消六個月的時間就能開著自己的車風光返家；但也有人想腳底抹油趕緊開溜，可惜礙於軍紀只得作罷。輻射到底是什麼東西？從來沒有人聽說過。在這之前我碰巧上過幾堂民防課程。課堂上講師拿著三十年前的資訊告訴我們，五十侖琴的輻射劑量足以致人於死，也教導我們震波來的時候該如何趴下才不會受傷，並解釋什麼是射線和熱能加熱，然而對於輻射會造成地方汙染這麼駭人聽聞的消息卻隻字未提。就連帶我們的職業軍官也沒想太多，他們只知道多喝點伏特加可以幫助抵抗輻射。我們在明斯克近郊停留六天，天天喝伏特加。我特別蒐集喝完的酒瓶標籤。一開始大家喝的是伏特加，後來我仔細一看，發現竟然跑出一些奇奇怪怪的飲料，例如尼特西諾等各式各樣的玻璃清潔劑。這件事勾起了我這個化學家的興趣。喝尼特西諾會讓人兩腳疲軟，但腦袋卻很清醒，想站起來，反而往下跌個狗吃屎。

總之呢，我是化學工程師，又有副博士學位[1]，本來是一間大型生產聯合企業的實驗室主任。政府徵召我之後，我派上了什麼用場？我拿到一把鐵鏟，基本上這就是我唯一的工具，所以才會有一句話說：拿鐽子打原子。雖然有口罩和防毒面具等防護裝備，但天氣酷熱，氣溫高達攝氏三十度，根本沒有人肯戴，因為穿太多馬上就掛點了，所以這些東西被當作是額外裝備，簽領之後便束之高閣。還有一件事：從公車轉搭火車時，我們發現車廂內只有四十五個位置，而我們一共有七十人，大家只好輪流就寢。這件事情我現在才想起來……你說車諾比核災是什麼？就是隨處可見戰鬥裝備、士兵，還有清潔站；情勢有如戰爭時期，緊張肅殺；十個人擠一頂帳篷；有人家裡有小孩，有人的太太準備臨盆，有人連個遮風避雨的家都沒有。不過從來沒有任何一個人發過牢騷，該怎麼做就怎麼做。只要國家發起召集，一聲令下，百姓絕無二話。我們的人就是如此……

帳篷周圍滿地都是吃完的空罐頭，一座一座堆得好比白朗峰那麼高！那些都是儲藏在補給倉庫的緊急備用品。從罐頭上的標籤來看，已經存放了二三十年，本來是戰爭時期要用的……成群的野貓受到裝燉肉、大麥粥和裝黍鯡的空罐子吸引，像蒼蠅般圍了過來……每個村子都遷離了，人也走光了，不過當風把籬笆門吹得咯吱作響時，你還是會立刻回頭，看看會不會有人走出來。可惜往往出來的不是人，只是一隻貓……

我們將受到汙染的表層土壤挖起來後，用車子載運到放射性廢料掩埋場傾倒。我原以為放射性廢料掩埋場是個設計複雜的工程結構物，誰知道竟只是個普通的土丘。鏟除的表土像巨大的地毯一樣，一綑一綑捲了起來……青翠的草皮裡除了花草，還夾雜著植物的根、蜘蛛和蚯蚓……那種工作只有瘋子才做得來。硬生生挖掉一大片土地，連生活在裡面的生物都不放過，這是不對的。要不是每天晚上都把自己灌得醉茫茫，我還真不知道能不能撐得下去。不喝的話，肯定會精神崩潰吧！數百公尺長的土地挖掉後寸草難生，放眼望去只剩下房屋、棚子、樹木、馬路、幼兒園、水井，孤伶伶滯留在沙塵中。每天早上刮鬍子，照個鏡子都叫人害怕，沒人敢正視自己的臉，因為腦子裡常會不斷浮現拉拉雜雜的各種思緒……實在很難想像人還能回去重新生活。我們幾千個人都明白，更換石棉瓦、清洗屋頂這樣的工作一點意義也沒有，但每天早上一起床，還是照常上工。簡直荒謬透頂！就連沒念過書的老爺爺碰到我們都會說：「年輕人，你們做這個什麼爛差事。別做了，跟我們上桌一起吃頓飯吧！」風在吹，雲在飄，可是暴露的反應爐還是沒遮蔽起來……挖完一層的土，隔了一周回來準備開工，可是除了鬆散的沙塵，早已沒東西可以挖了……只有一次我知道我在做什麼：我們從直升機上將某種特殊的溶液往下噴灑，目的是要形成一片聚合物的薄膜，鞏固易鬆動的土壤。做這件事我可以理解，但一直挖土我就……

民眾疏散後，某些村莊仍然有老人家留守家園沒離開。嗯……要是能到一般民家坐下來吃頓飯，稍微過個正常人的生活，哪怕只有半個小時也好……雖然明令禁止食用當地的東西，但還是很想到老房子裡坐一坐，用個餐……

我們離開後留下的土丘之後好像會用混凝土板封起來，再用刺鐵絲網隔離。至於我們使用過的舉斗車、瓦滋越野車和起重機，考慮到金屬特別容易吸收並累積輻射的特性，所以全數棄置在現場。據說那些東西後來遭人偷竊，不知道消失到哪兒去了。我相信確有其事，在我們國家什麼事都有可能發生。有一次放射計量師到營區內檢測，掀起了一陣恐慌。那時候我們才知道原來食堂的輻射劑量竟然比平日上工的地方還要高，可是我們已經在那個地方待了兩個月呀！我們的人就是這樣——插幾根柱子，在及胸的高度釘上木板，就說那是食堂；吃飯站著吃，洗臉從木桶舀水來洗；空地上挖一條長溝就當廁所用，手裡拿著鏟子就想要和反應爐搏鬥……

過了兩個月我們漸漸有所體悟，於是開始有人提出要求：「我們可不是死刑犯，都已經來兩個月，也差不多了，應該換人來接手了吧！」安托什金少將出來和我們談了一會兒，他表明：「換人對我們來說太不划算了。我們發給你們全套的衣服總共三套，況且工作你們也上手了，找人來接替你們成本太高，太麻煩了。」他們老拿我們是英雄這樣的話來安撫我們。每個星期有一天長官會特地在隊伍面前頒發獎狀表揚認真挖土的人，讚許他們是全蘇聯最傑出的掩埋工人。這難道還不瘋狂嗎？

空蕩蕩的村莊住著雞和貓……雞舍裡面滿地雞蛋，不怕死的士兵撿起來煎一煎就吞下肚，抓到雞也是生把火烤了，配著私釀酒滿足口腹之欲。大家每天聚在帳篷裡觥籌交錯。有的人拿出西洋棋廝殺，有的人彈吉他。不管遭遇到什麼情況，時間一久，人都會適應。我們之中有那種喝多了倒頭就睡的人，也有愛喧譁鬧事的人。曾經有兩個弟兄喝得醉醺醺跑去開車，把車子撞得稀巴爛，搞得我們還得拿焊槍切開壓扁的廢鐵，把他們倆從車裡面救出來。我自己則是靠著寫給家人的長篇書信和日記支撐下去。政治處主任發現我的祕密後，千方百計想知道我把東西藏在哪裡，寫了些什麼東西。他暗中唆使和我同寢的弟兄做他的眼線，不過那位弟兄私下警告我：「你寫個不停到底在寫什麼？」「我的副博士論文已經答辯過了，現在在寫博士論文。」他笑著說：「那我就這樣跟上校報告。你自己東西可得藏好啊！」這些弟兄人真的很好。我說過，這裡面沒有人會發牢騷，每個人都是一條好漢。您別不信，我們絕不輕言屈服。絕對不會！那些軍官穿著室內拖鞋窩在帳篷裡喝酒不出來。那又如何！我們照樣挖我們的土。想要肩章上的星星就讓他們去領吧！那又如何！我們的人就是這樣……

大家把放射計量師看得跟神一樣崇高，民眾見到他們無不爭先恐後擠上前去問：「唉呀，年輕人啊！我家的輻射有多少啊？」有一個腦筋動得快的士兵在普通的棍子上面纏繞鐵絲，到人家家裡敲了敲門，然後拿著這根棍子沿著牆壁裝模作樣。老太太見了便跟在後頭追問：「年輕人啊！我家有什麼問題嗎？」「阿婆，這是軍事機密，不能透露。」「年輕人，你跟我說，我就倒杯私釀酒給你喝。」「那好吧！」酒喝完他只說了句：「阿婆，你家沒事，一切正常。」接著便往下一家走去……

役期過了一半我們才終於各拿到一支放射劑量計，那是內部裝著某種晶體的小盒子。有些人動起歪腦筋，他們早上把劑量計帶到放射性廢料掩埋場擺著，等工作結束再拿回來——輻射的讀數愈高，可以愈早放假，不然就是可以多領一些錢。有些人則是用帶子將劑量計綁在靴子上，讓它更接近地面。各式各樣的鬧劇連番上陣！實在荒謬！一般而言，要啟動感測計的計測功能必須先輸入初始輻射劑量才有用，但我們拿到的並沒有，也就是說這些小玩意兒只是一種玩弄心理的伎倆，用來轉移大家的注意力而已。我們後來還發現這些用矽製成的裝置其實已經囤在倉庫將近五十年了。退役前，部隊會到我們帳篷內測出平均輻射劑量，再乘上停留天數，然後將所得的總量填在每個人的軍人證上，所以大家的輻射劑量都一樣。

有那麼一個故事，也許是虛構的趣聞，也許是真有其事。故事是這樣的——某個士兵打電話給心愛的女朋友，人家女孩子一顆心七上八下的：「你在那裡做什麼啊？」而他打算趁機誇耀一下：「我從反應爐出來，剛洗好手而已。」話才說完，話筒傳來嘟嘟聲，連線中斷了。原來電話受到國家安全委員會的監聽……

我們每天有兩個鐘頭的休息時間。那個時節的櫻桃已經紅了，每一顆都長得又大又甜，躺在樹下要是一個不小心碰到，果子就會直接掉進嘴巴裡。還有桑椹……那是我頭一次見到桑椹……

沒出勤的時候，長官會帶著我們在充滿輻射的土地上行軍……實在是太荒謬了！晚上的休閒是看印度的愛情片，常常看到凌晨三四點，搞得伙房兵早上睡過頭，粥煮得半生不熟。翻開報紙一看，上頭報導說我們是英雄，是自願義士，承襲了保爾・柯察金[2]的精神！一旁還附上照片。真想看看拍下這些照片的攝影師是何方神聖……

喀山[3]韃靼人的國際主義部隊駐紮在距離我們不遠的地方，我曾目睹他們動用私刑。有一個士兵被叫去前面給部隊追著跑，敢停下來或偏離路線就是一陣拳打腳踢。原來是他忙著爬上爬下清洗房子的時候，讓人發現他收拾好的行李。立陶宛人則是自成一區。他們來了一個月之後，掀起一股反抗的聲浪，要求長官讓他們返家。

有一次我們接到一項非常特別的要求——上級交代我們盡速將無人村莊中的屋子清洗乾淨。實在荒謬透頂！「為什麼？」「因為明天那裡要舉辦婚禮。」於是我們拿起水管沖洗屋頂和樹木，把土鏟除乾淨，菜園裡的馬鈴薯莖葉和庭院裡的雜草也修剪妥當。只不過四周一片荒涼。隔天車子載來了新郎和新娘，賓客的巴士也在熱鬧的音樂聲中抵達……這對是真的要結婚的新人，不是拍片找來的臨演。他們本來已經遷居他處，但在人家勸說之下才會回來這裡為歷史留下影片紀錄。一切都是為了政治宣傳。一場又一場虛幻的美夢……為的是要捍衛共產神話，讓世人知道我們的人民無論在什麼樣的環境底下——即使是荒漠惡地——也能克服難關活出一片天……

準備離開返家前夕，我們隊上的指揮官把我叫了過去：「你這段時間到底在寫什麼東西？」我回答：「寫信給老婆。」接著他一聲喝令：「你小心點……」

您要是問我，那些日子我還記得什麼，我會說我記得我們只是一個勁兒地挖，不停地挖……我在日記裡寫下了我在那裡的體悟。災情剛爆發的那些日子讓我了解到生命有多麼脆弱……

——日梅霍夫，化學工程師

獨白：強權大國的象徵與祕辛

如今回想起來，真像是打了一場仗……

意外發生後一個月左右，也就是五月底，強制疏散區的農牧產品陸續送到我們這裡接受檢驗。所內同仁進入戰鬥狀態，從早忙到晚，二十四小時不眠不休。由於當時國內只有我們這裡有專家和專業儀器，所以家畜、家禽和野生動物的內臟全都往我們研究所送，牛奶也是在我們這裡檢驗。結束第一輪採樣，我們發現送驗的肉根本不能吃，必須視為放射性廢料處理。乳品工廠在管制區採行輪班放牧的工作模式，放牧員上班來下班走，擠乳女工也是有需要才過去。雖然生產進度順利達標，但最後出廠的牛奶經檢驗證實不可飲用，只能當作放射性廢料丟棄。羅加喬夫乳品工廠出產的奶粉和煉乳原本是我們長久以來講課所使用的標準材料，那一陣子還可以在各個商家店鋪的架上看見他們的產品，不過消費者一旦注意到標籤上寫的乳源是羅加喬夫，往往選擇不買，導致這一批批乳製品嚴重滯銷。後來上架的商品乾脆不貼標籤，我認為絕對不是因為標籤紙不夠，那純粹是刻意蒙騙社會大眾的手法，而且是政府主導的騙局。就在短生期放射性同位素的硬性輻射肆虐，什麼東西都會「發光」的那段期間，資訊遭到全面封鎖……我們一直都有上便籤……一直都有……但要是公開檢驗結果……下場不是革除黨籍，就是撤銷學位。（神情緊張）不是我們害怕，不是這樣的……害怕當然也是原因之一……但是，生活在那樣一個年代，身為蘇維埃社會主義共和國的人民，我們相信自己的國家。說到底，一切都是因為信任，因為我們信任……（心神不寧，點根菸抽了起來）我沒騙您，真的不是因為害怕……完全不是……我說的都是實話。如果現在不坦承以對，我會瞧不起我自己。我想要……

第一次踏入管制區時，森林的背景輻射遠比草原和道路高出五六倍。無處不是高劑量的輻射，然而舉目可見仍有人駕駛著拖拉機，農民忙著翻耕菜園裡的土地……我們幫幾個村莊的大人小孩檢查完甲狀腺才知道，他們身上累積的輻射早已超出容許劑量的一百，甚至兩三百倍。我們一行人之中有位女性團員是放射學專家，她看見小朋友在沙堆嬉戲，在水窪玩紙船，一時間情緒激動了起來。照常開門營業的店家依鄉下的習慣，將織品和食物擺在一起賣——一邊是衣服和洋裝，一邊是臘腸和人造奶油，東西隨便放，也沒用玻璃紙蓋好。我們隨手拿了根臘腸和幾顆雞蛋照X光，結果一看，不只不能吃，根本是放射性廢料。在一間屋子旁有個年輕女人坐在板凳上幫小孩哺乳……她分泌的乳汁經過檢查也一樣具有放射性，儼然是車諾比版的聖母……

我們滿腹疑問：該怎麼活？該怎麼辦？得到的答案卻是：「你們繼續檢測，記得收看電視新聞就對了。」戈巴契夫上電視安撫民心：「政府已經緊急採取必要措施。」他既然這麼說，我也就不疑有他……身為一個有二十年工作經驗，又熟習物理定律的工程師，我雖然很清楚任何有生命的東西都應該盡速離開，即使是暫時也好，但我們卻仍然埋頭檢測，乖乖收看電視。我們已經太習慣相信政府了。我們這個戰後出生的世代從小到大都抱持著這份信任。至於這樣的信任究竟從何而來？來自我們打贏了一場硬仗，讓全世界都拜倒在我們腳下的優越感。事實就是如此！曾經有人在科迪勒拉山脈的岩壁上刻下「史達林」三個字！這代表什麼？這是一種象徵！強權大國的象徵。

來回答您的問題吧！為什麼我們知情不報？為什麼我們不挺身上街抗議？其實我們一直都有向上呈報……我說過，我們會寫便箋。只不過身為共產黨員，本來就應當恪遵黨紀，所以我們才會保持緘默，服從命令。同仁之中沒有人礙於私心拒絕到管制區出差。我們同意前往管制區並非因為擔心黨籍遭到革除，而是出於一股信念——首先，我們相信自己的生活幸福美滿，社會充滿公平正義；再者，我們也相信人凌駕萬物之上，是衡量一切的準則。這股信念崩解後，許多人不堪打擊，心臟病發，或乾脆步上列加索夫院士的後塵，朝心臟開槍自我了斷……原因無他，一旦喪失信念，原本參與行動的人就會瞬間淪為百口莫辯的共犯。這是我的解讀。

算是某種跡象吧……前蘇聯的每座核電廠一定會在保險箱放置一份災害應變計畫書。那些都是定型化的計畫書，屬於機密文件。若是提不出計畫書，核電廠便無法順利啟用。那個計畫書是核災發生前好幾年以車諾比核電廠為範例研擬出來的，內容包含面臨災害的措施與方法、人員職責、機組配置等細則，規劃極其周詳……沒想到出事的居然就是這座電廠……難不成是巧合？還是其中有鬼？如果我信教就好了……往往想追求意義的時候，人都會變得特別虔誠。可惜我是工程師，我有我自己的信念，我有我自己的象徵……

但是，秉持自己信念的我該怎麼辦？現在該怎麼辦……

——科漢諾夫，前白俄羅斯科學院核能研究所總工程師

獨白：人生的可怕往往自然而然就悄悄發生了

一開始……

傳聞某個地方出了事，我一時沒聽清楚地名，只知道地點距離我們莫吉廖夫很遠……我弟弟從學校趕回家說，校方發放了不知名的藥錠給所有學生。顯然事有蹊蹺。唉呀！我們當時知道的就這麼多而已。五一節我們當然還是到野外慶祝，那天玩得十分盡興，回到家時天色已經不早了，踏進家門我發現房間窗戶讓風吹開了……這檔事是我後來才想起來的……

我本來任職於環境保護檢查局。局裡原以為高層會下達什麼指令，但左等右等，卻遲遲不見任何消息……我們單位幾乎沒有相關領域的專才，主管階級尤其如此，有的是退役上校，有的是前黨工，有的是退休人員，不然就是一些在其他單位有缺失所以轉調到我們局裡的討厭鬼，這種人什麼事也不會，頂多也就是翻弄公文，敷衍了事。白俄羅斯作家亞當莫維奇[4]在莫斯科發表演說，向大眾揭露實情，他們這些人聽了反而議論紛紛，鼓譟不休，將他視為眼中釘，肉中刺。這實在有違常理。住在這裡的明明是他們的子女孫輩，挺身向外界疾呼求援的卻是亞當莫維奇。這種時候不是應該要發揮自我保護的本能嗎？不論在黨員大會或是吸菸室，所有人齊聲砲轟那些他們認為不入流的作家：管什麼閒事？真放肆！不知道要遵循指示嗎？竟然敢以下犯上！這人他懂什麼啊？又不是學物理的！他不知道還有中央委員會和總書記嗎？當下也許算是我第一次體會到，原來一九三七年大恐怖時期的社會氛圍就是這樣……

那個時候我對核電廠沒有一絲一毫的危機意識。從小到大，學校都教導我們核電廠是能

「無中生電」的神奇工廠，裡頭上班的人只要穿上白袍，坐在位子上按按鈕，電就來了。了解不足、過度信賴機械設備，再加上資訊不透明是導致車諾比核電廠爆炸的肇因。不少資料都標注著「絕對機密」、「不得公開意外相關訊息」、「不得公開治療結果」、「不得公開善後人員輻射損傷之程度……」等字樣。民眾不是從報紙讀到什麼，就是道聽塗說，搞得謠言滿天飛……舉凡與民防相關的可笑（後來才知道的）又沒用的書全部都莫名其妙從圖書館消失。有人聽到西方電台的廣播主持人那陣子不斷宣導藥錠的名稱和使用方法。不過民眾並不買帳，認為國內太平無事，敵國純粹是在幸災樂禍罷了。五月九日還是會照常慶祝勝利紀念日，老兵遊行、管樂演奏一樣也不會少。我們事後才知道，原來連去反應爐救火的消防隊員很多消息也都是口耳相傳的傳聞。直接用手去撿石墨好像會有危險……只是好像……

有一天城裡不知道從哪冒出一個神經病，在市場四處遊蕩，口中唸唸有詞：「我看到輻射了。好藍好藍，一閃一閃的……」搞得民眾不再上市場買牛奶和乳渣，販售牛奶的老婆婆生意因而一落千丈。「別怕，別怕。」她要大家安心，「我家的牛都是我親自餵的，沒有到外面去吃草。」然而出了城，郊區路邊卻佇立著打扮得怪模怪樣的人，其實他們就是在放牛吃草。不管是牛也好，還是一旁的老婆婆也罷，全身都用玻璃紙裹得緊緊的，樣子實在讓人哭笑不得。後來，我們局裡的同仁紛紛受命到各地進行檢測。我負責的是林場。林場員工沒有減少木材供應數量，仍舊按照既定的生產計畫行事。到了倉庫，我打開測量儀器，顯示的讀數令人十分納悶——木板的檢測結果看起來沒什麼異狀，可是放在旁邊的掃把成品卻大幅超標。「這些掃把是哪裡來的？」我問道。「克拉斯諾波利亞（後來得知這是我們莫吉廖夫州內輻射汙染最為嚴重的地區）。這些是最後一批，其他的全部賣出去了。」東西已經流入各個城市，叫人怎麼找得回來？

我怕我遺漏了一些明明很顯而易見的事情……啊，我想到了！核災之前，大家好像都不需要個人生活，是發生了核災之後……大家才突然體會到——雖然不習慣——原來每個人都有自己的生活要顧。於是民眾逐漸重視自己和小孩的飲食，開始注意什麼東西有害身體健康，或是考慮需不需要搬家等等，諸如此類的問題。每個人都必須做決定。以前我們習慣生活要怎麼樣？要以村莊、公社、工廠、集體農莊為單位，因為我們都是蘇聯人民。拿我來說吧！我就是個典型的蘇聯人。我大學時期盛行共產主義學生隊這類的青年運動，每年暑假我一定會隨隊參與勞動，所得則是用來資助遠在拉丁美洲各國的共產黨，例如我們小隊就曾經支援過烏拉圭……

我們變了，一切都不一樣了。理解這些改變並擺脫舊習需要費上一番很大的功夫……我主修生物，畢業論文主題是黃蜂的行為特性。為了研究，我前往無人島蹲點長達兩個月之久。在島上我選定了一個黃蜂窩，蜂群觀察了我一星期才接受我的存在。一般而言，蜂窩周邊三公尺內的範圍人是無法靠近的，而我花了足足一個禮拜的時間，終於得以隔著十公分近距離接觸，甚至用火柴棒沾果醬直接餵食窩內的黃蜂。「蟻穴是呈現另一個物種生活樣貌的完美形式，別破壞了。」我們老師老愛將這句話掛在嘴邊。黃蜂窩與整座森林的關係相當緊密，而我也慢慢融入地景之中。跑來坐在我鞋子旁邊的森林野鼠已經將我視為四周景物的一部分，因為昨天我在這裡，今天我也在這裡，明天我一樣還會在這裡……

車諾比那場意外發生後……曾經有畫展展出小朋友的作品，其中一幅以春天為背景，描繪鸛鳥踩踏在一片墨黑草原上的畫面……底下寫著一行字：「都沒有人通知鸛鳥一聲。」這正是我當時內心感受的寫照。我們每天的工作是到州裡各個地方採取水和土壤的樣本帶回明斯克化驗。同行的女孩子時常埋怨：「這工作簡直是燙手山芋。」確實，我們身上不僅沒有防護裝備，也沒有工作服。人在前座，身後就放著具有高度放射性的樣本。政府制定了掩埋放射性土壤的方法，土就這麼埋進了土裡面……可是這種事情在人類史上前所未有，著實令人困惑不解……

按照規定，掩埋之前務必要做好地質勘察，確保掩埋處和地下水層保持四到六公尺的距離，而且開挖不宜過深，挖好的土坑還得在壁面和底部鋪上聚乙烯材質的塑膠膜。只不過一如既往，規定是一回事，實際執行又是另外一回事。哪有什麼地質勘查，往往都是長官隨手一指：「挖這裡。」怪手駕駛就直接挖下去。若是問起：「挖多深了？」駕駛便回答：「我哪知道！看到水冒出來我就停了。」根本是直搗地下水層……

有人說人民聖潔，政府萬惡……我待一會兒再跟您談談對於這個說法，對於人民和我自己，我有什麼看法……

到克拉斯諾波利亞區（就是我先前說過汙染最嚴重的那個地區）出差是規模最龐大的一次。同樣地，我們依照指示，每隔一段距離挖掘兩道犁溝，以防雨水將放射性同位素從草原沖刷進河川。至於我負責的工作則是沿著每一條小溪檢測輻射劑量。到區中心還有公車可以搭乘，比較遠的地方就只能開車。我去拜會區執行委員會主任時，見他雙手抱頭坐在自己的辦公室，生產計畫還掛在牆上，輪作規劃也沒有任何異動。人人都曉得豌豆和其他豆類作物一樣最容易吸收輻射，而且當地的劑量隨處可達，甚至超過四十居禮，但大家仍然繼續種植。主任完全沒有心情理會我，因為原本在幼兒園工作的廚師和護士逃的逃，跑的跑，害得小孩無人照料，沒東西可以吃。如果有人要動手術，還得出動救護車，跑上六十公里的路程，走過顛簸得像洗衣板的崎嶇道路，把人送到隔壁區就醫。可是外科醫生都跑光了，哪還有什麼救護車啊！更別說挖兩道犁溝的事了，主任根本沒有心思理會我，於是我轉而找軍方幫忙。那些年輕的小夥子在災區已經半年了，個個都病得不輕。軍方派出一輛裝甲運輸車和一組班兵供我調度使用。噢不，不是裝甲運輸車，他們管那台車叫裝甲偵查巡邏車，上頭還配有機關槍。我很後悔當初沒在裝甲車上拍張照。又是浪漫主義的情懷在作祟。車上負責指揮的准尉時時刻刻和基地保持聯繫：「呼叫雄鷹！呼叫雄鷹！任務持續進行中。」我們就這樣一路行駛……道路和森林明明都是自家國土，我們卻得坐在戰車裡面。有些女人站在籬笆旁哭。她們上一次看見戰車是在偉大衛國戰爭期間，所以戰車的出現不免害她們提心吊膽，以為又有戰爭開打了。

根據指示，拖拉機挖犁溝時，駕駛座必須徹底密封並做好萬全的防護措施。我看到有一台拖拉機的駕駛座確實封得很密，可是駕駛自己卻躺在草地上休息。我說道：「您不要命了嗎？難道沒有人警告過您這樣很危險嗎？」他卻回答：「我這不是用棉襖把頭蓋住了嗎！」大家都沒弄清楚狀況，因為一直以來，政府訴諸恐懼，訓練民眾面對的是核戰，而非車諾比核災……

當地的景致風光美得令人驚豔。森林是古老的原生林，而非人造林。蜿蜒曲折的小溪水色如茶，清澈見底。青翠的草地更是綠油油一片。不時還可以聽見有人在林子中呼來喚去的聲音……可惜我們心裡清楚得很，不管是蘑菇或漿果都受到了汙染，碰不得，也吃不得。穿梭在榛樹上的松鼠完全不知情……

有個老奶奶碰到我們，問道：

「年輕人，我家自己擠的牛奶可以喝嗎？」

我們低頭不語。上級交代過，出差的目的是採集數據，不准和民眾密切往來。

准尉第一個開口：

「老奶奶，您今年多大年紀了？」

「已經八十幾歲了，可能還不止喔！我的身分證件在打仗的時候燒掉了。」

「那您放心喝吧！」

我尤其心疼鄉下的村民，車諾比核災並不是他們造的孽，他們和小孩都沒做錯事，卻要承擔一切的苦頭。農民承襲千百年前先民的生活方式，順應天時，仰賴自然，不強取，不豪奪……他們根本不明白出了什麼狀況，所以把科學家或讀書人說的話看作是像神父的教誨，聽了無不深信不疑，可是我們居然掛保證說：「沒事，不用擔心，吃飯前記得洗手就好了。」當下我還沒意識到，是過了幾年之後才了解，我們每個人都是……共犯……（靜默）

您絕對無法想像，本來應該是要送往管制區援助並嘉惠在地居民的咖啡、燉肉、火腿和柳丁，有多少給人用貨車一車一車偷運了出來。當時物資缺乏，不少當地攤商和檢測人員靠著幹這種勾當中飽私囊。各種貪腐行徑，或大或小，不一而足，原來人性比我想像的還要惡劣。其實我自己也沒好到哪裡去……我現在才看清自己……（沉思）我不否認……這對我來說意義重大……再舉個例子吧！一座集體農莊假設有五個彼此距離兩三公里的村子，三個「沒問題」，兩個「不乾淨」。只有兩個村子可以領「喪葬費」，另外三個不行。「沒問題」的村子蓋了畜牧場，據說會運來乾淨的草料，可是乾淨的草料要上哪找？大地沒有你我之分，這片草原的塵土風一吹就飄到另一片去了。蓋畜牧場需要過委員，而且還得取得相關文件。我也是委員之一。說真的，大家都知道不能簽，但終究還是簽了。我們的所作所為說白了就是違法犯紀！最後我只好找個託詞說服自己：沒有乾淨草料不是環境保護檢查員的職責，我只是個小角色，我能怎麼辦？

大家都各自找了個藉口和理由，我自己也試著這麼做……總的來說，我了解到人生的可怕往往自然而然就悄悄發生了……

——布盧克，環境保護檢查員

獨白：俄羅斯人總是需要有個可以相信的東西

您難道沒發現我們即使私底下也不談論這件事嗎？再過個幾十年、幾世紀，這一切都將蒙上神祕的色彩……這些地方只會留下不可考的神話與傳說……

我害怕下雨——這就是車諾比核災造成的。我害怕下雪，害怕森林。雲我會怕，風我也怕……沒錯！颱風時我會不自覺地想：這風是從哪裡吹過來的？是不是夾帶了什麼東西？我這話說的不是什麼抽象概念，也不是邏輯推論，純粹是我個人的感受罷了。我們一家深受車諾比核災所苦……尤其是我心愛的兒子……他正好出生於一九八六年的春天，如今得天天和病魔搏鬥。動物知道什麼時候能生，能生多少，就連蟑螂也不例外，但人沒辦法，造物主並未賜予我們預知的天賦。前不久報紙刊出一篇報導，一九九三年光是在我們白俄羅斯境內，墮胎數目就高達二十萬。車諾比核災是主因。我們現在過著提心吊膽的日子……大自然彷彿潛伏著伺機反撲。若是查拉圖斯特拉[5]碰上這種情況，肯定會喟然而嘆：「哀哉！光陰何往矣？」

我反覆思考了許多，試圖尋索意義和答案……車諾比核災可以說是動搖俄羅斯人民族心理的一場浩劫。您想過這個問題嗎？有人寫道：炸毀的並不是反應爐，而是整個固有的價值體系。這論點我當然同意，但這樣的解釋我總覺得仍有不足之處……

恰達耶夫[6]第一個指出，我們的問題在於仇視進步、反對科技與工具的態度。換作是我，想法也是一樣的。您看看歐洲，自從文藝復興時期開始，人家的世界觀就以善用工具與理性思維為核心。這點體現在人民對於匠師與工具的尊重。列斯科夫有一則著名的短篇小說《鋼鐵性格》。講的是什麼？講的就是俄羅斯人馬虎草率的個性。這是探討俄羅斯時不可忽略的重點。德國人仰仗工具和機械。那我們……我們呢？要匡亂反正，行事卻又任性妄為。不管去哪裡，比方說基日島好了，您會聽到什麼？您會聽到導遊神氣地讚嘆，島上的教堂在建造的時候全靠斧頭，沒用到半根釘子！與其鋪一條經久耐用的道路，我們寧可著眼在巧奪天工的細活上——就算馬車半路陷入泥淖也無所謂，至少我們坐擁稀世珍寶。再者……我認為……是的！這是我們在十月革命之後一躍超前，迅速工業化的報應……同樣地，西方國家在紡織工業發展的年代，人和機械同時進步，一起改變，遂而逐漸意識到何謂科技，以及如何從科技的角度去思考。反觀自己，我們的農夫在自家庭院幹活，除了雙手之外，用的是什麼？到現在用的仍然是斧頭、釤鐮和刀子。單憑這些料理一切大小事務。嗯，還有鏟子。俄羅斯人又是怎麼對待機械的呢？開口閉口都是髒話，不然就是捶啊踹的。對機械，我們不只不喜歡，根本是痛恨、瞧不起。說穿了，我們壓根兒就不了解自己操作的是什麼東西，也不清楚這玩意兒的能耐有多大。我不知道在哪個地方讀到，據說核電廠的工作人員經常戲稱反應爐是湯鍋、茶炊、煤油爐、火盆。這就跟「我們拿太陽來煎蛋吧」一樣，是一種傲慢無知的表現！車諾比核電廠的員工有不少是鄉下人，他們白天在反應爐工作，下班便捲起袖子整理菜園，或是回隔壁村的爸媽家裡，拿起鏟子幫忙種馬鈴薯，舉起草叉澆灑糞肥……收成作物同樣全憑雙手……他們的意識中存在著石器時代與原子時代的時間斷層，而人就像鐘擺一樣不斷來回徘徊於兩者之間。您試想一個畫面：火車奔馳在出色的鐵路工程師所打造的鐵道上，但列車駕駛卻是古代的馬車夫。俄羅斯一直以來就是遊走在原子與鏟子兩種文化中間。科技講求條理？對國人而言，那是一種壓迫……就像被銬上足枷、套上鎖鏈一樣。我們人民的感性勝過理性，天生放蕩不羈，追求的不是自由，而是恣意的生活。對我們來說，條理是壓制的手段。我們的懵然無知有個特別的地方，和東方人的愚昧頗為相似……

我是歷史學家……以前曾經做過不少語言學和語言哲學的研究。我們用語言思考，語言也會因為我們而思考。我生長在一個知識份子家庭（曾祖夫是神父，父親是聖彼得堡大學的教授）。十八歲那年——或許是在更早之前——我開始閱讀地下刊物，接觸沙拉莫夫和索忍尼辛的作品。那時候我才突然明白，勞改營的文化深深影響著我和我們整條街上每個孩子的童年。我小時候使用的詞彙全是流行於囚犯之間的黑話。對於還是青少年的我們，把父親叫做「老猴」，把母親叫做「老查某」是再自然不過的事情了。九歲的時候我還學會一句：「惡馬惡人騎，臭……屄拄著大鳥俠。」對！講話就是這麼沒教養。甚至連遊戲、順口溜和謎語也是黑話連篇。因為囚犯並不是關在遠不可及的監獄裡，而是和我們生活緊密相連的一部分。阿赫瑪托娃[7]曾寫過這麼一句話：「半個國家的人慘遭監禁，半個國家的人難逃囹圄。」我想這種深植在我們內心的勞改營意識勢必會和文化、文明，還有同步相位加速器產生衝突……

當然……無可否認的……在蘇聯時代特有的異教信仰濡化下，我們相信人是主宰，是萬物之首，有權對這個世界為所欲為。套一句蘇聯生物學家米丘林的話：「我們不能被動等著大自然施予恩惠，我們應當主動取用才是。」於是，我們試圖將人民欠缺的素質強加在他們身上，甚至懷抱著世界革命的春秋大夢，妄想改造人類和環境，改造一切。對！布爾什維克有一句著名的口號：「我們要用鐵腕將人類推向幸福！」這句話凸顯的是一種施暴者的心理，以及不合時宜的唯物主義思想，同時也是對歷史和自然的挑戰。這種事情會不斷重演……一個烏托邦幻滅後，取而代之的是另一個烏托邦。如今，人人突然開始把神掛在嘴邊，一邊談神，一邊談市場。可是在古拉格，在一九三七年大恐怖時期的監牢裡，在一九四八年抨擊世界主義的黨員大會上，在赫魯雪夫強拆教堂時，為什麼就沒有人去尋求神的庇佑呢？在當今這個世道，俄羅斯的尋神運動背後滿是詭詐與虛偽——一手轟炸車臣的民房，屠殺平民百姓，一手拿著蠟燭在教堂禱告……我們只會來硬的。我們寧可選擇AK突擊步槍，也不願意好好溝通。俄羅斯的坦克手因戰火被燒死在格羅茲尼，他們的屍首和遺物讓人用鏟子和草叉堆疊在一起……總統和將軍一得知，隨即為他們的遭遇祈禱……這畫面在電視上轉播，全國國人都看到了……

我們需要的是什麼？其實也就是一個答案罷了：俄羅斯是否有辦法像二戰後的日本和德國一樣，通盤檢討自己過去的作為？我們是否有足夠的勇氣接受思想轉變？然而，這些問題沒有人願意談，大家只關心市場脈動、國有財產私有化的有價證券及支票……我們再度為了生計拖磨，將所有精力都投注在這些事情上……人丟失了靈魂，又一次陷入孤獨的絕境……如果我們的生命就像點火柴一樣轉眼即逝，那麼這一切、您寫的書，還有我那些漫漫無眠的黑夜又是為了什麼呢？答案也許不止一個。我們當然可以用蒙昧未開的宿命論來解釋，不過答案也可能更為深遠複雜。俄羅斯人總是需要有個可以信仰的東西，以前是鐵路、青蛙（就像屠格涅夫的小說《父與子》中的巴札洛夫）、拜占庭制度、原子……現在則是市場經濟……

蘇聯作家布爾加科夫在《偽君子的奴役》這齣戲劇中寫道：「我造了一輩子的孽。我是個戲子。」作家意識到了藝術的罪孽，以及其本質上窺視他人生活這種違道悖德的特性，然而窺視正如同感染者的血清，得以用來接種他人的經驗。車諾比核災是杜斯妥也夫斯基式的議題，讓我們可以從中試著論辯人類的無辜。也許根本沒這麼複雜，也許我們只要躡著腳，走到世界的門邊停下來，好好讚嘆一番世界的美妙，然後乖乖安身立命就好了……

——雷瓦里斯基，歷史學家

獨白：無力抵禦大時代的渺小人生

不要問……我不想……我不想談這件事……（態度冷淡，沉默不語）

沒關係，我可以跟您談，我想求個水落石出……如果您肯幫我的話……您不需要可憐我，也不用安慰我，算我拜託您了！真的不用！不……我們不能就這樣白白承受折磨，但我們又沒辦法思考這麼多。沒辦法！根本沒辦法啊！（失控尖叫）我們再度被隔離起來了，我們再度被關入集中營……一個名為車諾比的集中營……群眾在集會場合放聲吶喊，高舉標語。新聞報導說：車諾比核災擊垮了蘇聯這座帝國，祛除了共產主義這場惡疾，讓我們不需要再為了追求功勳而自殺式地犧牲生命，也讓我們免於恐怖思想的荼毒……我知道……「功勳」這個詞是政府給我這樣的人創造出來的……我從小聽著這類的詞，看著這樣的人長大，這就是我生活的全部。當這一切煙消雲散，當這樣的日子消失不再，我還能靠什麼支撐下去？我還可以怎樣獲得救贖？我們不能這樣白白承受折磨。（沉默）我只知道我再也不可能擁有幸福了……

他從那裡回來之後……好幾年的時間整個人活像一具行屍走肉……他反反覆覆對我描述那裡發生的事情，他的話我都記在心裡……

村子裡有一灘紅色水窪，鵝和鴨看到都會繞過它。幾個毛頭阿兵哥卻光著腳丫，打著赤膊，躺在草地上做日光浴。「你們這群小鬼快起來，你們這樣會死人的！」他們聽了只是一笑置之。

許多村民驅車離開家園，路上的士兵用車子有輻射汙染作為理由，命令他們下車，並將車子拖到一個特別挖好的土坑裡頭棄置。小老百姓當下雖然束手無策，只能直掉眼淚，但到了晚上又偷偷跑回來把車子給挖了出來……

「妮娜，幸好你為我生下兩個孩子……」

醫生告訴我，他的心臟、腎臟和肝臟腫脹，比以前大上一半。

有一晚他問我：「你不怕我嗎？」他開始擔心我們的接觸過於親密。

我沒多問，他的感受我可以心領神會……我想問您……我想說的是……我總覺得……想必之後我會因為無力承受而不願追究這些事情。我非常討厭回想過去！真的很討厭！（再度失控尖叫）我曾經……曾經羨慕那些英雄人物，羨慕那些參與過歷史大事，見證過時代巨變的人。談起這些人，我們總是眉飛色舞。有不少蕩氣迴腸的歌曲都是為了稱頌他們。（哼起歌來）「雛鷹啊……雛鷹啊……」我不記得歌詞了……超越雙翼，向上飛騰……似乎是這麼唱的？歌詞寫得真是棒極了！我以前恨不得自己能生在一九一七年或一九四一年，甚至還因為無法如願以償深感惋惜……現在我改變想法了——我不想背負歷史的重擔活在一個意義非凡的年代，渺小的我承受不起，因為重大歷史事件往前推進時，才不會注意到我，只會把我踐踏在腳底下。（沉思）我們死了之後，大家只會記得歷史要事……只會記得車諾比核災……誰來記得我的人生和我的愛情呢？

他反反覆覆對我描述那裡發生的事情，他的話我都記在心裡……

鴿子、麻雀和鸛鳥牠們……有一隻鸛鳥在草原上向前衝刺了好幾次，想要飛卻飛不起來。還有一隻麻雀不死心地蹬著地，可是無論多麼努力，仍然飛不過籬笆。

人走了，只剩下相片孤伶伶守著空屋……

車子行駛過廢棄的村子時，他們碰見一對老公公和老婆婆坐在屋前的階梯上，一群刺蝟像小雞一樣在他們身邊跑來跑去，看起來像極了童話故事裡才會出現的場景。走在無人的村子，靜悄悄的，彷彿置身森林。刺蝟不像以前那樣怕人，現在反而會大膽跟人討牛奶喝。留在村裡的人說，有時候還可以見到狐狸和駝鹿。弟兄之中有人忍不住說：「真想打獵！」「這怎麼行！這怎麼行呢！」老人家舉起手在空中揮舞著。「不准你們碰這些動物一根寒毛！牠們是我們的親人，現在大家都是一家人。」

他知道自己難逃一死……每天只是拖著最後一口氣活著……於是他下定決心，剩下的人生要好好把握朋友和心愛的人。他領的撫恤金相當微薄，所以我兼了兩份工作貼補家用，但他要求我：「把車子賣了吧！雖然不是新車，不過至少可以換點錢。你就待在家，讓我多看看你。」他邀朋友到家裡來……公公婆婆也搬來和我們一起住……那裡的日子讓他對生命有了一番新的體悟，連說的話也不一樣了……

「妮娜，幸好你為我生下一男一女……」

我問他：

「你有想過我和孩子嗎？你人在那邊的時候想過什麼？」

「我看過一個小男孩，他是在核電廠爆炸後兩個月出生的，他爸媽給他取名叫做安東，但大家都叫他原子小子。」

「你有想過……」

「那裡的每一個人都好可憐，連蚊子和麻雀也是。像是蒼蠅、黃蜂、蟑螂，雖然會飛，會螯人，會四處亂爬，但是……」

「你……」

「小朋友畫的車諾比……樹根是往天空長，河水不是紅就是黃。畫完之後，他們自己看著都難過地哭了。」

不過他的朋友……他的朋友卻跟我說，他們在那裡過得多有趣，多快活。他說他們不只唸詩，還會和著吉他唱歌。去幫忙的都是頂尖的工程師和科學家，是莫斯科和聖彼得堡的菁英份子，平時常常會聚在一起討論思辨……普加喬娃曾經在草原上演唱，慰勞他們的辛勞。她說：「如果你們整夜不睡，我就為你們唱到天亮。」她稱呼他們為英雄……他這個朋友是第一個離開人世的……他在自己女兒的喜宴上本來還載歌載舞，和賓客有說有笑，沒想到舉起酒杯正準備致詞那一刻竟然應聲倒下……我們的男人一個接著一個走了，跟在戰場上沒什麼兩樣，只是這回他們都是死在安穩的生活中。我不想……我不想再重提這些往事！（摀住雙眼，默默搖頭）我不想再說了……我先生的死太可怕了，我無法理解……

「妮娜，幸好你為我生下一男一女，至少他們會繼續陪你……」

（繼續往下說）

我自己也不知道我想弄清楚什麼事情……（偷偷笑了）我先生的朋友曾經向我提過婚事……其實在大學時期他曾追過我，不過後來娶了我朋友當老婆。他們夫妻在一起沒多久就離婚了，也許不適合吧！他捧著花來求婚時對我說：「我保證讓你過著王后般的生活。」他是一家店的老闆，在城裡有一間豪華公寓，城外還有一棟鄉間別墅……但我拒絕了……他惱羞成怒：「都五年了……你還忘不了你那個英雄老公啊！哈哈……守你的紀念碑吧……」（放聲尖叫）我把他轟出門！叫他滾出去！他衝著我罵：「你這個笨女人！你就靠老師那點薪水，靠你那一百美金過活吧！」可我現在還不是活得好好的……（情緒平復後）核災霸占了我的人生，卻也開闊了我的心靈……雖然心會痛，但這是一把寶貴的鑰匙……痛過之後才知道有話就要說，要好好說。只有以前相愛的時候，我才說得出這樣的話……至於現在……要是我不相信他人在天上，怎麼可能撐得過來呢？

他說過的事情我都記在心裡……（樣子像是出了神）

空氣中籠罩著濃濃的塵土……草原上拖拉機翻耕土地，女人家手拿草叉忙得不可開交，放射劑量計嗶嗶作響的聲音此起彼落……

沒有了人，時間過的速度也不同了……像回到小時候那樣，白天變得好長好長……

樹葉不能燒……所以都掩埋了……

不能讓我們這樣白白承受折磨。（掉著眼淚）熟悉的漂亮話沒了，勳章也不給了。以前他得到的勳章現在還擺在家裡的衣櫃裡……那是他留給我們的遺物……

我只知道我再也不可能擁有幸福了……

——妮娜，善後人員遺孀

獨白：我們都曾鍾情物理學

我就是您要找的人……您沒找錯人……

打從年少時期，我就習慣將每一件事記錄下來，比方說史達林逝世時，街上的情況和報紙刊登的報導等等。車諾比核災我也是從事發的第一天開始記錄，因為我知道時間一久，很多事情大家淡忘之後就再也想不起來了。事實證明確實如此。我身邊從事核物理學工作的友人雖然曾經親身經歷事件始末，卻都已經忘記當時的感受，也忘了和我談論過的話。幸好我都有記下來……

我原本在白俄羅斯科學院的核能研究所實驗室當主任。我們研究所在市郊的森林裡。事發那天我出門上班，春意盎然，天氣好得不得了！我打開窗戶，清新的空氣沁人心脾。不過有件事讓我頗為意外——去年冬天我每天都會在窗外掛一小塊臘腸餵食山雀，牠們也習慣過來覓食，那天不知道為什麼卻不見蹤影，我還納悶：牠們跑哪去了？

就在那個時候，所內的反應爐傳來一陣驚慌，因為放射劑量測量儀器顯示機房內的放射性增強，空氣濾清器那邊飆升兩百倍，出入口附近的劑量達到每小時將近三毫侖琴。事態相當嚴重。即使是在具有輻射風險的場所工作，如此高的劑量已經是容許上限，人在這樣的環境不能待超過六小時。同事和我直覺推測，應該是放射性區域其中一個釋熱元件的護套出現漏縫。然而，實際檢查後，結果一切正常，毫無異狀。於是我們猜想，說不定是儲存容器從放射化學實驗室運送過來的路上，不小心因為晃動造成內部護套破損，才會導致輻射外洩。我們試著將柏油路上遭到汙染的地方沖洗乾淨。可是到底發生了什麼事？這時對內廣播公告，建議所有同仁留在室內不要外出。大樓和大樓之間變得空蕩蕩的，不見半個人影。氣氛詭譎異常，怪嚇人的。

放射計量師把我的辦公室檢查了一遍，桌子、衣服、牆壁全都驗出放射線……我乾脆站起身來，連椅子也不想坐了。我到洗手台洗完頭再用放射劑量計量一次，輻射量降低的事實就擺在眼前。難不成真的是我們所裡出了什麼重大事故？是輻射外洩嗎？如果是的話，現在要怎麼做才能替載我們下班回家的巴士和同事除汙呢？真的讓人相當傷腦筋……所內的反應爐一直是我的驕傲，它的每一分每一寸我都研究得瞭如指掌……

我們打電話到附近的伊格納利納核電廠，他們的測量儀器也同樣叫個不停，廠內也一樣騷動不安。後來打給車諾比核電廠時……試了每一支電話號碼，但都無人接聽……到了中午我們才得知，整個明斯克上空籠罩著放射性雲。依我們判斷，那是放射性碘，想必是哪一個反應爐發生了意外事故……

我的第一個反應是趕緊打電話回家警告老婆，可是我們所內所有電話都受到監聽。唉，這種恐懼幾十年來深深烙在我們心中，永遠都擺脫不了！不過話說回來，聽的人也不知道出了什麼事情……通常女兒從音樂學院下課後，會和朋友到市區逛街吃冰。到底要不要打呢？要是打了，可能會面臨一些倒楣事，而且以後我就不能參與祕密計畫了……最後我還是忍不住拿起了話筒：

「你仔細聽我說。」

「你說什麼？」老婆沒聽清楚，扯著嗓門反問。

「小聲點！快去把氣窗關上，食物統統用聚乙烯塑膠袋包起來，戴上橡膠手套把家裡能擦的都用濕抹布擦過一遍。抹布用完也裝到袋子裡面，丟得愈遠愈好。陽台上晾乾的衣服重新再洗一次，不要去買麵包，街上賣的甜點絕對不要碰……」

「你們那裡發生了什麼事？」

「小聲點！去倒一杯水加兩滴碘液喝下去，頭記得用水沖洗乾淨……」

「什麼……」我沒讓老婆把話說完便掛上電話。她一樣在我們研究所上班，應該聽得懂我的意思。如果國家安全委員會的人真的在監聽我的通話內容，大概會為了自己和家人把我說的救命良言抄下來。

下午三點半傳來消息，出事的原來是車諾比核電廠的反應爐……

晚上下班回明斯克的公務巴士上，大家在半小時的車程中不是不說話，就是閒扯淡，沒人敢提發生的事情，畢竟還是會顧慮黨籍去留的問題……

回到家，我看見門外擺了一條濕答答的抹布，看樣子我說的話老婆都聽懂了。走進家門，我在玄關脫下身上的西裝和襯衫，只剩內褲。霎時間一股怒氣直衝腦門……我心想：去他的機密！老子才不怕！接著便拿起市話電話簿，還有老婆和女兒的私人通訊錄，開始按名單一個一個聯絡。我先介紹自己是核能研究所的職員，通知他們在明斯克上空出現放射性雲……隨後逐項說明應當採取的措施，包括用肥皂洗頭、關閉氣窗、每三到四個小時用濕抹布擦一次地板、重新洗滌陽台上晾掛的衣物、服用碘液等，我連正確的服用方法也說了……大家的反應不外乎「謝謝」兩個字，沒追問細節，也沒受到驚嚇。我猜想他們若不是不相信我，就是這起事故的嚴重性大得讓他們無法承受。竟然沒有人害怕，這結果太叫人意外了！

晚上有個朋友打電話過來，一個核物理學博士……到現在我們才明白以前過得有多安逸，信念有多堅定……他在電話中順帶提到，打算在五一假期時回戈梅利州拜訪岳父岳母。我心想：那裡距離車諾比不是只有咫尺之遙嗎？他竟然還要帶小孩一起去。「這主意還真棒喔！」我大吼。「你腦袋壞了不成！」我破口大罵，批的是他的專業能力和我們的信念。他大概不記得我救了他孩子一命吧……（喘了口氣後接著說）

我們……我說的我們是指每一個人……我們不是忘記發生過車諾比核災，而是我們根本不了解核災是怎麼一回事。野蠻人哪裡會知道閃電是什麼東西？

亞當莫維奇在散文集中寫到自己和薩哈洛夫談論核彈的對話……「您知道核爆後空氣中瀰漫著臭氧的味道聞起來有多舒爽暢快嗎？」蘇聯氫彈之父薩哈洛夫院士如此對他說道。這句話帶有一種屬於我們那一代的浪漫情懷……不好意思，看您的表情……您似乎覺得我們以震天駭地為樂，而不認為我們是在為人類的才能感到開心……核能受人唾棄，落得罵名，是現在的事。在我們那個年代……一九四五年原子彈轟炸日本，我還是個十七歲的少年，喜歡天馬行空，憧憬著有一天能造訪其他星球，深信核能可以幫助我們飛上太空。進入莫斯科動力學院就讀後，我得知有一個極為機密的科系叫做物理動力學系。五〇到六〇年代……核物理學家是社會上的菁英……只要談到未來，人人臉上都會流露出雀躍的神情……念人文的則退居次位，相對不受重視……我們中學有位老師曾說，三個戈比的硬幣所含的能量足以維持一座發電廠的運作，這話聽得我驚嘆不已！我曾一度著迷於美國物理學家史邁斯的書[8]，原子彈的發明、測試及引爆等細節在書中都交代得一清二楚。反觀國內卻隱匿一切相關資訊。我常抱著書一邊讀，一邊想像……以前有一部電影叫《一年中的九天》，講的是蘇聯原子能專家的故事，上映時票房熱賣，佳評如潮。優渥的薪資加上不對外透露的神祕性質，使得從事原子能工作增添了一份浪漫色彩。當時社會大眾對物理學可說是推崇備至，那是物理學鼎盛的黃金年代，車諾比核電廠爆炸也撼動不了它的地位……我們就是遲遲不肯放下這種崇拜心理……科學家接到指示後，搭上專機前往反應爐勘查。雖然事先通知過他們核電廠發生爆炸，但很多人以為只是去幾個小時，就幾個小時而已，所以連刮鬍工具都沒帶。他們相信自己所知道的物理學絕對不會有問題，他們和那個世代的人都是如此堅信不疑，然而物理學的時代隨著車諾比那場意外畫下了句點……

你們現在這一代看待世界的觀點已經大不相同了……列昂切夫是我非常欣賞的哲學家，不久之前我在他的書中讀到這樣一個論點：物理化學的沉淪終將促使宇宙意識干預俗世事務。在史達林時代長大的我們沒有辦法接受什麼超自然力量或是平行世界的想法……《聖經》我也是後來才讀的……我和同一個女人結過兩次婚，我們雖然離過婚，可是重逢之後又再一起了……這麼神奇的事有誰可以解釋？人生就是充滿驚奇，任誰也捉摸不透！現在我相信……相信什麼呢？相信三維世界對現代人來說是不夠的……為什麼當今社會對另一個現實和新興的知識抱有如此濃厚的興趣？因為人類可以離開地球探索太空……有能力利用不同的時間範疇，甚至涉足地球以外的世界……世界末日、核冬天在西方的文學、繪畫、電影等藝術領域中都不是陌生的題材……人家他們不斷在為將來做準備……打從十八世紀工業革命開始，「世人」所想像的世界末日就是：大規模核武引爆，大地陷入一片火海，大氣層中煙霧密布，陽光無法穿透，一連串的連鎖反應導致氣溫下降，愈來愈寒冷。不過即使銷毀了所有的彈頭，原子彈也不會因此絕跡，相關的知識仍然會繼續留存下去……

我一直和您爭論，而您卻不說話……我和您的論辯是兩個世代的對話……您沒發現嗎？原子的歷史除了軍事機密和災禍，還有我們的青春歲月和信仰……可是如今呢？如今我感覺到，主宰世界的寶座易主了，就算我們有砲彈和太空船也不過是小巫見大巫。這點我還不是那麼確定……沒把握說得準……畢竟人生有太多出人意表的事情了！物理曾經是我的最愛，我甚至認定畢生志業非物理不可。然而現在我想做的是寫作，譬如為文探討為什麼科學不是人（溫順和氣的人）做得來的，因為這種性格有礙科學發展，凡夫俗子瑣碎無謂的問題太多了；或是談談幾個物理學家如何翻轉全世界，談談物理學和數學這種新形態的獨裁霸權……這是我人生的另一條路……

手術之前……我就知道自己罹患癌症……我原本以為沒剩多少天可以活了，可是我一點也不想死。忽然之間，每一片葉子、絢爛的花朵、澄澈的藍天和灰亮亮的柏油路吸引了我的目光。看見螞蟻魚貫穿梭在路上的裂縫中，我心裡會想：不可以啊！不能進去。我心疼那些小螞蟻，我不希望牠們死去。每次聞到森林的味道總是迷得我如癡如醉……氣味對於感官的刺激遠勝於色彩。枝細葉疏的白樺，繁茂濃密的雲杉……這些以後我都看不到了嗎？如果可以，就算只能多活一分一秒也好！我以前為什麼要浪費那麼多時間在電視和報紙上？人最重要的莫過於生和死，這點無庸置疑……

我悟出了一個道理：只有活著……我們人只有活著才有意義……

——鮑里歇維奇，前白俄羅斯科學院核能研究所實驗室主任

獨白：科雷馬勞改營、奧斯威辛集中營和猶太人大屠殺猶有不及

我心裡累積的感觸太多了，不說出來不行……

起初，內心百感交集……我記得最深刻的感受有兩種：一個是恐懼，另一個是委屈。事情都發生了，卻沒有半點消息。政府避而不談，醫生也三緘其口，我們什麼答案都得不到。區級單位等待州級單位指示，州級單位等待明斯克指示，而明斯克又要等莫斯科指示。一個層級扣著一個層級，有如一條長長的鎖鏈……根本沒人來保護我們。當時最切身的感受就是這樣。遠在萬里之外的戈巴契夫和其他人……才兩三個人就掌握了我們上百萬人的命運，而且幾個人就能夠奪走大家的性命……他們不是什麼策動恐怖攻擊的神經病或罪犯，只不過是在核電廠值班，可能也沒什麼壞心眼的普通操作員。在體認到這點的時候，我驚駭不已。我發現……我了解到，跟車諾比核災相比，科雷馬勞改營、奧斯威辛集中營和猶太人大屠殺可說是猶有不及……我這樣說您清楚嗎？光憑斧頭和弓，或是火箭筒和毒氣室，並不會導致生物全數滅亡，然而原子卻會讓全世界身陷險境……

我不是哲學家，所以我就不談高深的道理，我只想跟您分享我記得的事情……

一開始那段時間，人心惶惶。有的人狂掃各家藥房，買下大量碘片和碘液；有的人不再上市場買牛奶和肉品，尤其是牛肉。那陣子我們家盡量不省吃儉用，為了避免買到黑心貨，買臘腸寧可多花點錢挑價位比較高的。不過沒多久我們卻得知，反而是高價的臘腸才會摻雜受到汙染的肉。據說賣得貴，消費者才不會買太多，相對地吃得也就少了。我們的生活危機四伏，防

不勝防。這些想必您都已經知道了。我想跟您談點別的，我想談談我們這個生於蘇聯的世代。

我的朋友不是醫生就是老師，都是地方上的知識份子，我們自成一個小圈子。有一天大家到我家聚會喝咖啡，有兩位是和我相當親近的好友，其中一個是醫生。這兩位各自有小孩。

第一個說道：

「我明天要帶小孩回娘家，要是他們生病了，我絕對無法原諒自己。」

第二個回道：

「報紙說再過幾天就沒事了，那邊有我們的軍隊在，而且連直升機、裝甲車也出動了。廣播說啊……」

第一個接著說：

「我建議你也把孩子帶離開這裡，讓他們躲好。發生這種事情……比戰爭還可怕……我們甚至無法想像到底是怎麼一回事！」

不料兩人說著說著，聲音愈拉愈高，最後竟然吵了起來，互相指責對方：

「你做母親的本能去哪啦？你實在是太盲目了！」

「你這個叛徒！要是每個人都像你一樣，我們會淪落到什麼樣的下場？我們還有可能打贏戰爭嗎？」

兩個年輕貌美、一心護子的女人吵得不可開交。這情況似曾相識……

當時包含我在內，在場的每個人都覺得，是第一個人把大家搞得惶恐不安，心神不寧，她的一番話讓我們對原本信任的一切起了疑慮。我們應該要耐心等待政府告訴我們該怎麼做，不過她是個醫生，懂得比較多：「沒有人能保護我們的孩子！又沒有人威脅你們不是嗎？你們實在太懦弱了！」

當下我們真的很瞧不起她，甚至到了憎惡的地步，因為她破壞了我們一整晚的興致。我這麼說還清楚吧？其實不光是政府欺騙我們，連我們自己潛意識裡也在自欺欺人……現在我們當然不會承認有這種事，所以才會選擇責怪戈巴契夫，咒罵共產主義份子……我們把過錯都推到他們身上，認為自己只是無辜犧牲的善良老百姓。

隔天她離開了，而我們則是幫小孩打扮得漂漂亮亮，帶他們上街參加五一遊行。我們有權決定去或不去，沒有人強迫或要求我們，可是在我們心中，參加遊行是人民的義務，不去怎麼行呢！尤其那種時候，那樣的日子……所有人更應該團結在一起……當天不少民眾湧上街頭，加入遊行人潮……

講台上第一書記身旁各個區委員會的書記一字排開，第一書記的小女兒則是站在醒目之處，讓大家都能看見她。她那天穿著一件長版大衣，戴著一頂小圓帽。雖然是個大晴天，她卻另外套了件軍用的斗篷式雨衣。他們站在那裡……我還記得那個畫面……「受汙染」的不只是土地，還有我們的心智，而且毒害之深，一時半刻是難以根治的。

這些年來，我的改變比起前半輩子的四十年來得多。我們被關在管制區，無法搬遷，宛如古拉格的囚犯……只不過這裡是車諾比版的古拉格……我現在是一間兒童圖書館的館員。小朋友都很期待我們能跟他們聊聊，既然躲不了核災造成的傷害，在別無選擇的情況下，如何學會在這樣的環境底下生存，特別是高年級的學生常會問：找不到相關的書籍和電影，也沒聽過這類主題的童話或神話故事，我們要怎麼學？又該要去哪裡學？我只能夠用愛教導他們，希望愛的力量可以幫助我們克服恐懼。我告訴孩子：我愛我們的村莊、我們的小河和森林……以及這裡的一切……在我心中，這些是最珍貴的。我說的都是實話。我用愛教導孩子。我說的您懂嗎？

身為一名教師有時反而是一種阻礙……我說話、寫作總是喜歡稍微舞文弄墨，甚至會流露出不合時宜的慷慨情懷。我還是來回答您的問題吧！為什麼我們如此無助？為什麼我如此無助……因為我們的文化只有核災前那一套，災後並未發展出新的文化。我們的生活充斥著戰爭思想、社會主義垮台帶來的衝擊與對未來的徬徨不安，然而新的觀念、目標和思維卻付之闕如。有人會問：作家和哲學家都去哪了呢？要知道，我們的知識份子曾經比誰都要殷殷期盼並努力追求自由，而今卻遭到社會遺棄，淪為低賤貧窮的族群，這點我就不提了。現在我們成了懷才不遇的無用之人。我甚至連需要用的書也買不起，書可是我的命啊！正因為生活環境今非昔比，所以我……我們……才更需要多多閱讀近年來出版的新書，誰知道我們竟被排除在社會之外，這叫人如何接受！我總是有個疑問：為什麼會這樣呢？我們的工作誰來做？教小孩這種事光靠電視是行不通的，還是需要有老師來才可以，不過這是另一個議題了……

我重提這些陳年往事，是為了讓世人知道那段日子的真相，以及我們的感受，同時也是要提醒自己，別忘了我們的人和生活已經不一樣了……

——波梁斯卡雅，村裡的教師

獨白：自由與死得像個普通人的心願

那是段自由的日子……那裡讓我感覺到自己是自由的……

您很意外嗎？我看得出來，您一臉訝異……這種事情只有打過仗的人才懂。那些曾經衝鋒陷陣的男人往往幾杯黃湯下肚就會開始憶當年，從他們的談話中我聽得出來，一直到現在他們仍然懷念戰場上的自由和激奮高昂的氛圍。史達林曾下過令：不得退縮！要是膽敢違抗，督戰隊絕對讓你吃不完兜著走。這件事大家心裡清楚得很……不過都已經過去了……要是勇於奮戰，還守住一條命，就能拿到應有的一百克伏特加和黃花菸草……在戰場上隨時都可能被炸得粉身碎骨，命喪黃泉，不過如果你狡詐一點，騙過魔鬼、惡魔、准尉、營長和敵軍，或是一直祈禱去煩上帝，也許就能逃過一劫！反應爐我去過……人在那種地方和在陣地前線的壕溝沒什麼兩樣，雖然時時提心吊膽，卻又讓人感到自由自在，無拘無束……那種感覺在一般生活當中是無法理解，也無法體會的。您還記得嗎？一直以來我們接受的訓練都是在為未來的戰爭做準備，但我們的心其實還沒準備好去面對那一刻的到來，我就沒料到事情會發生得那麼突然……那天……我原本打算下班後帶老婆去看場電影……可是上班上到一半，兩個軍人來到工廠把我叫了過去：「柴油和汽油你分得出來嗎？」我問道：「要派我去哪裡？」他們回答：「還會去哪裡？當然是去車諾比當志願軍啊！」我的兵科是火箭燃料，屬於機密專長。他們也不管我身上只穿著一件背心內衣和T恤，就把我直接從工廠帶走，連我要回家一趟也不准。我拜託他們：「我必須先跟太太說一聲。」得到的回覆卻是：「我們自己會通知她。」包含我在內，巴士上大約有十五個人，全是後備軍官。我很欣賞這幾個兄弟，要他們去就去，要他們上就上……一到反應爐，他們便爬上爐頂，毫不囉嗦……

疏散完畢的村莊旁邊設有瞭望台，在上頭守衛的士兵荷槍實彈，出入口架有遮斷杆，警示牌上寫著：「道路兩側遭輻射汙染，嚴禁進入或滯留。」樹木因為潑上了除汙專用的雪白液體，變得灰灰白白的。看到這樣的景象，我們都傻了！一開始我們不敢席地而坐，行動的時候不是用走的而是用跑的，只要有車子經過，立刻將口罩摀得緊緊的，值班結束就窩在帳篷中不肯出來。哈哈！可是過了幾個月……大家習以為常，便不覺得有什麼好擔心的了。我們採李子吃，也撒網捕魚。說到那裡的狗魚，真的是喔唷！還有歐鯿也很不錯，我們會把牠們曬乾當作下酒菜。這些您大概都聽說了吧？我們平常也會踢球、戲水！哈哈……（又笑了出來）沒有人不相信命運這種東西，在內心深處我們都是聽天由命的宿命論者，不像藥劑師那樣奉行理性主義，這正是斯拉夫民族的心理特質……我相信自己的命運早有定數！哈哈！二級殘廢……我沒撐多久就生病了，都是該死的「輻射病」害的……這種事不用想也知道……發病之前，醫院可是完全沒有我的病歷資料喔！算了啦！反正又不是只有我這樣……我們的民族心理就是如此……

我的身分是士兵，封鎖別人的家，進入別人的住處，這些事情我都做過。那種感覺……就像在監視其他人一樣……土地不能坐……門戶緊閉，屋子也上了鎖，但母牛依然不斷用頭碰撞籬笆門，奶水滴滴答答落在地上……那種感覺啊！在還沒遷離的村子裡，農民靠著釀製私酒賺取生活費。釀好的酒都是賣給我們的。我們領的是三倍工資，差旅日支額拿的也是三倍，口袋深得很。不過後來上面下了一道命令，說是誰喝了酒就必須留下來多服一段役期。喝伏特加到底有沒有幫助呢？嗯，至少心理上有吧……在那個地方任誰都會對這帖藥方的功效堅信不疑……這是理所當然的……農民的生活很簡單，除了播種、栽培、採收，其他的他們不會去干涉。沙皇掌權也好，換成第一書記或總統執政也罷，他們一點都不在乎……什麼太空船啊、核電廠啊，還是在首都發起的集會，他們才沒有閒工夫管那麼多。只不過他們不敢置信的是，世界居然一夜之間天翻地覆，讓他們的生活就此一百八十度大改變，永遠籠罩在車諾比的陰影底下……他們沒有因此離開，儘管很多人受到了衝擊病倒了，但他們不屈不撓，希望維持原有的生活方式。居民會偷偷去撿柴火，摘青番茄回家醃漬。如果醃漬失敗導致瓶蓋迸開，他們就重新煮沸消毒。怎麼能夠將這一切都鏟除、掩埋、當垃圾處理掉？可是我們恰恰就是在做這樣子的事。他們的辛勞付出讓我們一手抹滅，亙古不變的人生意義霎時化為烏有。對他們而言，我們是不共戴天的敵人……我奮不顧身衝向反應爐時，有人提醒我：「不用急。等到復員前最後一個月，所有人都得上去爐頂。」我們的役期一共是六個月，過了五個月，部隊重新部署，移師到了反應爐旁。有人開玩笑，有人一臉正經地說，我們的部隊就要爬過爐頂往前邁進了……就算五年、七年、十年之後我們兩腳一伸，掛了……那都是意料中的事……不知道為什麼我們很常用到「五」這個數字。這個習慣到底是打哪來的？一聽到「志願軍，前進！」，整個連隊不鼓譟也不慌張，乖乖向前挺進。指揮官前方有一面監視螢幕，開啟後可以看見反應爐頂的狀況——滿地的石墨碎片和熔爍的瀝青。「各位弟兄，你們都看到了，那邊一片狼藉，快去把它清乾淨。至於這邊，在這個地方我們要鑿一個洞。」依照指示，我們只能在上面待四五十秒，但那麼短促的時間根本不可能完成任務，至少需要個幾分鐘才夠。我們來回奔跑、傾倒。有的人負責裝填擔架，有的人負責將垃圾倒入堆滿瓦礫的坑洞中。倒的時候，照理是不能往下看的，但大家不管三七二十一，還是往下面瞄了幾眼。報紙寫說：「反應爐周邊空氣清淨。」我們看了都笑了出來，還忍不住罵了幾聲髒話。說什麼空氣清淨，我們輻射劑量都不知道吸收多少了。後來發下來的放射劑量計，一支上限五侖琴，才一拿到就超標了，另一支長得像自來水筆，上限一百侖琴，到幾個地方測過之後也超標了。聽人家說，如果五年內我們沒死，這五年都不能生小孩……哈哈！（大笑）真是什麼笑話都有……不過我們不鼓譟也不慌張。五年……從那時候到現在已經十年了……哈哈！（大笑）政府頒發獎狀表揚我們，我自己就拿了兩面……每一張上面不是馬克思、恩格斯、列寧的頭像，就是紅旗……某天，有一個弟兄消失不見，所有人都以為他逃兵。兩天後，他被人發現在樹叢中上吊自盡。大家心裡頭那種感受您應該能夠理解吧……事後政治副長公開發表談話，他告訴我們這位弟兄收到家裡寄來的信，得知老婆紅杏出牆。誰知道是真是假？再過一個禮拜我們就可以復員了，他卻死在樹叢裡……我們部隊有個廚師，他害怕到寧可睡倉庫，也不肯住帳篷。他在裝奶油和燉肉罐頭的箱子附近挖了一個坑，把床墊、枕頭搬過去，就這樣在地底下住了下來……後來來了一紙派令，要求組織一批新的人手上去爐頂。每個人都上去過了，但還是得找人啊！於是連他也被徵召了。才上去一趟，就落了個二級殘廢……他時常打電話給我，我們保持聯絡，彼此扶持……過去的事我們不會忘記，只要我們還活著，那些回憶就會一直都在。您就照寫吧……

報紙都在胡說八道……簡直鬼話連篇……鎖子甲、鉛襯衫、內褲都是我們自己動手修補，我從沒看見新聞報導過。部隊雖然發放了上鉛的橡膠長袍，我們還是自己想辦法去弄了一件鉛短褲……我們做這事其實都有人監視著……想也知道……在某個村子，曾經有人帶我們去兩間地下營運的娼樓……男人離鄉背井，整整六個月碰不到女人是會出事的。所有人都往那裡跑，找當地女孩子尋歡作樂，可是她們卻哭訴：「我們活不久了。」我們會在長褲外面另外套上鉛短褲……您就照我的話寫吧……我們常常說笑話排遣愁悶，我說個給您聽吧！美國製的機器人到爐頂出任務，五分鐘就掛了，日本製的機器人頂多撐九分鐘就很了不起了，俄國的竟然可以連續操兩個小時。結果指揮官用無線電指示：「列兵伊凡諾夫，可以下來抽菸休息了！」哈哈！

有一回，我們上反應爐之前，指揮官對著立正站好的部隊下達任務……有幾個弟兄不服：「我們已經上去過了，該是時候讓我們回家了。」以我來說，負責的雖然是燃料和汽油，一樣得上去爐頂幫忙。和那些抗命不從的人不同的是，我從不吭一聲，因為我自己也好奇，想上去看看現場情況。指揮官說道：「自願上爐頂的人再去，其他人現在出列，我們請檢察官跟你們談談。」這幾個弟兄在原地互相商量了一下，最後還是點頭同意了。我宣誓過，也單膝跪地親吻過國旗，該做什麼事我都在所不惜……我想不會有人以為入獄服刑是在說笑，聽說一判就是兩三年。如果士兵身上超過二十五侖琴，指揮官就得背負著讓士官兵承受輻射危險的罪責面臨牢獄之災。不過從來沒有人超過二十五侖琴……每個人身上的劑量都低於這個數字……這樣您聽懂了嗎？不管怎麼說，我是真的很欣賞這些同袍。曾經有兩個人病倒，一位弟兄自告奮勇：「讓我來吧！」他當天已經上去過爐頂一次了。他這般舉動讓大家欽佩不已，長官也頒發五百盧布給他以資獎勵。還有另外一個是在上面鑿洞的弟兄，明明時間到了，他還是繼續鑿，我們對他揮手：「快下來！」他竟然跪倒在地拚了命地鑿。爐頂的那個地方要挖洞安裝溝槽，方便之後把垃圾直接倒下來。他自顧自地敲敲打打，直到鑿穿了才罷休，後來也領了一千盧布的獎金，這麼大一筆錢在當時可以買兩台摩托車，可是他人現在成了一級殘廢，一點也不讓人意外……政府雖然當下立刻給錢安撫人心，但他現在要死不活的，成天奄奄一息……受盡折磨……最近周末休假我都會去探望他……「你知道我想要什麼嗎？」「什麼？」「我想要死得像個普通人就好。」他今年四十歲，生性風流倜儻，家裡有一個漂亮的老婆……

復員那天，我們坐上車，在管制區內行駛時，輻射警示聲沿路響個不停。如今回顧過去那段日子……我和某種異乎尋常的東西……居然那麼近。「浩大」、「異乎尋常」這些詞都不足以如實表達我的感受。那種感覺就像……究竟是什麼感覺呢？（陷入沉思）

那種感覺即使是在戀愛的時候我也不曾體會過……

——亞歷山大，善後人員

獨白：畸形兒也有人愛

您不用覺得不好意思……有什麼問題儘管問……太多人拿我們當寫作題材，早已司空見慣了。有時候甚至還會寄報紙過來給我們看，不過我從來不讀。有誰真正了解我們？除非住在這裡，否則根本不可能……

我女兒不久前對我說：「媽媽，就算我的小孩是畸形兒，我還是會愛他。」您能想像嗎？她今年才九年級，竟然就有這樣的想法。她的好朋友……她們都會想這個問題……有一對和我熟識的夫婦生下了一名小男嬰……他們一直期待著小孩出生，因為那是第一胎。他們倆很年輕，郎才女貌，可是小孩生出來卻其貌不揚——一張嘴又大又闊，耳朵只長一邊……我不再像以前那樣到他們家串門子，我實在沒辦法……我女兒反倒時常往他們家跑，好像有一股力量吸引著她，可能是想去好好端詳小男嬰的長相，也可能是去打量打量……但我真的沒辦法……

我們本來可以離開這裡，不過我和先生再三考慮之後，決定放棄這個念頭。我們害怕面對其他人。在這個地方大家都是車諾比核災的受害者，沒有人會因為你的身分而面露懼色。如果人家從自家花園和菜圃採蘋果或小黃瓜請我們吃，我們絕對二話不說，拿了就吃，不會一臉難為情的模樣，把東西藏進口袋或包包找機會丟棄。我們這裡的人都有相同的記憶和相同的命運……到了別的地方，我們就只是一群外人，必須忍受他人戒慎恐懼的異樣眼光……「車諾比災民」、「車諾比兒童」、「車諾比移民」這些詞我們都聽慣了……我們的生活再也擺脫不了車諾比……不過你們其實對我們一無所知，你們害怕我們，見到我們總是轉身就跑……或許當初別讓我們離開，在這裡設置幾個哨所，派警察駐守，你們大多數的人大概就能放一百二十個心了吧！（停頓了一下）您不需要向我證明什麼……也不用說服我！這些都是我在核災剛爆發的那段日子親身經歷過後得到的結論……那時候我帶著女兒連忙趕到明斯克投奔我妹妹……我自己的親妹妹竟然因為家中有尚未斷母奶的孩子將我拒於千里之外，這種事我就是做夢也想不到會發生在自己身上！我們只好到火車站過夜。當下我的腦中浮現出瘋狂的想法：我們還有哪裡可以去？不如乾脆自我了斷算了，省得活受罪……那還只是一剛開始而已……每個人都以為自己得了什麼恐怖異常的疾病。儘管我是醫生，也只能推測其他人到底出了什麼毛病……謠言總是比正確的消息來得駭人聽聞！每當我看著本地的孩子，我知道不管他們走到哪裡，一定都會覺得自己是格格不入的怪胎，是別人嘲弄的目標……有一年，我女兒參加少先隊夏令營，沒有人敢碰她一下，大家都笑她：「她是車諾比來的螢光人，會在黑暗中發亮喔！」有人甚至晚上叫她到庭院，只為了看看她到底會不會發光，看看她頭頂上有沒有光環……

很多人說這是一場戰爭……將我們比喻為戰爭世代……戰爭世代？真正歷經戰火的那一輩比我們幸運多了！至少他們打了場勝仗，享盡勝利的榮耀！這給他們的人生注入一股強而有力的能量，套一句現在的話，就是他們有絕對的生存目標。那一輩的人無畏無懼，努力打拚，勤勉向學，傳宗接代。我們呢？我們什麼都怕……也為下一代，甚至是尚未出世的下下一代憂心忡忡……小孩都還沒出生我們就如此不安……人民收起了笑臉，也不再像以往那樣逢年過節就唱歌。大地的景色變了，遼闊的平原長滿了林木。不只如此，國人的性格也大不相同了。人人都以為在劫難逃，社會上一片愁雲慘霧……對某些人而言，車諾比只是一種隱喻，或是掛在嘴邊喊喊的口號；然而對住在這裡的人來說，那是我們的人生，切切實實的人生啊！

有時候我會想，你們最好都別來報導，別來觀察，別說什麼輻射恐懼症之類的話，不要把我們和其他人劃分開來，他們就不會那麼害怕我們了。不會有人在癌症病人家裡大談他的病情，或是在終身監禁的囚犯面前提及刑期長短吧……（沉默不語）說了這麼多，不知道是不是您需要的……（開口詢問）要不要幫您準備點飯菜？您願意留下來吃個午飯嗎？還是您會怕？直說無妨，我們不會生氣，我們有什麼沒見識過的。曾經有一個記者來拜訪我……我見他口渴，於是給他倒了杯水，沒想到他卻從自己的包包掏出一瓶礦泉水。他相當不好意思，連忙解釋……那一次的訪談當然也就不了了之。我沒辦法對他敞開心胸好好說話。我又不是機器人，也不是電腦，我可是有血有淚的人啊！他只喝自己帶的礦泉水，連我給的茶杯也不敢碰一下，這樣還想要我向他掏心掏肺，推誠布公……

（坐上餐桌用餐）

我昨晚哭了好久……我先生回想我以前的樣子，說道：「你以前真的是一個美人胚子。」我很清楚他這話是什麼意思……每天早上，我都會照鏡子……這裡的人老得快，別看我好像六十歲了，其實我今年才四十而已。就是因為這樣，所以女孩子沒有一個不急著找人嫁。她們的青春歲月消逝得特別快，不把握不行。（情緒失控）車諾比的事情您懂什麼？有什麼好寫的？抱歉……（沉默不語）

連我也沒辦法每一次都能看透自己的內心，又該怎麼記錄呢？

——娜潔日達，霍伊尼基市級鎮居民

獨白：唯有為平凡的人生增添點什麼才能了解它的意義

您想知道的是那段時間發生的事情，還是我的故事？

我是到了那裡才成為攝影師的……在那之前我從來沒拍過照。我在那裡因緣際會取得一台相機，走上了攝影這條路。原本只是為自己而拍，現在卻成了我的職業。我沒有辦法輕易忘懷那些前所未有的感觸。那並不只是過眼雲煙，而是我長久以來的心路歷程。我不再是以前那個我……看世界的角度也不一樣了……您懂嗎？

（他一邊說一邊將相片攤在桌椅和窗台上。相片中可見大如車輪的向日葵、無人村中的鸛鳥巢，或是遺世獨立的鄉下墓園大門上掛著「輻射危險，嚴禁進入」的告示，或是樓房的窗戶玻璃破碎一地，烏鴉把棄置在庭院中的嬰兒車當作自己的巢窩停留在上，或是荒廢的田野上以「人」字隊形飛翔的鶴群……）

很多人問我：「為什麼不拍彩色照片？」要知道車諾比核災是一段不堪回首的往事……除了黑白，其他顏色是不存在的……您要聽我的故事，還有我對這個事件的看法嗎？（指了指相片）好，我試著說看看。其實全都在這裡了……（再度指了指相片）當時我在工廠上班，下班時間透過函授的方式修習大學歷史系的課程。我的職位是二等鉗工。接獲命令後，我們一群人像是要上前線一樣，被火速派遣至指定地點。

「我們要去哪？」

「要你們去哪就去哪。」

「我們要做什麼？」

「叫你們做什麼就做什麼。」

「我們只會蓋房子。」

「那你們乖乖蓋房子就對了。」

我們蓋的都是洗衣間、倉庫、棚子這類次要的建物。我被安排去卸載水泥。成天上貨、卸貨，卻從來沒有人來檢查水泥的類別和來源。在那種地方鏟水泥一天下來，常常弄得整個人灰頭土臉，活像是水泥灌出來的，只剩下一口牙齒白得發亮，就連工作服也是裡裡外外沾滿了灰。您應該知道，我們都是晚上把衣服抖一抖，隔天早上繼續穿。長官在政治學習討論會上再三重複英雄、功勳、前哨這些打仗才會出現的詞彙……至於什麼是侖目、居禮、毫侖琴，問了指揮官也答不出個所以然，因為軍校從來沒教過這些東西，表示千分之一的「毫」和百萬分之一的「微」這種國際單位制詞頭他們一竅不通。「你們知道這個要幹麼？你們的身分是士兵，交代給你們的任務，只管做就對了。」我們是士兵沒錯，但不是囚犯啊！

委員會的人到場安撫我們：「你們這裡一切正常，背景輻射沒超標。四公里以外就真的不能住人，居民必須撤離。你們放心，這裡很安全。」一位和他們同行的放射計量師逕自拿起掛在身上的盒狀物，打開電源，用一根長長的竿子固定好之後，在我們腳邊來回擺動，沒想到他突然下意識地跳了開來……

我接下來要說的，您這位作家絕對會特別感興趣。依您認為，這件事情在我們之中引發議論的時間維持了多久？其實最多也不過就是講個幾天而已。因為我們不會只想到自己，或是只看重自己的性命，我們不是那種眼界狹隘的人。國內的政治人物不懂得珍惜生命的可貴也就算了，但就連被犧牲的人也不把自己的性命當成一回事。您懂嗎？我們天生就不是那種性格的人。沒錯，在那裡我們的確常常喝酒，而且一定要喝個通快，往往到了深夜個個都醉得不省人事。不過我們喝酒的目的並不是為了喝個爛醉，而是為了能夠暢談內心話。通常兩杯下去就有人開始愁眉苦臉，口口聲聲惦念著家裡的妻小，也有人會聊工作上的事，背地裡問候主管的祖宗十八代；再喝個一兩杯，話題的焦點便轉向國家的未來和宇宙的構成，甚至還會因為談到戈巴契夫、利加喬夫[9]和史達林而吵得面紅耳赤。大夥也很愛爭辯我們到底算不算強權，有沒有機會超越美國。當時是一九八六年，難免會比較誰的飛機優秀，誰的太空船牢靠。甚至有人說，就算發生車諾比核電廠爆炸這種倒楣事也沒關係，至少第一個上太空的是我們的人！您知道嗎？我們經常聊到天亮，把嗓子都給弄啞了。至於為什麼不給我們放射劑量計或隨便一種粉末以防萬一？為什麼不弄台洗衣機讓我們可以天天洗工作服，搞得一個月只能洗兩次？這樣的問題通常都是留到最後稍微帶過而已。您明白嗎？我們生性就是這樣。真他媽的！

那段期間伏特加要比黃金來得更值錢，有錢還買不到呢！村子裡面人家什麼都喝：伏特加、私釀酒、化妝水，即使是油漆和噴霧劑也不放過……桌上擺的不是私釀酒，就是「賽普勒斯牌」香水……除了喝酒，彼此之間還有聊不完的話……我們之中的成員有教師，有工程師……而且民族多樣，有俄羅斯人、白俄羅斯人、哈薩克人、烏克蘭人。聊的多是哲學問題……例如受到唯物主義束縛，導致我們的眼界僅局限於物質世界；車諾比核災正好是一條走出窠臼，通往無限的出路。我記得我們曾就俄羅斯文化的前途，以及其難免悲慘的命運論辯了一番。若是擺脫掉死亡的陰霾便無法洞察事理。唯有在俄羅斯文化的基礎上才能夠領悟劫難的意義……只有長期懷有憂患意識的俄羅斯文化知道如何面對這種問題……不管是誰都害怕核彈攻擊和蕈狀雲，但我們發現……廣島原爆恐怖歸恐怖，至少不難理解……而我們這裡發生的事……可不像火柴或砲彈將房子燒毀那麼簡單。傳言說，肇事的大火並非一般的火，甚至不是火，而是一道光，一種閃耀輝映的光；有人說，火場發出的光是淡藍色，而非深藍色；更有人說，冒出來的其實根本就不是煙。科學家以前讓人拱得高高的，當成神一樣在崇拜，現在卻像墮天使和惡魔，落得人人憎惡的下場！人性對他們來說就是這麼令人匪夷所思，過去如此，現在也沒變。我是出身於布良斯克州的俄羅斯人。您知道嗎？我們家鄉有那麼一個老人家，儘管房子已經嚴重傾斜，隨時可能坍塌，他依然故我坐在門邊沉思，試圖重建世界秩序。通常像亞里斯多德那樣喜歡沉思的哲學家，不是出現在工廠的吸菸室，就是啤酒屋，但我們卻是在反應爐附近碰到這樣的人……

許多報社記者一窩蜂跑到我們那裡拍照，杜撰不實報導。比方說，有人為了拍照，在廢墟的窗戶邊放上一把小提琴，再給這張相片下了一個「車諾比交響曲」的標題。其實在那個地方根本不需要刻意捏造什麼，隨隨便便都可以看到掉落在校園地上的地球儀慘遭拖拉機輾壞，洗好晾在陽台上多年的衣物早已髒得發黑，風吹雨淋的洋娃娃變得破舊不堪，無人看顧的亂葬崗上長滿和士兵石膏像一樣高的雜草，小鳥在石膏像的衝鋒槍上做窩築巢，民宅的門遭人破壞，趁火打劫的強盜把東西搬個精光，拉上窗簾的屋子裡不見人影，只剩下沒帶走的相片維繫著屋子的生命。我多麼希望能將這一切都牢牢刻在心底。沒有什麼是微不足道的。無論是目睹這些景象的那一刻，還是天空的顏色、內心的感受，全部我都想要清楚而詳實地記在腦海裡。您懂嗎？什麼叫做居民再也不會回來了？在我們之前從來沒有所謂「再也不回來」這種事。哪怕是再小的細節都叫人難以視而不見……面容看起來像聖像畫的老農民是最不了解情況的一群人，他們一輩子從來不曾離鄉背井，打娘胎出生，人生的目的就是找個對象，努力打拚養家餬口，傳宗接代，等著含飴弄孫，最後壽終正寢，回歸塵土。這是典型的白俄羅斯農家生活！只有我們都市人才會把房子看作是用來維生度日的，對他們來說，那就是全世界、全宇宙。開車經過無人村莊時，總希望能夠碰見其他人……有一次經過遭竊的教堂，一踏進門，撲鼻而來的蠟油氣味，讓人特別想禱告……

我想要把每一件事都記下來，所以才開始攝影……這就是我的故事……

不久之前我幫一位友人處理完後事。我們是在那裡結識的。他死於血癌。葬後宴上前來悼念的親朋好友按照斯拉夫傳統禮俗吃飯喝酒，這您應該不陌生，接著賓客聊了起來，一直到半夜才紛紛散去。一開始先是追思死者，然後啊……然後聊著聊著，又扯上了國家未來和宇宙構成。大家討論著俄國會不會從車臣撤軍，第二次高加索戰爭有沒有可能開打，吉里諾夫斯基和葉爾欽當選總統的機率各是多少。英國王位、黛安娜王妃、俄羅斯君主制、車諾比核災也都是話題。說到核災，外頭流傳著各種猜測……有人說，外星人不只掌握災情，還趕來援助，也有人說，那是一場太空實驗，以後出生的小孩都會天賦異稟。或許之後白俄羅斯人會步上斯基泰人[10]、可薩人[11]、薩爾馬提亞人[12]、辛梅里安人[13]、瓦斯蒂克人[14]的後塵，從世上銷聲匿跡也說不定？我們就是一群愛天馬行空的人……不安於現實，老是喜歡空想，喜歡天南地北地聊……唯有為平凡的人生增添點什麼才能了解它的意義，即使面對死亡的威脅也一樣……

這就是我的故事……我說完了……我為什麼選擇拍照呢？因為言語不足以表達我想說的話……

——拉東，攝影師

獨白：啞巴士兵

以前我總是渴望到管制區一探究竟，現在我再也不想回去了。要是再讓我看一眼，或是想到那裡面的情況，是會要我的命的……是會扼殺我的想像力的……

您記不記得有一部電影叫《自己去看》[15]？那部電影播到一半我就嚇得昏了過去，沒能從頭看到尾。有一幕宰牛的橋段，那頭牛的瞳孔……一顆斗大的瞳孔占據了整個螢幕……至於殺人的部分我就沒看到了……不應該這樣！我始終堅信藝術的宗旨是愛才對啊！現在的我根本不想打開電視，也不想翻開報紙。成天報導的都是車臣、波士尼亞、阿富汗人殺人的新聞……看得我心神不寧，又傷眼睛。這些可怕的事情成了常態，甚至變得不值得大驚小怪。我們變了，竟然會覺得今天電視播放的畫面如果不比昨天的更怵目驚心就不算可怕。這實在太離譜了……

昨天在無軌電車上，有個小男生不肯讓位，老人家勸誡他：

「等你老了，也不會有人讓位給你。」

「我才不會老呢！」小男生回答道。

「這是為什麼？」

「我們很快就要死啦！」

大家開口閉口都是死，小孩子更是年紀輕輕就滿腦子想著死。這應該是人生走到盡頭的人在思考的事情，怎麼會是正值青春年華的人在煩惱呢？

我看到的世界就像一齣齣戲劇……在我的眼中街道是一座劇場，房子是一座劇場，人也是一座劇場。我從未完整記住任何事件的始末，只記得一些細節和動作……

我的記憶在腦子裡混成一團，分不清楚哪些是電影情節，哪些是新聞報導，哪些是我親眼目睹、親耳聽說……也許有的還是偷窺來的？

我記得曾經在荒蕪的鄉村街道上碰見一隻神智錯亂的狐狸，牠靜靜的，乖乖的，像個孩子一樣，黏著流浪街頭的貓和雞……

那裡好安靜……真的好安靜！和這裡截然不同……寧靜的氛圍中竟然意外傳來一陣不尋常的說話聲：「戈沙乖，戈沙好乖。」抬頭一看，老蘋果樹上掛著一個生鏽的鳥籠，籠門沒關，原來是一隻寵物鸚鵡在自言自語。

疏散行動開始後……無論是學校、集體農莊辦公室，還是村蘇維埃，全都封鎖了。白天士兵搬運保險箱和文件，晚上村民搜刮學校剩下的東西，包括圖書館的藏書、鏡子、椅子、衛生設備、地球儀等等。拖到快天亮才來的人沒東西可以拿，只好偷化學實驗室的空試管。

其實這些村民心裡清楚得很，三天之後撤離家園，到時這些東西一個也不能帶走。

我為什麼要去記這些事情呢？我以前從來不做戰爭題材，以後也不打算將車諾比的故事放進我執導的表演中。我絕對不允許舞台上出現死人，哪怕只是鳥獸的屍體也不行。有一回，走在森林裡，靠近松樹時，我察覺到地上有個白白的東西……本來以為是蘑菇，後來才知道其實是胸口朝天的死麻雀。但在管制區顛覆了我對死亡的看法。面對死亡，我只能停下腳步，以免精神崩潰，以免踰越生命的界線……如果呈現戰爭場面只是要驚心動魄，讓人看得反胃，渾身不舒服，那就不叫做舞台表演了……

事發初期……雖然沒看過現場的影像，不過我可以想像那個畫面：樓板塌陷，牆壁坍毀，濃煙四起，玻璃破碎，小孩乖乖跟著撤離，車陣大排長龍，大人哭得難過，而小孩一滴眼淚也沒流。當時一張照片也沒公開……若是要人說說什麼叫恐怖，他們大概只會想到爆炸、大火、屍體和慌亂吧！這些景象從我小時候就一直存在我的記憶中……（沉默不語）這個等之後再另外談吧……我們那個當下面臨的是一種全然陌生的情況……那種恐懼和以前經歷過的不同，它無聲無形，無味無色，卻讓我們的生理和心理都產生了變化。血象變了，遺傳密碼變了，外在的景色也變了……不管我們有什麼盤算，做什麼嘗試都無濟於事……不管是每天早上起床喝茶的時候，還是去看學生排練的路上，這股恐懼感總是籠罩著我……像是烙在身上的印記，又像是懸在心頭的問題。因為和小時候的經驗完全不一樣，所以我也不知道能拿什麼來相提並論……

看過的戰爭電影中，只有一部我認為拍得不錯，片名我忘了，講的是一名啞巴士兵的故事。他在戲裡面沒開口說半句話，只是一路默默護送著被俄羅斯士兵搞大肚子的德國女人。馬車走到一半，小孩呱呱墜地，誕生到這個世上。他一手抱起嬰兒，嬰兒卻在他的衝鋒槍上撒尿……他笑了出來……他的笑聲彷彿在說著什麼。他看了看小嬰兒，再看了看自己的槍，然後放聲大笑……電影演到這裡就結束了。

電影中沒有俄羅斯人和德國人的區別，只有戰爭和生命，一個是夢魘，一個是奇蹟。可是車諾比核災改變了一切，也改變了這個道理。世界並非長存不滅，地球也不再如同我們想像的那麼大。至於我們，終究只是血肉之軀，沒有什麼是永恆不變的。然而，都已經發生車諾比核災這樣的悲劇了，一打開電視，每天還是不斷上演人類開槍互相殘殺的慘劇……

記憶中有件事如今回想起來就像是遠方的畫面那樣模糊不情……三歲那年，我和媽媽讓人抓到德國的集中營……我記得一切都很美……或許我天生就是覺得什麼都很美吧！高高的山，天空飄著雨，也可能是雪，人群圍成黑壓壓的半圓，每個人都有一組號碼，鞋子上的號碼用亮黃色的油漆標記得清清楚楚……大家的背上也有號碼，到處都是號碼……刺鐵絲網旁的瞭望台上站著頭戴鋼盔的人，來回奔跑的狗吠得又大聲又響亮，可是我一點也不怕。我記得有兩個德國人，一個穿的是黑衣，壯碩魁梧，另一個的衣服是咖啡色，身材瘦小。黑衣男子用手往某個地方比了一比，昏暗的角落便出現一道黑色的影子，原來是個人。我看見身穿黑衣的德國人動手毆打他……那時候的天空飄著雨，也可能是雪……一直下，一直下……

我記得有個個子高高、長相英俊的義大利人總是唱著歌……但我媽媽和其他人卻淚如雨下。當時我覺得莫名其妙，他的歌聲那麼美，大家為什麼一個勁地掉眼淚？

我嘗試寫過一些戰爭題材的劇本，不過怎麼寫都寫不好。看樣子我這輩子和戰爭戲是無緣了。導不來就是導不來。

我們曾經出團到管制區表演一齣名為《井，水！》的喜劇童話。抵達霍欽斯克區中心後，我們到一所專門照顧失親孩童的孤兒院。那裡的孩子沒有人帶他們離開。

演出到了中場休息，他們沒鼓掌，也沒起身，只是靜靜坐在位子上，繼續欣賞第二段節目。表演結束後，他們仍然沒鼓掌，也沒起身，只是靜靜坐著。

我的學生聚集在幕後，哭喪著臉，不知道這群孩子怎麼了。後來我們才曉得，他們把舞台上的戲當真了。整場演出他們一直滿心期待著奇蹟出現。一般的孩子都知道我們演的只是一場戲，這群孩子卻巴望著奇蹟降臨……

我們白俄羅斯人從來不曉得什麼叫長久。就歷史來看，我們甚至連一塊固定的疆域也沒有，總是飽受外敵侵擾，任人抹滅我們的存在。我們也沒辦法如同《舊約》所說的那樣，一代生一代，維繫血脈，永續不絕……所謂的長久對我們而言是陌生的，我們不懂得如何與之共存，也領略不了其中的意義。不過上天終究還是賜給了我們一份誰也奪不走的大禮，那就是車諾比這場意外。面對它……我們……我們欣然接受……有一則古老的寓言故事是這樣說的：正當大家都在為家產付之一炬的可憐人掬一把辛酸淚時，他本人卻興高采烈地將帽子往地上一扔，說道：「幸虧這場大火，老鼠死了不少啊！」從這個人身上，我們可以看見典型白俄羅斯人強顏歡笑的性格。

我們的神祇承受著苦難，臉上從來不會露出笑容，只有古希臘神祇才會笑逐顏開。說不定幻想、夢境和軼聞趣事是說明我們本質的一種文本形式，只是我們不懂得怎麼解讀而已。那該怎麼辦呢？不管在哪裡我總會聽見一道旋律……在耳邊繞啊繞……倒也算不上是旋律或歌曲，應該是痛哭哀號的聲音。我們的人民天生就是要吃苦受難，始終擺脫不了災禍纏身的命運。至於幸福？幸福不是稍縱即逝，就是意外一場。俗話說：「單禍不成禍」、「孤杖難敵禍患」、「禍之將至，防不勝防」、「禍難纏身，無心歌舞」。在我們的歷史文化中從來就只有災厄……

我教過的學生現在都談戀愛，生小孩了，但他們的孩子氣虛體弱，沒什麼活力。二戰結束之後，我離開集中營，活著回到家鄉……當時我一心只想著要活下去。我們這一輩的人對於自己竟然活了下來的這個事實至今仍然不敢置信。以前我可以不喝水只吃雪，到了夏天也可以成天泡在河裡不出來，叫我跳水跳一百次也不成問題，不過現在就算外面的雪再白再乾淨，他們的孩子也不能吃……（想事情想得出了神）

表演在我的心目中是什麼樣子呢？這是我不斷思考的一個問題……

有人從管制區回來之後，為我提供了創作一部現代童話的靈感……

村莊中有一對沒離開的老夫婦。老先生在冬天過世了，老太太獨自幫他處理後事。她花了一個禮拜的時間在墓地掘穴。下葬那天，她怕死去的老先生凍著，為他套了一件羊皮襖，才將遺體拖上小孩玩的雪橇，出發前往墓地。一路上她對著老先生細數他們一輩子走來的點點滴滴……

為了辦葬後宴，她把家裡最後一隻雞給煮了。一條飢腸轆轆的小狗聞到香味來到了老太太家門口，她這才終於有了個伴可以說說話，在她流眼淚的時候陪陪她……

有一次做夢，我甚至夢見這齣尚未公演的戲劇……

夢裡面我看見空無一人的村莊，蘋果樹和稠李開滿了濃密繁盛的花朵，墓園上的野生梨樹也不遑多讓……

雜草叢生的街道上只有一堆貓咪翹著尾巴四處溜達，見不到半個人影。野貓交歡，百花齊放。景色相當優美，環境也十分幽靜。貓咪有時還會跑到馬路上，像是在等人回來，也許牠們還記得人類吧……

我們白俄羅斯人雖然沒有托爾斯泰，沒有普希金，但我們有庫巴拉[16]和科拉斯[17]……他們的作品充滿了對土地的關懷……比起天空，我們和大地的關係更加緊密。馬鈴薯是我們年年栽作的作物。耕好地將馬鈴薯種進土裡之後，我們無時無刻不盯著田地看。我們的視線永遠都是往下望向土地，即使抬頭，目光也絕對不會高於鸛鳥築的巢。對於我們的人民而言，那已經夠高了，那就是天空了，至於一般人稱之為太空的那片天在我們的認知裡是不存在的。因此有些東西我們必須從俄國文學和波蘭文學中學習……挪威人有葛利格[18]，猶太人有沙勒姆・亞拉克姆[19]來幫助人民團結一心，達到自我認同，而我們則有車諾比核災……那場意外將我們形塑成一支名為車諾比的民族，讓我們不再只是俄羅斯通往歐洲，或歐洲東進俄羅斯的中繼站了……

藝術是一種回憶……回憶我們曾經的模樣……我很擔心……我很擔心恐懼會取代愛在我們生命中的位置……

——庫茲緬科娃，莫吉廖夫文教學校教師，導演

獨白：「怎麼辦？誰的錯？」是永遠無解的問題

我是屬於我那個時代的人，是忠誠堅貞的共產黨員……

沒有人願意聽聽我們的說法……撻伐共產黨員是當今社會的趨勢……民眾視我們為敵，認為我們是一幫十惡不赦的壞蛋，什麼都是我們的錯，連物理定律也成了我們的責任。當時我擔任區委員會的第一書記。每家報紙都說，共產黨是罪魁禍首，罔顧人命，便宜行事，才會蓋出品質低劣的核電廠。新聞還說，共產黨不為人民著想，把人看作歷史洪流中的沙粒，甚至是糞土，要大家絕對不能放過他們。「怎麼辦？是誰的錯？」這些問題在我們歷史當中反覆出現，卻從未獲得解答。每個人都迫不及待想要報復，而且不見血不罷休：「把他們統統抓起來！一個也不能放過！」他們只想看到人頭落地……真是一群思想簡單的愚民……

其他人不肯開口沒關係，我來……你們報導的人都說……我不是針對您，我的意思是報紙都說，共產黨欺騙民眾，隱瞞實情，事實上是我們不得不這麼做……中央委員會和州委員會發電報下達的任務就是要我們避免恐慌。恐慌是非常可怕的。因此車諾比傳出的任何消息都得嚴格掌控，完全比照戰爭期間前線提供的彙報資料處理。會害死人的並不是輻射，而是事件造成的恐懼和謠言。我們只是做我們分內的工作罷了……那是我們的責任……其實消息並不是一開始就遭到封鎖，初期根本沒有人明白意外的規模有多大。一切舉措都牽涉到高度的政治考量因素。如果放下情緒，不談政治……我得坦白說，當時沒有人相信發生的事是真的，連科學家自己也不相信，因為不論國內國外，都不曾有過類似的案例……所以科學家在核電廠勘查狀況後，當場便提出解決方法。我前陣子在《真相時刻》[20]看到雅科夫列夫[21]上節目接受訪談。這個人過去任職於政治局，曾與戈巴契夫共事，是黨內領導意見的關鍵人物。您知道他說了些什麼嗎？他們黨內高層那時也無法想像情勢有多麼嚴重……在政治局的某一場會議上，甚至有一位將軍解釋道：「輻射有什麼好大驚小怪的？在試驗場進行核試爆也有輻射……晚上喝杯紅酒就好啦！我們現在也沒怎麼樣啊！」這些人談到車諾比，就像在談一場普通意外……

當時我主張禁止民眾出門，卻引發批評的聲浪：「您這是想要破壞大家慶祝五一節的興致嗎？」牽涉到政治的事要是弄個不好，黨籍就不保了……（情緒稍微平息了一點）有一件事我曾聽人家說，我認為確有其事，不是隨便編出來的笑話趣事。政府委員會主席謝爾比納[22]在爆炸後的第一時間抵達核電廠，要人即刻帶他前往事發現場勘災。儘管旁人向他說明，掉落的石墨堵住去路，再加上輻射強烈，溫度過高，不宜貿然行事，他卻對著屬下咆哮：「什麼物理不物理的？我要親眼看了才知道。今天晚上我還得到政治局去報告。」這就是軍方一貫的行事作風，除了墨守成規，其他一概不知……不曉得確實存在物理定律和連鎖反應……不管政府頒布什麼命令，都改變不了物理定律。世界運行依循的是這些定律，而不是馬克思的思想。話雖如此，當時我仍然主張並試圖取消五一節大遊行……（又急躁了起來）新聞報導寫得好像民眾在街上活動，我們躲在地下碉堡苟且偷生一樣！實際上我人可是在觀禮台頂著大太陽足足站了兩個鐘頭……沒戴帽子，也沒披披風。五一節和勝利紀念日我都和退伍老兵走在一起，拉手風琴，跳舞喝酒……我們都是這個體制的一部分，我們堅信崇高的理想，堅信一定能夠攻克萬難，戰勝車諾比核災造成的威脅！我們以為只要衝鋒陷陣，勝利凱旋絕非難事。那時候所有人無不熱切地翻閱報紙，參加政治學習討論會，想要了解國家如何勇猛奮戰，穩定失控的反應爐。我們如果失去了思想，沒有了偉大的夢想，那也是很可怕的一件事……看看我們現在的社會，分崩離析，動盪不安，新興的資本主義又尚未成熟……偏偏……屬於過去的一切都背上了罪孽的汙名……現在的人一談到過去，只會想到史達林和古拉格群島……可是以前我們有很多好電影和美妙的歌曲啊！您倒是說說看，為什麼會變成這樣呢？回答我啊……您好好想一想，然後告訴我……為什麼現在我們再也拍不出那樣的電影，寫不出那樣的歌曲？人需要激勵，需要理想，國家才會強盛啊……所謂理想並不是吃得到臘腸、把冰箱塞滿食物，或者是開賓士，那些才不叫理想。人需要的是能發光發亮的理想！我們就曾經擁有過那樣的理想。

無論是新聞報紙，還是電台電視節目，人人都大聲疾呼要求真相，各個會議上也出現公開真相的訴求。難不成要告訴大家：情況很糟，非常糟……非常糟！我們都要死了！國家民族快要滅亡了！誰會想要聽到這種真相啊？法國大革命期間成立的國民公會上，群情激憤，主張處死羅伯斯比，難道他們這樣做是對的嗎？難道我們就要順著輿論，隨民眾一起胡鬧嗎？我們不能讓社會陷入恐慌……那是我的任務……我的職責……（沉默）如果我的所作所為有錯，為什麼我的孫女……我家的孩子……也生病了呢……那年春天我女兒剛生完，便推著嬰兒車，帶著襁褓中的小孩，回到斯拉夫哥羅德的娘家。她們回來的時間剛好是核電廠爆炸後的幾個禮拜……那陣子天上都是直升機，街上都是軍車……我太太央求著說：「趕快把她們送走，讓她們到親戚家避一避吧！」我身為一個區委員會的第一書記，說什麼也不允許：「其他人家的孩子都沒離開，我要是把女兒和小孩送走，人家會怎麼看？」凡是為了保全性命而開溜的人，我都把他們叫到區委員會來好好確認一番：「說！你是不是共產黨員？」如果說我真的有罪，那麼我為什麼要害死自己家的小孩呢？（說話變得語無倫次）我自己……她……我們家裡……（過了一段時間才冷靜下來）

頭幾個月……烏克蘭一片驚慌，我們白俄羅斯這裡倒是相當平靜。那時正值播種的農忙時節，我可沒躲在辦公室避難，我也是在田野和草原上四處奔波，忙碌得不得了。農民耕地的耕地，播種的播種。您大概忘了，核災發生之前，我們將原子稱作和平的勞動者，為自己生活在原子時代感到無比榮耀。我不記得有誰聽到原子會面露懼色，以前沒有人會害怕未來……您或許會想，區委員會第一書記的都是些什麼樣的人？其實不過就是大學畢業的普通人而已，大多是農工背景，有些人會另外進修，再拿個高等黨校的學歷。輻射的相關知識我是上民防課程時學到的。課堂上沒提到牛奶會有鉋，也沒說什麼是鍶……我們認真負責完成各項生產計畫：送出含鉋的牛奶給乳品工廠、生產肉品、割下輻射劑量達四十居禮的牧草……牆上掛著的生產計畫我還用撢子撢得乾乾淨淨，沒拿下來……

在這樣的情勢底下，還有一個特點……事發初期除了恐懼之外，人民心中也洋溢著一股激昂的熱情。我這個人沒有什麼自我保存的本能，這對於責任感特別強的人而言再正常不過了。我並非特例，像我這樣的人比比皆是……很多人曾向我提出書面請求：「懇請派遣至車諾比效力。」他們發自內心，不假思索，不求回報，準備好犧牲小我。不管你們怎麼寫，都無法抹滅蘇維埃精神和蘇維埃人存在的事實。不管你們怎麼寫，也不管你們有多急著否定……你們還是會心疼他們的遭遇……會想起他們的事蹟……

有一次，一群科學家來到我們這裡，彼此爭論得不可開交，吵到嗓子都啞了。我走近其中一位，向他問道：「我們的孩子玩的沙子有輻射汙染嗎？」沒想到他卻這樣回答我：「你們這些人什麼都不懂，就愛危言聳聽。輻射、輻射……你們了解多少？我是學核物理的，爆炸那天地面熱得都熔化了，我還不是照樣搭著瓦滋越野車，直奔爆炸地點。你們幹麼這樣搞得大家雞犬不寧呢？」我相信了他們的說詞。我把其他同志叫到辦公室來，對他們說道：「各位啊！要是我跑了，你們也跑了，其他人會怎麼想？人家是不是會說我們共產黨臨陣脫逃呢？」如果沒辦法說之以理，動之以情，我便會使出另外一招：「你愛不愛國？不愛國的話就把黨證放到桌上。交出來啊！」結果還真有一些人交了出來……

可是我開始覺得不對勁，心裡有些猜疑，便和核物理研究所簽約，請他們調查我們這裡的土壤。對方採集了野草和黑土的樣本後，帶回明斯克進行分析。後來我接到他們來電：「請您派車將土壤取回。」「您在開玩笑嗎？我們這裡到明斯克有四百公里遠吔……」我手中的話筒差點掉到地上。「要我們去把土載回來？」「不，我們是認真的。」對方回答我，「按照指示，取回的樣本必須運到放射性廢料掩埋場或鋼筋混凝土的地下儲槽掩埋。全白俄羅斯的樣本都往我們這邊送，短短一個月的時間就把這裡的空間塞滿了。」您聽到了嗎？我們辛勤耕耘，小孩嬉戲玩耍，都是在這片土地上吔……我們還按進度生產牛奶、肉品，用穀子釀酒，拿蘋果、梨子、櫻桃榨汁吔……

如果天上有人看到民眾撤離家園的情況，肯定會以為第三次世界大戰開打了……政府疏散一個村子時，通常會預告另一個村子下個星期換他們。在等待的這個星期內，村民持續堆麥稭、割雜草、整理菜園、劈柴火……該做的活一個也沒少，對於發生的事他們一概不知，一個禮拜之後就讓人叫上軍車載走了……開會、出差、訓斥、無眠的夜晚，真的經歷太多事情了。我還記得，明斯克的市委員會附近常常有一個人在大熱天裡裹著披風，手裡舉著「提供人民碘片」的標語……

（繞回最初的話題）

您大概忘了……核電廠在那個時候是未來的象徵……我有好幾次向人民發言，宣傳核電的好……我曾參訪過一所核電廠，非但沒有嘈雜的噪音，而且壯觀又乾淨。某一處的角落還懸掛著紅旗與「社會主義競賽優勝」的錦旗。那是我們的未來啊……我們曾經生活在一個幸福的社會。政府告訴我們：「你們過著幸福快樂的日子。」我們也真的感到幸福快樂。我是個自由的人，當時我根本無法想像竟然會有人否定我的自由。可是如今我們從歷史上被人抹滅掉了，彷彿不曾存在過一樣。我現在會看索忍尼辛的書……我認為……（沉默）我的孫女羅患了白血病……為這一切我付出了慘痛的代價……

我是屬於我那個時代的人……我沒有做錯任何事……

——伊凡諾夫，前斯拉夫哥羅德區委員會第一書記

蘇聯政權捍衛者的獨白

哼，幹你娘咧……哼！（罵了一連串髒話）真應該讓史達林這個鐵腕來管管你們這些人……你們是在那邊寫什麼啦？是誰准你們來的？還拍照……東西再不收一收拿走，我就把它砸爛！媽的，竟然一堆人跑我們這裡來……我們住在這裡受苦受難，你們這些狗屁作家就只知道寫寫寫。你們根本是在愚弄人民，煽動群眾……專問一堆不該問的。亂來！簡直是亂來！媽的，來也就算了，還給我帶錄音機……

對，我就是在捍衛！捍衛蘇聯政權，捍衛屬於我們人民的政權！蘇聯時代我們是強國，沒人膽敢動我們一根寒毛，世界各國都關注我們的一舉一動！有的人害怕，有的人嫉妒。肏！現在呢？現在成了什麼樣子？有了民主之後，我們反而被當作未開化的野蠻人，市面上賣的都是放到壞掉的美國士力架巧克力和人造奶油、過期藥品和破牛仔褲。一個世界強權落到這步田地能不委屈嗎？媽的，竟然一堆人跑我們這裡來……戈巴契夫那個有惡魔記號的傢伙……肏！在他上台掌政前，我們可是一等一的大國！這個姓戈的……這個姓戈的根本是美國中央情報局的走狗……您想要對我證明什麼？車諾比核電廠爆炸就是中央情報局和民主派那一幫人搞出來的……我看報紙說，要是沒有車諾比這場意外，我們偉大的國家也不會毀於一旦！肏！（又開始罵髒話）共產時代一條麵包只要二十戈比，現在竟然漲到兩千盧布。以前一瓶酒三盧布還有零頭可以買下酒菜，可是民主派執政之後呢？我有兩個月買不起新褲子，只能穿著破舊的棉襖。他們把什麼都賣了！什麼都拿去抵押了！害得我們的後代子孫有還不完的債務……

我沒喝醉，我就是支持共產黨！過去他們也和我們普通老百姓站在同一陣線。我不需要什麼民主的美好童話！現在沒有書報審查制度，想寫什麼隨便你們！說什麼自由……㖭！人死了連個後事也沒錢可以辦，要自由有什麼用？我們這裡曾經死了一個膝下無子的獨居老太太。她實在可憐，走的時候身上穿著一件舊毛衣，倒在家中過了兩天才有人發現……誰曉得大家連幫她添一副棺材的錢也湊不出來……死者生前是斯達漢諾夫工作者，也是一名生產小組長。我們持續罷工兩天沒到田裡，聚在一起開會商量。㖭！一直到集體農莊主席出面承諾，往後不管誰過世，集體農莊都會免費提供木頭棺材（我們這裡叫壽板），還有葬後宴用的牛豬和兩箱伏特加，我們才善罷甘休。可是民主派上台之後……才給兩箱免費的伏特加！還說什麼一個人喝一瓶酒叫酗酒，喝半瓶叫給我們治療輻射用的……

我這些話您怎麼不寫下來呢？您只記對自己有利的部分，想愚弄人民，煽動群眾啊……是不是需要政治資本啊？是不是想海撈美金啊？我們生活在水深火熱之中……他們居然到現在還抓不到罪魁禍首！您跟我說，是誰的錯？我支持共產黨！等他們捲土重來，一定馬上就能揪出做錯事的混帳……㖭！媽的，一堆人一直跑來這裡……說要記錄什麼的……

哼，幹你娘咧……

——不具名

獨白：兩個天使接走了奧蓮卡

我手上有許多資料……好幾個厚厚的資料夾塞滿了家中的書架。我知道的內幕太多了，沒辦法再繼續寫作了……

七年來我蒐集各種新聞剪報、政令宣導、傳單，包含我自己的筆記……我握有的數據統統可以給您帶走……要我去爭鬥，可以。不管是發動遊行、籌組糾察隊、想辦法弄到藥物、探訪病童都沒問題，獨獨寫作我實在不行，還是讓您來寫吧……我心中有太多感觸，多得難以負荷。這些情感束縛著我，羈絆著我。有一群潛行者和作家特別著迷於車諾比核災……我不想成為消費這個議題的一份子。如果真的想寫，就應當切實寫出所有事情……（陷入沉思）

那是一場溫熱的四月雨……七年了，我一直記得那場雨……雨點滴滴答答，下得又急又快。不是說輻射沒有顏色嗎？但是，一窪窪的積水竟然有黃有綠。鄰居偷偷告訴我，《自由電台》報導了車諾比核電廠出事的消息。當時我沒放在心上，我堅信倘若真的發生重大事故，政府一定會通知我們。無論是特殊設備、警報系統、防空洞，該有的都有，政府絕對會事先發出警告。所有人都上過民防課程，我自己也聽過課，考過試，所以對於這點，我們毫不質疑……那天傍晚鄰居帶回一些不知名的粉末，是她親戚給的。對方（任職於核物理研究所）向她說明了服用方法，但卻要求她務必守口如瓶，他尤其忌諱在電話中談事情或問問題……

那段時間我的小孫子和我住在一起……而我？我怎麼樣也不肯相信真的出事了。我猜我們這裡沒有一個人服用過那種粉末，因為我們信賴政府……不只老一輩如此，年輕人也一樣……

如今想起最初那些感受和傳言，整個人便掉進了另一個時空，另一種狀態……跳脫此時此地，返回彼時彼地……身為一名搖筆桿的人，這樣的錯置時常引我深思，相當有趣。在我心裡彷彿住著核災前與核災後兩個截然不同的人，只是現在我看事情的角度改變了，要徹底找回那個「以前」的我並不容易……

事發後那段時間，我多次進出管制區……我記得我們一行人曾在某座村莊稍作停留，那裡安靜得嚇人，放眼望去，沒有小鳥的蹤影，什麼也沒有……沿途一片死寂……農舍空了，人走了，這我能理解，但沒想到居然連整個環境都無聲無息，聽不到一聲鳥叫。這還是我頭一遭看到一個地方沒有小鳥，沒有蚊子，沒有任何會飛的生物……

抵達楚加尼村時，我們發現輻射高達一百五十居禮……馬利諾夫卡村也有五十九居禮那麼多……當地居民吸收的劑量遠比看守核彈試爆場的士兵高出一百倍之多。一百倍吔！放射劑量計因為輻射超標，一直嗶嗶作響……可是集體農莊辦公室牆上的告示卻寫著，青蔥、萵苣、番茄、小黃瓜全都可以食用。在區裡的放射學家簽名背書之下，田裡的作物大家也就不疑有他，統統吃下肚了。

這些放射學專家、這些區委員會的書記現在會怎麼說呢？他們會用什麼理由為自己辯駁呢？

每到一座村莊，我們總會遇到不少醉漢，甚至連女人——尤其是擠乳女工和牛犢飼育員——也常常喝得神智不清，在路上扯著嗓子唱著當時紅遍大街小巷的歌曲：「無所謂，我們無所謂……」總之，歌詞就是在說：凡事都沒什麼好在意的。那首歌出自一九六八年上映的蘇聯電影《鑽石胳膊》。

我們拜訪了一家位在馬利諾夫卡村（切里科夫斯基區）的幼兒園，小朋友在園區內跑來跑去，年紀比較小的幼童在沙堆玩耍……園長說，沙子每個月都會汰舊換新，只不過沙子的來源她也說不清楚。其實沙子打哪來並不難猜。園裡的孩子總是悶悶的，我們說笑話給他們聽也無動於衷。老師掉下眼淚：「你們就別費心了，我們這裡的小朋友是不會笑的，甚至做夢還會哭呢！」在街上我們碰到一位抱著新生兒的婦人。「是誰准許您在這裡生產的？五十九居禮的輻射吔……」「來我們這看診的放射科醫生建議我，只要別把嬰兒毯晾在室外就沒事了。」政府勸服民眾留在家鄉，想也知道是為了不想流失勞動力。不過就算村民走的走，撤的撤，不回來了，他們還是會引進人力下田工作，採收馬鈴薯……

這些區委員會和州委員會的書記，他們現在會怎麼說呢？他們會怎麼為自己開脫呢？他們之中，誰才是那個有錯的人呢？

我保留了許多高度機密的政令宣導資料……您可以統統帶走……其中一則政令詳列輻射汙染雞隻處理細則……裡頭規定員工在工廠內，必須比照汙染地區接觸放射性物質的情況，配戴橡膠手套，穿著橡膠長袍及專用靴等裝備。多少輻射量的雞隻要用鹽水煮過、濾乾，再摻進肉醬和臘腸中；多少輻射量的要添加骨粉做成飼料，在細則中也有說明……大家如此循規蹈矩，一個步驟一個步驟處理肉品。產自汙染地區的牛隻通常會低價出售到其他未受汙染的地方。聽那些載運牛隻的司機說，這些牛模樣滑稽，身上的毛長得拖地，個個餓得飢不擇食，連破布、紙張也吃，一點也不挑嘴！這些牛大多賣給集體農莊，不過如果有人要，也可以帶回家養。這根本已經構成刑事案件了！是犯罪啊！

我們在路上遇到一輛開得很慢的貨車，慢得像是出殯的靈車……攔下來一看才發現，駕駛是名年輕男子。我問他：「你是不是身體不舒服啊？怎麼開這麼慢？」「沒有啦！因為我車上載的是放射性土壤。」車上酷熱不堪，又滿是灰塵！「你腦袋壞了嗎？你以後還要結婚生子吔！」「可是哪裡還有這種一趟能賺五十盧布的工作？」以當時的物價，五十盧布確實可以買到一套不錯的西裝。比起輻射，人民更在意的是多賺一點微薄的薪資貼補家用……這樣的薪資和付出生命作為代價相比當然微薄囉……

可悲的事總是免不了有讓人覺得可笑的地方……

在一棟屋子旁，幾個老婦人坐在長凳上，小孩奔跑嬉戲。我們拿出劑量計一測，輻射量竟然多達七十居禮……

「這些小孩哪裡來的？」

「從明斯克來這裡放暑假的。」

「可是你們這裡的輻射汙染很嚴重吔！」

「少跟我們扯什麼輻射不輻射的！我們見過輻射。」

「可是輻射是看不見的啊！」

「你看那邊！是不是有一間還沒蓋好的農舍？屋主因為害怕，蓋到一半就跑了。晚上我們過去往窗戶裡面一看……那個輻射它就坐在屋樑底下，惡狠狠的，眼睛還會發亮呢……渾身黑得跟黑炭沒兩樣……」

「這怎麼可能！」

「我們畫十字發誓是真的。」

她們笑嘻嘻地畫了十字，不知道是在笑自己，還是在笑我們。

行程結束後，我們一行人準備回報社。「哎，還好嗎？」大家互相關心了一下身邊的人。「都很好啊！」「都很好嗎？照照鏡子吧！原來你來的時候就有白頭髮了啊！」那些日子流行不少笑話，都是以車諾比為背景的笑話，最短的一則是：「乖寶寶民族非白俄羅斯人莫屬了。」

主管曾交代我報導民眾撤離的新聞……在波列西耶地區有個民間傳說：想回家的話，就在出遠門前種一棵樹。我走訪當地……進入一戶人家，再到另一戶人家……家家都種著樹。來到第三戶人家，我一坐下，眼淚不禁掉了出來。女主人指著告訴我：「我女兒和女婿種李子樹，二女兒種黑果花楸，大兒子種莢蒾，老么種柳樹，我和我家老頭兩個人則是一起種了一棵蘋果樹。」告別時，她好心招待我：「我種了很多草莓，整個院子都是，摘一些去吃吧！」她由衷希望她的人生能留下點什麼……

我記錄下來的東西不多……真的不多……因為我總是想，改天再坐下來仔細回溯，或是等放假再去採訪，於是就麼一直拖著……

啊……剛剛突然想到，村裡的墓園大門上有個告示牌，上面寫著：「輻射危險，禁止進入。」難怪人家說，連想要死，門都沒有。（冷不防放聲大笑。談了這麼久，這是她第一次笑）

有人跟您說過，反應爐附近嚴禁拍攝嗎？除非取得特殊許可，否則照相機一定會難逃沒收的命運。為了不讓任何影像或物證外流，駐守的士兵會在訪客離去前搜索行李，簡直像在阿富汗一樣。電視台工作人員拍攝的膠卷被收走後，通常會送去國家安全委員會，回來的膠卷都慘遭漏光，太多的資料和證據就這樣毀了。對科學研究和歷史來說，都是一大損失。要是可以揪出下令的幕後指使者就好了……

看看他們還有什麼話好說？還會扯出什麼理由來？

我死也不會原諒他們……絕對不會！這就得說到一個小女孩了……她曾在醫院為我跳了一支波卡舞。當天她剛滿九歲，舞跳得很棒……兩個月後我接到她媽媽打來的電話：「奧蓮卡快不行了！」心力交瘁的我那天沒能趕去醫院，後來再去探望她已經為時已晚了。奧蓮卡有一個妹妹，她早上醒來，說道：「媽媽，我夢到兩個天使飛來把奧蓮卡帶走。祂們說，奧蓮卡到了那邊會過得很好，不會再有病痛了。媽媽，是兩個天使帶走奧蓮卡的喔……」

我誰也無法原諒……

——基謝廖娃，記者

獨白：一個人竟有這麼大的權力決定別人的命運

我不是人文背景出身的，我是物理學家，所以我只看事實……

總有一天有人必須為車諾比那場意外負責……就像一九三七年大恐怖，報應終究會來的。就算要等上五十年！就算那些罪魁禍首老了，死了……他們絕對會有報應的！（沉默半晌）我們要把事實和真相保留下來，以後一定會派上用場……

四月二十六日那天……我在莫斯科出差，得知了意外的消息。

我立刻去電明斯克，準備向白俄羅斯中央委員會第一書記斯留恩科夫報告此事。我前後撥了好幾通電話，卻怎麼也聯絡不上他，於是我轉而求助他的助理（他和我頗有交情）：

「我是從莫斯科打過來的，幫我轉接斯留恩科夫，我有一件事故的消息需要立即向他彙報！」

我打的是政府通信專線，但訊息全部遭到封鎖，一提到事故，電話馬上斷線。不用想也知道，有人在監聽。這些相關單位簡直有如政府中的政府……尤其我撥打的對象是中央委員會的第一書記……不過我？我好歹也是白俄羅斯科學院核能研究所的所長吔！身為一個教授和通訊院士……竟然連我也不能知道內情……

差不多耗了兩個小時左右，斯留恩科夫終於接聽了我的電話。我向他報告：

「這次的災情相當慘重，據我估計（我已經和莫斯科那邊的友人討論並計算過了），輻射塵正大舉朝著白俄羅斯逼近。當務之急是投放碘片提供民眾服用，同時盡速疏散核電廠附近的居民，方圓一百公里內人畜都不得停留。」

「有人跟我報告過了。」斯留恩科夫說道，「而且大火也已經撲滅了。」

我抑制不住情緒：

「那是騙人的！明顯是騙人的！隨便一個物理學家都會告訴您，石墨燃燒的速度是每小時五公噸，這樣您能想像它可以燒多久了吧！」

我買了最近一班的火車票趕回明斯克。那晚我輾轉反側，徹夜難眠。隔天一早，人已經回到家中。我幫兒子檢查甲狀腺，發現他身上的輻射量竟然高達每小時一百八十微侖琴！在那種情況下，甲狀腺是最佳的放射劑量計。民眾亟需服用碘化鉀，也就是一般的碘劑。如果對象是小孩，每半杯果汁羹加個兩三滴即可；如果是成人，則加三四滴。反應爐要是燒上十天，十天都得這麼做才行。偏偏沒有人願意聽取我們這些科學家和醫生的意見！當時科學成了服務政治的工具，而醫學也脫離不了政治的干涉。這是理所當然的！別忘了事情是發生在什麼樣的意識背景下，也別忘了十年前我們過的是什麼樣的日子。在那個年代，國家安全委員會會背地裡從事祕密偵查，「西方國家的聲音」受到阻絕，社會上存在著千千萬萬的禁忌、無數的政黨軍事祕辛，以及大大小小的政令宣導……更何況我們從小受的教育讓我們深信，蘇聯發展的和平核能就跟泥炭和煤炭一樣安全無虞。我們是一群被恐懼與成見所綁架的人，一味盲目追捧特定信念卻不懂反思……我們應該只看事實才對……

同一天……也就是四月二十七日，我決定前往與烏克蘭接壤的戈梅利州，到距離核電廠只有幾十公里的布拉金、霍伊尼基和納羅夫拉去看看。我需要完整的資訊，我需要實際用儀器測量背景輻射到底有多少。結果顯示在布拉金每小時有三萬微侖琴，納羅夫拉則是兩萬八……儘管如此，居民依然下田播種耕作，家家戶戶更是忙著張羅慶祝復活節要用的彩蛋和庫利奇麵包……老百姓根本不曉得輻射是什麼東西。政府非但沒下達疏散指令，反而要求回報播種的情況和進度。當地人對我投以異樣的眼光，搞得好像我是個神經病一樣：「輻射是哪裡來的？教授您在胡說什麼呀？」什麼侖琴、微侖琴……這些詞對他們來說簡直有如外星語，有聽沒有懂……

回到明斯克，即使空中飄著放射性積雲，大街上的小販依舊賣力兜售著餡餅、冰淇淋、絞肉、小圓麵包……

四月二十九日（所有事情我都按照日期記得一清二楚）早上八點，我在斯留恩科夫的會客室不斷求見，可惜徒勞無功，就這樣來來回回拖到了下午五點半。五點半的時候，一位知名詩人從斯留恩科夫的辦公室走了出來。我們倆還算熟識：

「我剛剛和斯留恩科夫同志就白俄羅斯文化討論了一番。」

「要是我們不即刻提供救援，撤離車諾比附近的居民，」我怒不可抑，「用不了多久，就沒有人可以來發展您說的文化，也沒有人會讀您的書了！」

「您說這什麼話！火早就撲滅了啊！」

最後我好不容易見到了斯留恩科夫。我向他描述昨天目睹的情況，並告訴他拯救人民刻不容緩，烏克蘭那邊（我打過電話確認）早已開始撤離民眾了……

「你們那些放射劑量師（我們所內同仁）幹什麼在城裡頭四處危言聳聽？我請教過莫斯科的

伊雷因院士，他說我們這裡沒有問題……而且軍方已經派人處理爆炸事故，政府也成立委員會和檢調單位進入廠區著手調查……還有您不要忘了，現在可是敵人環伺的冷戰時期……」

我們的土地受到了四百五十種放射性同位素的汙染，包括數千公噸的銫、碘、鉛、鋯、鎘、鈹、硼，以及不計其數的鈽（車諾比的壓力管式石墨慢化沸水反應爐製造了大量用來生產原子彈的武器級鈽），數量相當於三百五十顆轟炸廣島的原子彈。我們應該思考如何從物理學和物理定律來解決問題，可是大家卻一心只想揪出敵人。

他們那些人遲早會有報應的。「總有一天您得向人民說明清楚，」我對斯留恩科夫說道，「您只不過是一個拖拉機製造工人（他曾經在拖拉機工廠擔任廠長），對輻射根本一無所知，而我才是真正懂物理的專家，我才有能力推估災情的後果。」您一定很訝異，怎麼會有這種事，區區一個教授、一群物理學家竟然如此膽大包天，敢教訓中央委員會！其實他們倒也不是什麼為非作歹的匪類，只是不學無術，又忠於團體利益罷了。他們的人生原則和走跳官場的習性，就是不強出頭，盡可能逢迎諂媚。果不其然，斯留恩科夫剛好就調到莫斯科升遷去了。我猜戈巴契夫一定曾經從克里姆林宮打電話告誡他：光是西方國家已經夠讓人心煩意亂了，你們白俄羅斯人自己安分點，別作怪。遊戲規則就是這樣，不懂得迎合長官的人不只無緣升官，連許可證和鄉間別墅也拿不到……做人就是要學著討人喜歡……要是我們仍然活在以前那個鐵幕背後的封閉體制內，核電廠附近的居民肯定到現在都還住在那裡，相關消息也一定封鎖得滴水不漏！您回想一下，一九五七年克什特姆的「馬亞克化工廠」曾經發生核廢料爆炸事故，另外從一九四九年開始，哈薩克東部的塞米巴拉金斯克施行了數百次的核彈試爆……那些都是史達林時代的傑作。我們國家至今還延續著史達林時代的遺毒……

政令宣導中規定，萬一爆發核戰，在面臨核能事故或核武攻擊的威脅時，必須立即發放碘片給民眾服用。面臨威脅？那時候……輻射劑量明明高達每小時三千微侖琴……他們憂心的居然不是人民安危，反而是國家政權。這是個政權至上、不恤民命的國家。凡事以政府為先，人命則低賤如草芥。方法不是沒有！我們建議的做法既不需要頒布公告，也不會引起恐慌，只消在提供飲用水的蓄水池和牛奶裡面添加碘劑就大功告成了。民眾頂多也只會感覺到水和牛奶的味道和以往不同而已……我們城裡頭備有七百公斤的藥劑，到現在都還原封不動擺在倉庫……比起原子，大家更擔心激怒政府高層。害怕承擔責任導致每個人寧可乖乖等待上級下令，也不肯主動做點什麼。我會隨身在公事包中放一把放射劑量計……為什麼要這樣做呢？高官辦公室的人受不了我成天求見，每次都給我吃閉門羹……碰這種情況，我就會掏出劑量計，幫在場的祕書、專人司機和其他來賓量量他們的甲狀腺。這招偶爾挺管用的——他們一旦驚覺事態不妙，便會放我進去。「教授啊，您何必搞得人人坐立難安呢？難道您以為只有您一個人關心白俄羅斯人民嗎？人終究會死的嘛！不管是抽菸、車禍，還是自殺，都可能奪走人的性命啊。」不少人嘲笑烏克蘭人，因為他們還跪在克里姆林宮向政府討錢，索取藥品和放射劑量計的時候（器材短缺），我們的人（斯留恩科夫）只花短短十五分鐘就將情勢報告完畢了：「沒問題，我們可以自己處理。」此話一出，獲得領導高層讚許：「很好！不愧是白俄羅斯的兄弟！」

為了一句讚賞葬送了多少條性命？

據我所知，政府首長都曾服用碘劑。所內同仁替他們檢查甲狀腺時，結果毫無異狀。這如果沒服用碘劑是不可能的。他們不僅暗中將自己的小孩送到外地避風頭，而且出差一定戴面罩，穿防護衣，別人沒有的他們一樣也沒少。還有一件眾所皆知的事情：明斯克近郊有一批特別豢養的牲畜，每頭牛身上都掛著號碼牌，專供特定人士使用；另外也有特別規劃的土地和溫室，在嚴格控管下種植作物……最可惡的是……（沉默了一陣子）他們那些人居然逍遙法外……

後來再也沒有人願意接見我，或是聽取我的意見，我只好轉而採用投遞信件和報告書的方式，將資料及數據發送到各層級的政府機關。前前後後累積了四份資料夾，每個夾子有多達兩百五十頁的資料，統統是事實和真相……為了以防萬一，資料都有備份，一份放在我的辦公室，另一份交由太太藏匿在家中。為什麼要備份呢？我們必須記住自己是生活在這樣的一個國家……每次離開辦公室我總是會親自上鎖，不料有一次出差回來，意外發現資料夾全部消失了……四份資料夾莫名其妙不翼而飛……好在我是在烏克蘭長大的小孩，承襲了祖先那種哥薩克人不屈不撓的性格。我持續寫信，不斷向各界喊話：務必伸出援手，盡速撤離居民！我和所內同仁在鍥而不捨的調查下，終於整理出第一份標記「汙染」區域的地圖。整個南部地區災情延燒，處處都是紅色警戒……

這些已經是歷史了，一段犯罪的歷史……

研究所內所有用來監測輻射的儀器無緣無故遭到政府強行沒入。我家裡接到好幾通語帶威脅的電話：「教授，你不要再擾亂民心了！不然我們就把你流放到邊疆地帶。沒想到是嗎？你們忘啦？忘得真快啊！」不只我，其他同仁也受到打壓與恐嚇。

我寫了一封信給莫斯科當局……

不久，普拉東諾夫院長把我叫了過去：

「你為白俄羅斯人民做了這麼多，他們絕對會謹記在心，但寫信給莫斯科當局這件事你真的是下錯棋了，而且是大錯特錯！高層命令我拔除你所長的頭銜。你為什麼要寫那封信呢？你難道不知道自己對付的人是誰嗎？」

我手上握有資料和數據，他們有什麼？大不了把我關進瘋人院……確實有人嚇唬過我，要我小心出門別被車撞……也有人警告過我，說要以參與反蘇行動，或是未經所方總務主任許可，擅自竊取一盒鐵釘等理由，對我提起刑事訴訟[23]……

結果還真的將我法辦了……

他們達到目的了，我心臟病發，從此一蹶不振……（沉默）

所有的事實和數據……證明他們犯罪的數據……統統都在資料夾裡面……

第一年……

數百萬公噸「遭受汙染」的穀物經過加工，製成配合飼料，用來餵養牲畜，如此生產出來的肉品最後上了我們的餐桌。至於家禽和豬隻吃的骨粉也含有鍶……

村莊的居民雖然疏散光了，但田地卻沒有因此停止耕作。所方的資料顯示，三分之一的集體農莊和國營農場所有地都受到了銫137的「汙染」，而且「汙染」密度高於每平方公里十五居禮。那種地方一般人根本無法長時間停留，要想取得乾淨的農產品更是天方夜譚。再說，還有不少土地累積了鍶90……

在鄉下，自家種的東西村民不會特別送驗，往往摘了就吃。不僅沒有人教導他們遇到這種情況該如何才能生存下去，甚至連個像樣的指南也付之闕如。只有那些要出口的，或是國家徵購準備運往莫斯科的、要送到俄羅斯的才會送驗……

各個村莊的孩子加起來，男男女女總共有好幾千人。我們隨機挑了幾個幫他們檢查身體，有的輻射劑量多達一千五微侖琴，有的兩千，有的三千，超過三千的也大有人在。這些小女孩身上帶有基因記號，日後都無法生育了……

儘管好幾年過去了……有時候還是會睡到一半醒過來，就再也無法入眠……

有一次見到拖拉機在耕田……我便向陪同我們的區委員會工作人員詢問：

「拖拉機駕駛應該會戴面罩吧？」

「不會，他們工作不戴面罩的。」

「什麼？沒有人送來給你們嗎？」

「怎麼會沒有！送來的面罩多得可以用到二〇〇〇年都還用不完呢！只是沒發下去而已，否則引起騷動，跑的跑，溜的溜，那就不妙了！」

「您知道您幹了什麼好事嗎？」

「教授，您說得倒輕鬆！您飯碗丟了，再找就有，但我有其他出路可走嗎？」

那是多大的權力啊！一個人竟有這麼大的權力決定別人的命運。這已經不只是一場騙局那麼簡單，這是在和無辜的百姓為敵……

普里皮亞季沿路上可以見到一頂又一頂的帳篷，全家出遊的民眾在戶外戲水、做日光浴。他們不知道自己已經好幾個星期都是在放射性積雲底下戲水、做日光浴。雖說官方嚴格禁止我們和民眾交談，不過我一看到小孩，還是忍不住上前向他們說明情況……大家聽了，既詫異又納悶：「為什麼電台和電視都沒報導任何消息呢？」陪同我們的工作人員（照規矩，地方政府、區委員會通常會派人跟我們走行程）表面上悶不吭聲，但從他臉上我可以感覺得到，他的內心陷入拉扯：一方面猶豫著是否要向上呈報我的行徑，另一方面卻又對人民動了惻隱之心。畢竟他還是個一般人……至於我們離開之後，是哪一方勝出？他是否會去告發我？我就不得而知了。每個人都有自己的選擇……（沉默了好一段時間）

我們國家仍停滯在史達林那個時代……老百姓也還是史達林時代那個模樣……我記得在基輔的火車站……列車一班接著一班陸續載走數千名飽受驚嚇的孩童，男人女人在一旁哭得一把鼻涕一把眼淚，那是我第一次思考：誰需要代價這麼高的物理學和科學？這些事情現在都不是祕密了……看報紙就知道，當初車諾比核電廠蓋得匆促，施工走的是蘇聯慣行的那一套模式。這種工程若換作是日本人，少說也要十二年才會完工，我們居然兩三年就交差了事。如此特殊的建物，論品質，論耐用性，卻沒比畜牧場和養禽場好到哪裡去！興建過程中碰上材料短缺，工人也不管設計圖怎麼規定，往往拿手邊現有的東西濫竽充數。這也是為什麼機房屋頂會鋪設瀝青。消防隊員撲滅的火就是從瀝青燒起來的。至於核電廠的管理階級是些什麼樣的人呢？主管裡頭沒有一個是核物理專家，有電力工程師，有渦輪機工人，有黨政工作者，就是沒有一個有物理學的專業背景……

人類能力有限，卻設計了一個自己無法駕馭的機器。小孩難道可以隨便拿槍嗎？我們就是一群猖狂妄行的小孩。說這些話太過情緒化了，我不准自己感情用事……

陸上、地底、水中的放射性同位素達數十種之多。在這種需要放射生態學家的時候，白俄羅斯卻一個也沒有，只能從莫斯科借助人手……其實以前在我們科學院中，有一名專門研究微量輻射和體內曝露的契卡索娃教授，可惜在車諾比事件發生前五年，上級以國內不可能出現意外事故為由，撤除了她的實驗室：「您開什麼玩笑？蘇聯的核電廠可是領先全球，獨霸世界，怎麼可能會有什麼微量輻射、體內曝露核汙染食品的問題？」於是實驗室裁撤後，教授不得已只好退休，到某個地方當看門員，幫人拿外套去了……

竟然沒有一個人出來負責……

五年過去……兒童罹患甲狀腺癌的病例增加了三十倍，具有先天性缺陷、腎臟疾病、心臟疾病、小兒糖尿病的人數也大幅成長……

十年過去……白俄羅斯人的壽命減少到只剩下六十歲……

我相信歷史……也相信歷史的審判……車諾比帶來的災難還沒結束，它才正要開始……

——涅斯切連科，前白俄羅斯科學院核能研究所所長

獨白：犧牲者與獻身者

人一早起床，開始一天的生活……

他才不會去想什麼永恆不永恆，他只關心如何填飽自己的肚子，可是你們卻一味逼著人家思考什麼是永恆。這是所有人道主義者的毛病……

車諾比是什麼？

下鄉的時候，我們開的是一台德國生產的小型巴士（那是善心人士捐贈給我們基金會的），小孩見到我們經常會圍上來乞討：「叔叔阿姨，我們是車諾比的災民。你們載的是什麼東西？施捨一些給我們吧！拜託啦！」

這就是車諾比……

前往管制區的路上我們碰到一位穿著華麗裙子，繫著圍裙，肩上背著包袱的老太太。

「阿婆，您要去哪裡？去作客嗎？」

「我要去馬爾基……回自己家裡……」

那裡的輻射可是有一百四十居禮之多呀！而且她還得走上二十五公里左右的路程，去程要花上一天，回程再一天。她只是要去取回家裡籬笆上掛了兩年的玻璃罐，不過後來在自家院子裡又多待了一下。

這就是車諾比……

若要談事發至今我記得的事情和經過，終究還是得話說從頭……就像講述一個人的生命，一定得從童年說起。兩者沒有什麼不同……我有自己設定的起始點。我回憶的東西和別人不大一樣……回溯過往，我想到的是二戰勝利四十周年。那時候莫吉廖夫這裡頭一次施放煙火。官方慶典結束後，一反常態，人潮不僅沒有散去，反而唱起歌來，令人相當意外。我到現在都還記得眾人心心相繫的那份情緒。四十年過去，社會上終於出現討論二戰的聲音，大眾這才有所領悟。在這之前，大家只知道要奮力求存，讓一切重歸正軌，生養下一代。同樣地，面對車諾比事件……我們還會再回頭省思，看得也會更深入。以後這起事件勢必成為我們心中的一份珍寶、一座哭牆。現階段我們還找不到一個通用的準則，不只沒有準則，也沒有概念。只知道居禮、侖目、西弗不等於有所領悟，懂得這些術語也不代表懂得思考，更不會對建構世界觀有任何助益。自古以來，我們的國民要麼驍勇善戰，要麼虔心信教，沒有第三種人了……至少目前還沒有……

我媽曾在市立民防總部工作，她是最早得知實情的人之一。儀器監測到問題時，她們原本必須遵循辦公室內懸掛的守則通知民眾，並發放面罩和防毒面具等物品，但當她們一打開大門深鎖的祕密倉庫，赫然發現裡頭的東西壞得一塌糊塗，根本不能使用。學校儲備的防毒面具清一色是戰前使用的樣式，尺寸也不適合給小孩子戴。儀器顯示輻射超標，可是以前從來沒發生過這種事，沒有人明白到底出了什麼狀況，於是他們乾脆把儀器關掉。我媽解釋道：「如果今天是打仗，至少有守則可以參考，我們還知道該如何應對，但碰上這種事情能怎麼辦啊？」當時負責指揮民防的人究竟是誰？都是一些退役將領和上校。對他們而言，戰爭開打就是要聽到電台播放政府公告和空襲警報，一定要有地雷和燃燒彈攻擊才算數……他們壓根沒意識到時代早已不同了。這種心理需要徹底扭轉……事實上也真的扭轉了……事到如今我們才知道，原來就算戰爭打得如火如荼，我們還是會擺上一桌好菜，坐著泡茶，有說有笑……甚至連自己怎麼死的都不會察覺到……

所謂民防其實是老男人玩的遊戲。他們斥資上百萬，籌辦遊行，策畫軍事訓練……經常不給任何解釋就叫我們停班三天去參加軍事訓練。在這個他們稱之為「以防核戰爆發」的遊戲中，男人當軍人及消防員，女人則是當義勇救護隊隊員。人人都會拿到連身工作服、靴子、急救包、繃帶和藥物，畢竟不這樣不行，我們蘇聯人民迎戰敵軍時可不能讓人笑話。至於祕密地圖和疏散計畫，一律蠟封好，存放在防火保險箱中。計畫規定必須在短短幾分鐘內緊急將民眾集合起來，統一帶往森林中的安全處避難，同時發布警報，提醒大家戰爭開打了……

活動最後會頒發獎盃、錦旗，並大擺流水席。席間，男人除了為我們未來的勝利舉酒，免不了也要為女人乾杯！

不久之前……已經到現在了……城裡面又發布警戒，要求居民啟動民防機制！這是一個星期前發生的事……大家嚇壞了，不過怕的不是美國也不是德國的侵襲，而是擔心車諾比是不是又出了什麼狀況，核災的噩夢會不會再度上演。

一九八六那年……我們是什麼樣的人？那場宛如世界末日的科技浩劫降臨時，我們是什麼模樣？我？我們？都是地方上的知識份子，有自己的圈子，與外界隔離，過著離群索居的生活。這是我們表達抗議的形式。圈子內我們有一套規矩，那就是不看《真理報》，不過如果是《星火》雜誌，我們反倒會相互傳閱。當時政府管制剛剛鬆綁，我們樂觀其成。在我們這個窮鄉僻壤的鄉下地方終於有地下刊物可以看。我們拜讀索忍尼辛、沙拉莫夫、葉羅費耶夫[24]等人的大作……平常到彼此家中作客時，我們老是窩在廚房裡聊個不停，傾吐著內心的渴望。渴望什麼樣的東西呢？在世界上其他地方有演員和電影明星……我們會想著：我要模仿法國影星凱薩琳丹妮芙的打扮……於是穿上可笑的長袍，將頭髮盤成奇怪的模樣……這是對自由的想望……遁入陌生的世界——另一個世界——是追求自由的方式……不過這也是一種遊戲，是逃避現實的行為。後來我們圈子裡有些人一蹶不振，成了酒鬼，有些人則是加入政黨，汲汲營營追求功名利祿。大家都相當篤定，克里姆林宮的權力高牆堅不可摧，絕不會垮……至少在我們有生之年肯定不會。既然這樣，你們那裡發生什麼事又怎麼樣，我們只要活在自己想像的世界就好了……

車諾比剛發生意外的時候，社會大眾的反應也是一樣：關我們什麼事？讓政府去操心就好啦……事故地點是在車諾比……遠的呢！一般人根本不想知道災區的實際位置在哪裡，甚至連地圖也懶得翻開來查。實情如何對我們來說已經不重要了……牛奶瓶上出現「兒童專用」及「成人專用」兩種標籤時，就表示不對勁了……我雖然不是黨員，但畢竟還是一個蘇聯公民啊。老百姓才在為「今年水蘿蔔的葉子怎麼長得這麼像甜菜啊！」感到恐慌，晚上電視立刻就公開宣導：「切勿輕易受人挑撥！」消解了大家心中所有的疑慮……至於五一節大遊行呢？沒有人強迫我們參加。像是我，沒有人要求我一定得去。選擇權其實都掌握在我們自己手上，只是我們棄而不用而已。我從沒見過有哪一次的五一遊行比那年還要來得熱鬧，來得歡樂。危險歸危險，但就是很想走進人群，和大家一起相互扶持，狠狠把主管、政府和共產黨痛罵一頓……現在我時常思考，也不斷尋索到底是哪裡出了差錯……歸根結柢，問題出在於我們本來就欠缺自由……所謂的自由思想頂多也只是：「水蘿蔔能不能吃？」不自由其實一直植在我們內心之中……

我在「化纖」當工程師時，工廠來了一批德國的專業技術人員，協助安裝新進的設備。我注意到這群來自另一個世界，和我們不同民族的人是如何應變的……他們一得知事故的消息，隨即要求廠方派醫生過來看診並提供放射劑量計，食物也必須接受檢驗。他們聽的是自己國家的廣播電台，相當清楚該要怎麼面對這種狀況。他們要的東西最後當然一樣也沒拿到，於是他們乾脆收拾行李，準備離境回國：幫我們訂票，讓我們回家！既然你們無法保障我們的人身安全，我們只好離開。除了罷工，他們甚至還發電報給自己的政府和元首……由於他們的家眷也跟著到我們這裡生活，所以為了妻小，為了自己的生命安全，他們不惜一切爭取到底！反觀我們呢？我們又是做何反應？喲！這些德國人真愛大驚小怪！膽小如鼠！竟然連喝個羅宋湯，吃個肉餅也要量輻射……什麼沒事不隨便出門的……真可笑！看看我們的男人，才是真男人啊！如假包換的俄羅斯男子漢！和反應爐搏命，置生死於度外！絕不苟且偷生！我們的男人赤手空拳或戴著帆布手套就直接爬上熔化的屋頂（都是看電視播報知道的），我們的小孩和老一輩的退役士官兵還上街揮旗參加遊行呢！（在心中斟酌了一番）不過啊，不懂得替自己憂心其實是不文明的表徵。我們說話時，總是用「我們」作為主語，而不是「我」，例如：「我們要發揮蘇維埃的英勇精神」，「我們要展現蘇維埃的氣節」給全世界看；但是，是「我」不想死……是「我」會害怕……

如今好好檢視並加以分析自己這一路來的心境轉變是很有意思的。我早就發現，自己對周遭世界的觀察變得特別細微，不只對外如此，對內在的自我亦然。這樣的習慣是在車諾比核災後自然而然養成的。我們現在開始會以「我」的角度來說話，譬如：我不想死！我會害怕……可是當時呢？打開電視，看到的是：在社會主義競賽中取得優勝的擠乳女工獲頒紅旗。這場景真的是我們這裡嗎？真的是在莫吉廖夫附近嗎？在鈽汙染中心的村莊？村民馬上……馬上就要遷居他處了……旁白卻說：「無論遭遇什麼狀況，人民依然捨身勞動」、「這是見證勇氣與骨氣的奇蹟」。反正天翻地覆也無所謂！邁開革命的腳步就對了！我雖然不是黨員，但畢竟還是一個蘇聯公民啊。電視上一天到晚告誡著大家：「各位同志，切勿輕易受人挑撥！」社會大眾心中的疑慮居然就這麼一掃而空……

（電話聲響起。半小時後才重新開始原先的談話）

我對於每一個會思考這件事的人……每一個跳脫陳舊思維的人都很感興趣……

未來我們需要的，是將車諾比事件視作一道哲學問題，去了解箇中道理。刺鐵絲網隔出了兩個國度，其中一個是管制區，另外一個是剩下的世界。在管制區周圍，那些底部逐漸腐朽的柱子像十字架一樣，掛了許多白色繡花巾。這是我們的習慣。大家把這個地方當作墓園。在這個後科技的世界裡……時間往後倒退……葬送在這塊土地上的，不只他們的家園，還有整個信仰科學與推崇公正社會理念的時代！先是阿富汗戰爭，後來又出了車諾比這場事故，一個偉大的帝國就此四分五裂，蕩然無存。帝國分崩離析後，我們只能自立自強。我一直不敢說出口，不過事實上我們……我們是愛車諾比核災的，我們喜歡這場意外，因為它就像戰爭，再次為我們的人生和痛苦賦予意義……核災使得世人知道了我們白俄羅斯的存在，它為我們開啟了通往歐洲的一扇窗。我們既是核災的犧牲者，同時也是獻身者。開口說這番話真叫人膽戰心驚……這是我不久前才領略到的……

來到管制區……連聲音聽起來都和其他地方迥然不同。隨便走進一間屋子……感覺跟看到睡美人沒什麼兩樣。要是東西沒遭竊，留在原地的相片、生活用品以及家具會讓人誤以為還有人住在這裡。有時候確實會碰到居民……不過他們不在乎核災，在乎的反而是政府欺騙了他們。這些人擔心自己是不是真能獲得應有的補償，計較別人會不會拿得比自己多。我們的人民總是覺得在歷史發展的進程中，每次發生大事，自己都被蒙在鼓裡。一方面這是質疑、否定一切的表現，另一方面則是凡事天注定的心態使然。他們不相信政府，也不相信科學家和醫生，但自己卻又無所作為。真是一群生性天真、只會袖手旁觀的人。好像只要知道自己受苦受難有它的意義和理由，其他的也就不那麼重要了。沿著田野周邊行走，一路上都掛著「高輻射危險」的警告標語，可是仍然有人在田裡耕作。輻射劑量明明高達三十、五十居禮……拖拉機的駕駛座竟然沒有窗子，司機就這樣將輻射塵吸入體內……都已經過十年了，到現在我們拖拉機的駕駛座還是開放式的。都已經過十年了呀！我們到底算什麼？在輻射汙染的土地上，下田工作，生兒育女，我們的痛苦究竟有什麼意義？我們為什麼要忍受這些折磨？為什麼人生要這麼坎坷難行？針對這些問題我和朋友有過不少的爭辯與討論。管制區並不是多少侖目、多少居禮、多少微侖琴這些冷冰冰的數據，裡面住的都是活生生的人，是我們的人民。車諾比還真是給我們這個原本已經病入膏肓的體制「幫了一個大忙」……又一次的危機，使得所有的物資、糧食都改用配給制。以往政府官僚口口聲聲說「要不是因為戰爭，不然就……」的那一套說詞，現在全都可以用車諾比來代換——「要不是因為車諾比，不然就……」他們動不動就眼眶含淚，哭喪著臉，說日子過得有多悲痛，要政府多撥發一點物資下來，好讓大家能分到些東西。但是，實際上他們只是藉此中飽私囊，閃避職責罷了！

儘管車諾比核災已經步入歷史，我的工作和日常仍脫離不了它。我四處走訪……觀察各地的狀況……有一次我來到一座民風古樸的白俄羅斯村莊。在白俄羅斯式的農舍中，沒有廁所，沒有熱水，有的是聖像畫、木造的水井、繡花巾和墊子，以及村民熱情好客的心。我們進到一戶人家喝水時，女主人從一口和她一樣歷經歲月風霜的箱子中拿出一條繡花巾要送給我：「這就給你當作是來過我家的紀念品吧！」那裡有森林，有草原。地方上仍保留著公社，居民在住家周圍擁有自己的土地和乳牛，那是殘存的自由。車諾比核災後，居民搬到歐式風格的城鎮生活，就好像遷居「歐洲」一樣。我們當然可以蓋出更好、設備更完善的房子，但在外地重建這一整個與居民血脈相連的世界絕對是癡人說夢！這樣的做法不僅對人的心理產生了巨大衝擊，也破壞了長久以來的傳統和文化。那些新建的城鎮五顏六色，有著深淺不一的藍，以及交錯夾雜的紅與黃，名稱不是象徵春光明媚的麥斯基，就是意指風和日麗的索涅奇內，感覺像極了地平線上誆人耳目的海市蜃樓。歐式住宅比起傳統農舍相對舒適許多，這鐵定是未來必然的趨勢，但未來並非一蹴可幾……核災讓民眾退化成落後的野人，只會等著飛機和公車送來人道救援物資，卻從來不懂得能夠逃出煉獄，有房子可以住，有乾淨的土地可以用，是多麼幸運的一件事；他們從沒想過自己應該出力救助那些血液和基因中留下車諾比印記的小孩，只知道一味等待奇蹟發生……您知道大家上教堂都向神求些什麼嗎？不是身體健康，也不是達成某個目標的力量，而是求上天施展神蹟……我們的人民已經太習慣要什麼都用求的……有時候央求其他國家，有時候則是央求上天……

住在那些歐式住宅就如同關在獸籠一樣讓人崩潰。人在那種地方非但不自由，而且還過著行屍走肉般的生活。滿腹的委屈與恐懼導致什麼事也做不好。於是民眾支持共產主義，等待著……管制區需要的是共產主義……每一場選舉都有人因為懷念史達林時期的軍事統治而支持強硬派的候選人，對他們而言，那就等於公平正義。管制區就是採行軍事化的管理方式，除了有駐警，人人都穿著軍裝，而且進出受到管制，糧食還得用配給的，人道救援的物資一律由官員分配。雖然每一隻箱子上都特別用俄德兩種語言注明：「不得交換或轉售。」可是變賣物資的情況屢見不鮮，隨便一個售貨亭都看得到……

有一次我帶了一批前來提供人道救援的車隊。那也像是一場遊戲……一齣廣告表演……那群和我們素昧平生的外國人……或奉主耶穌之名，或為了其他理由來到我們這裡。我們國人穿著絨毛衣、棉襖和人工皮革製的靴子站在泥淖中……我從他們的眼神中看得出來：「我們什麼也不要！反正拿了還不是會被偷走！」但是，就在一旁……卻有人覬覦著箱子裡的舶來品。我們其實都知道哪個阿婆住哪邊……就像保育區一樣……她們失去理智的欲望令人生厭……真可惡！我冷不防說了一句：「我們現在就給你們去非洲也找不到，全世界都沒有的東西！兩百居禮、三百居禮……」我發現那些阿婆臉色一變，索性「演」了起來。她們有一套倒背如流的說詞，曉得什麼情況該掉幾滴眼淚做做樣子。第一次有外國救援團體來的時候，她們什麼也不說，只是一個勁兒地哭，現在倒懂得說話了。也許這樣小朋友就能拿到口香糖，或多拿一箱衣服……也許……這當中其實相當值得深思，他們面對死亡和時間有自己的立場。他們絕不會為了德國巧克力或口香糖，拋棄家園和故鄉的墓地……

回程的路上，我指著外頭說：「大地真美啊！」西沉的夕陽斜照著森林和草原，像是在向我們道別。「是啊，」同行的德國人中有一個懂俄語的人回答道，「美歸美，卻毒得很啊！」他手裡拿著一把放射劑量計。

我明白，只有我才能領會這暮色的可貴，因為這是養我育我的土地。

——羅斯洛娃，莫吉廖夫女性委員會「車諾比之子」主席

小朋友大合唱

阿遼沙九歲，安妮雅十歲，娜塔莎十六歲，列娜十五歲，尤拉十五歲，奧莉雅十歲，斯涅冉娜十六歲，伊拉十四歲，尤莉雅十一歲，凡尼亞十二歲，瓦金九歲，瓦夏十五歲，安東十四歲，馬拉特十六歲，由麗婭十五歲，卡嘉十四歲，鮑里斯十六歲

「那時候我躺在醫院的病床上……

全身痛得不得了……我苦苦哀求：『媽媽，我真的受不了了。讓我死吧！』」

「天上烏雲密布……雨下得又急又猛……

路上的水窪像是遭人偷倒顏料，有黃有綠……有人說那只是因為花粉的關係……我們盯著這些水窪看不敢踩。奶奶把我們帶到地窖裡面躲起來，她自己則是跪在地上不停祈禱並告誡我們：『快點禱告！世界末日來了。我們有罪，這是上天在懲罰我們。』我哥當時八歲，我才六歲。我們兩個回想著以前犯了什麼罪過：他曾經打破覆盆子果醬的玻璃罐……至於我，有一次新買的洋裝鉤到籬笆破了，我沒有誠實跟媽媽說，還偷偷藏到衣櫃裡面……

媽媽常常穿黑色衣服，戴黑色頭巾。我們那條街上每天都有人下葬，死者親友哭得死去活來……我只要一聽到出殯的音樂，就會立刻跑回家唸〈主禱文〉。祈禱爸爸媽媽平安無事……」

「士兵開車來載我們的時候，我以為戰爭開打了……

阿兵哥肩上背著真正的衝鋒槍，口中說著一些像是『除汙』、『同位素』這類我們聽不懂的詞。路上我做了一個夢。夢裡面發生了一場大爆炸。我雖然活了下來，可是家園毀了，父母罹難，連麻雀和烏鴉也死光了，嚇得我從夢中驚醒……我連忙拉開窗簾往車窗外探，看看天上有沒有可怕的蕈狀雲。

我記得有一次看見阿兵哥在追捕一隻貓……放射劑量計碰到貓就像衝鋒槍一樣噠噠噠叫個不停。貓的後面有一個小男生和一個小女生，原來那是他們養的貓……小男生沒什麼反應……反倒是小女孩扯著嗓子大叫：『不准你們捉！』她邊跑邊喊：『小貓咪，快跑！快跑啊！』

那個阿兵哥手裡拿著大大的玻璃紙袋準備要捕捉貓咪……」

「我們把白倉鼠關起來留在家裡，準備好兩天份的飼料給牠吃。

可是我們再也沒回去過了……」

「那是我第一次搭火車……

車上擠滿了小孩，年紀比較小的全身弄得髒兮兮，吵個不停。一個女老師負責二十個人，每個都又哭又鬧：『媽媽！媽媽在哪裡？我要回家！』我當時才十歲。同齡的女孩子和我一起幫忙安撫這些小弟弟、小妹妹。月台上有一些女人特地來等我們，她們對著火車畫十字，拿出自己做的餅乾、牛奶和熱騰騰的馬鈴薯給我們吃……

我們的目的地是列寧格勒州。火車每次進站，民眾總是站得遠遠的，不停在胸口畫十字，心裡怕得要死。沿途停靠的每一站都會派人出來清洗我們的列車，而且洗很久。其中有一站火車停好之後，我們跳下車廂，跑進小吃部買東西吃。因為我們在裡面，所以站務員不准其他人進入：『車諾比的那些小孩在裡面吃冰淇淋。』小吃部店員不知道在電話上跟誰說話：『等他們離開，我們會用漂白粉把地板洗乾淨，杯子也會統統用滾水煮過。』這些話我們都聽在耳裡……

幫我們看診的醫生頭上戴著防毒面具，手上套著橡膠手套……有人把我們身上的衣服、私人物品，甚至是信封袋、鉛筆和原子筆沒收到玻璃紙袋裡面，拿去森林掩埋了……

我們嚇壞了……接下來的日子我們一直在等死……」

「爸爸和媽媽親親之後就把我生下來了。

我本來以為永遠都不會死，現在才知道自己錯了。住院的時候，躺在隔壁床的男生瓦季克把他畫的小鳥和房子送給我……他已經死掉了。死亡不可怕，只是會一直睡一直睡，不再醒過來而已。瓦季克說他死了以後會到另一個地方去住，這是一個大哥哥告訴他的，所以他一點也不怕。

我有一次夢到自己死翹翹。夢裡面我聽到媽媽在哭，然後我就醒過來了……」

「我們離開家的時候……

我想說說奶奶和老家道別的故事。離開那天她叫我爸去倉庫拿一袋小米，她把小米倒在花園裡面，說道：『這些給上天的小鳥吃。』接著她把撿好放在籃子的雞蛋丟到院子，說道：『這些給我們家的貓和狗吃。』她還切了一塊醃豬油餵牠們。她也將紅蘿蔔、南瓜、小黃瓜、洋蔥等五顏六色的種子從袋子中抖出來撒在菜園裡，說道：『讓它們回歸大地吧！』最後她彎下腰向老家鞠了個躬……向板棚鞠了個躬……繞著每棵蘋果樹走一圈後也一樣深深地鞠了個躬……

爺爺則是在臨走前脫下了他的帽子……」

「我當時年紀很小……

六歲，不對，應該是八歲。對，現在算算，是八歲沒錯。我記得那時候什麼都怕，不敢打赤腳在草地上跑，因為媽媽嚇唬我說這樣做會死掉，也不敢游泳、潛水，不敢採森林裡的堅果，不敢抓甲蟲……因為蟲子在地上爬，而土地又有輻射汙染，螞蟻、蝴蝶、熊蜂全部都遭到輻射毒害。媽媽回想那段日子時，她說藥局的人建議她每天給我服用碘三次，每次一茶匙，但她嚇都嚇死了……

期待春天來臨的同時，我們不知道洋甘菊會不會再長出來。不管是廣播中或電視上，到處都說世界要變了……說洋甘菊會變成……到底會變成什麼？反正會變成別的東西就對了……還說狐狸會生出兩條尾巴，刺蝟的刺會消失，玫瑰長不出花瓣，人以後則是會變成似人非人的生物：一身黃色皮膚，不長頭髮，沒有睫毛，只剩眼睛。晚霞也不會再是紅色，而是綠色。

我當時年紀還小……才八歲而已……

結果春天一到……鮮綠的嫩葉一如往常從芽點舒展開來，蘋果樹白花綻放，稠李香氣撲鼻，洋甘菊也吐花了，什麼也沒變。於是我們衝去小溪邊問漁夫：『湖擬鯉的頭和尾巴還是長得跟以前一樣嗎？那狗魚呢？』我們也看了巢箱，想確認椋鳥有沒有飛回來下蛋。

我們四處奔忙……把所有東西都檢查了一遍……」

「我聽到大人說的悄悄話……

打從我出生的一九八六年起，我們村裡沒有人生下一兒半女，我是唯一的一個。醫生不准人生小孩，講說生了會怎樣又怎樣，嚇得我媽趕緊離開醫院，躲到外婆家去……我就是因為這樣才有機會出生。這些都是我偷聽到的……

我是獨子，我很想要有弟弟妹妹。小孩到底是從哪裡來的？要是我知道的話，一定要去找一個弟弟回來陪我。

外婆給了我好幾個不同的答案：

『小孩是灰鳥仔用嘴巴叼來的，有時候女孩子也會從平原上長出來，也有人曾經在漿果堆裡面找到小鳥拋棄不管的男孩子。』

媽媽說的又是另外一回事：

『你是從天上掉下來的。』

『怎麼掉下來的？』

『下雨的時候，你就跟著掉進我的懷裡啊。』

阿姨，你是作家對吧？出生之前為什麼沒有我這個人呢？這樣子的話，我那時候人在哪裡呢？在很高很高的天上嗎？還是在另一個星球呢……」

「我以前很愛逛展看畫……

我們城裡曾經舉辦過一場車諾比主題的畫展……有的作品畫的是全身長滿八到十隻腳的幼馬在野地上奔馳，有的畫的是天生有三顆頭的小牛，或是關在籠子裡光禿禿像塑膠做的兔子……也有作品畫的是人穿著太空服在草原上遊走……不然就是樹比教堂高，而花和樹一樣高……我沒有把畫全部看完。其中有一幅畫的是伸手想要抓蒲公英或太陽的小男孩，他臉上本來該是鼻子的地方長出了長長的象鼻。我內心一股想哭想吶喊的衝動在翻滾：『我們不需要看這種展覽！不要拿這種畫來給我們看！平常大家開口閉口不是死亡就是突變，我們已經聽夠了，我不想再看到這些東西！』開展當天有民眾去參觀，可是接下來的每一天一個人影也沒有。新聞報導說這畫展辦在莫斯科和聖彼得堡場場都是萬人空巷，唯獨在我們城裡卻門可羅雀。

我去過奧地利接受治療。有些當地人會把男孩長出象鼻或是手變成鰭這類的照片掛在家裡天天看，好提醒自己世界上有人生活在水深火熱之中。對於實際住在這裡的人而言，那樣的畫面既不是天馬行空，也不是藝術創作，而是真實不虛的人生，是我的人生……如果讓我選，我寧可在房間掛一幅有樹有鳥、正正常常、平平凡凡又賞心悅目的美麗風景畫……

我希望心裡面想的都是美好的事物……」

「意外發生後的第一年……

我們鎮上的麻雀全死光了……花園裡、柏油路上，到處都是牠們的屍體。大家把死掉的麻雀掃起來倒進垃圾桶，和落葉裝在一起載走。落葉因為有放射性，所以那一年政府不准我們燃燒，只能掩埋。

過了兩年出現麻雀的蹤跡，我們高興得不得了，逢人就說：『我昨天看見麻雀了……牠們回來了……』

但是，消失的金龜子一直到現在還是不知道在哪裡，也許就像老師說的，還要再等個一百年、一千年吧！我今年才九歲，也就是說連我也沒有機會見到牠們……

我奶奶已經那麼老了，她還有機會嗎？」

「九月一日是學校的開學典禮……

沒有人拿花，因為我們知道花含有大量輻射。以往新學年開始前，忙著整理校園的是細木工和油漆工，但那年換成了士兵。這些士兵割掉花草，鏟除土壤，然後裝入拖車運走。多年來陪伴居民的大片公園綠地也難逃毒手，老椴木全砍光了。我們村裡有個娜嘉奶奶……有人過世的時候，村民都會託她到家裡哭喪，順便替死者祈禱。『沒遭雷劈，沒鬧乾旱，也沒碰上海水倒灌……怎麼會一棵棵樹都像棺材一樣倒在地上呀……』她把樹看作是人一樣對待，為它們難過落淚。『唉呀！可憐的橡樹啊……可憐的蘋果樹唷……』

一年後，政府疏散村民，隨後夷平掩埋我們村莊。我爸爸是司機，去過現場，他把看到的情況一五一十說給大家聽：善後人員先是挖出一個深約五公尺的大窟窿……消防隊員用瞄子噴水把房子從頭到腳沖洗一遍，窗戶、屋頂、門檻都沒放過，就怕輻射塵到處亂飄。接著起重機將房子拆除丟到窟窿裡……玩具娃娃、各種小本子和罐子三零四散……怪手挖啊挖，把全部的東西用沙子、泥土覆蓋之後，再夯實壓密。好好的村子成了一塊平地。我們的家、我們的學校和村蘇維埃都葬身在那裡……我蒐集的植物標本和兩本集郵冊也在那裡，真希望可以拿回來。

我本來有一台腳踏車……才剛買沒多久啊……」

「我十二歲……

我有殘疾，所以總是待在家裡。郵差除了送退休金給爺爺，也送撫恤金給我。班上的女同學得知我有血癌，都不敢跟我一起坐，也不敢碰我。可是我看了看自己的雙手……再看了看文件夾和筆記本……沒什麼不一樣啊！為什麼要怕我呢？

醫生說我爸爸是從車諾比工作回來後生下我的，所以我才會生病。

就算這樣，我還是很愛我爸爸……」

「我從來沒見過這麼多阿兵哥……

他們清洗樹木、房子、屋頂，還有集體農莊的牛……我心想：『森林的動物真可憐！都沒有人幫牠們清洗，肯定無法活命。森林也沒有人管，看來要完蛋了。』

老師對我們說：『今天我們來畫輻射吧！』於是我畫下黃色的雨和紅色的河……」

「我從小就喜歡碰機械……夢想是有一天可以和爸爸一樣當個技術人員。我爸他熱愛機械，以前他總是會帶著我一起設計、製作機器……

爸爸離開那時我在睡覺，沒注意到他準備出門的聲音。早上起床我看見一臉哭得慘兮兮的媽媽，她告訴我：『爸爸去車諾比了。』

爸爸的離開就像出征去打仗，我們盼望著他能早日回家……

他返家後，又回到工廠繼續上班，在車諾比發生的事他一個字也沒提過。在學校我臭屁地對同學說我爸爸去車諾比當過善後人員，還跟他們解釋善後人員是去幫忙救災的英雄！男生聽了都露出羨慕的眼神。

一年過後我爸病倒了……

動完第二次手術，我陪著爸爸到醫院外的小公園散步……那天是他頭一次對我談起他在車諾比的事情……

他們出勤的地方距離反應爐不遠。他一邊回憶一邊說：『那裡雖然環境靜謐，風景宜人，但就是不大對勁。花園裡花團錦簇，可是人都走光了，有誰看得到呢？車子行經普里皮亞季的時候，可以見到住家陽台晾著還沒收的衣服和盆栽，立在樹叢底下的腳踏車上頭仍舊掛著裝滿報紙和信件的郵差包，包包已經成了小鳥築巢的所在了。這一切有如電影般的場景，我是親眼看見的……』

他們雖然把該丟的東西都『清洗』過了，銫、鍶汙染的土壤也鏟除了，但隔天拿出放射劑量計一測，還是響個不停。

『臨行前，長官握了握我們的手，頒發證明書給每一個人，感謝大家的犧牲奉獻。』爸爸不時提起過去這段往事。最後一次出院那天他告訴我們：『如果能活下來，我再也不碰物理化學，我要辭掉工廠的工作……當個牧人就好……』

現在只剩下我和媽媽相依為命。媽媽雖然希望我進入我爸畢業的技術學院就讀，但我決定不去了……」

「我有個弟弟……

他很喜歡拿車諾比當作遊戲主題，例如蓋防空洞、倒沙子覆蓋反應爐等等，或是打扮成稻草人追著大家一直喊：『喔──喔──喔──！我是輻射！』來嚇唬人。

核電廠出事時，他還沒出生。」

「我每天晚上都在飛翔……

在一片刺眼的亮光中飛翔……那不只是現實或虛幻，那同時是現實，是虛幻，也是超越兩者的空間。夢中的我知道自己能夠深入這個世界探索、逗留……也可以乾脆不要回來？我的舌頭不靈光，呼吸不順暢，幸好在這個世界，我不需要開口和人說話。以前我曾遇過類似的情況。是什麼時候呢？我不記得了……我希望可以和人打成一片，可是除了亮光，我誰也沒見到……我感覺自己彷彿可以觸摸到光似的……我感覺我是那麼的巨大！我雖然和大家在一起，卻又落單在一旁，孤伶伶一個人。現在這場夢中的畫面就像是我在很小的時候看過的繪畫……那一刻我無法思考任何事情，除了……忽然窗開了，一陣突如其來的風吹了進來……是怎麼一回事？風是從哪裡來的？我和其他人產生了連結，有了互動……不過醫院這些死氣沉沉的牆壁是一大阻礙。我的身體還是太過虛弱……亮光刺得我什麼都看不見，我撇過頭躲開光線……我不斷拉長身子往高處看……

然後媽媽就來了。昨天她在病房擺了一幅聖像畫，一個人跪在角落喃喃自語。那些教授、醫生和護士什麼都不說，他們以為我不會起疑心，以為我不知道自己死期將至。我每天晚上都在學習著怎麼飛翔……

誰說飛上天很容易？

我以前會作詩……五年級的時候，我暗戀過一個女生……到了七年級，我知道人是會死的……我非常欣賞西班牙詩人賈西亞・羅卡。我在他的作品中曾經讀到這麼一個詞：『吶喊的黑暗根源』。晚上讀詩，味道特別不同……我開始學著飛翔……雖然不喜歡這個遊戲，不過我別無選擇。

我最要好的朋友叫安德烈……他動完兩次手術先出院回家，等待半年後再動第三次手術……他本來是校內的足球好手，但醫生不准他跑，不准他跳。某天，他趁著班上同學興高采烈出去上體育課，在沒有人的教室用皮帶上吊自殺了。還……還來不及開刀他就……

我在這裡本來有很多朋友……像是尤莉雅、卡嘉、瓦金、奧克桑娜、奧列格，不過他們都走了……現在連安德烈也……安德烈曾說：『我們死後會成為別人研究的對象。』卡嘉卻認為：『我們死了也不會有人記得我們。』奧克桑娜有個請求：『等我死了，我不要葬在墓園。我最怕墓園了，那裡只有死人和烏鴉。把我葬在草原吧……』尤莉雅哭著說過：『我們都會死……』

現在抬頭，我總覺得天上好熱鬧……因為他們都在那裡……」

注解

1 前蘇聯、俄羅斯、烏克蘭的學制中，有副博士和全博士，取得副博士後可修讀全博士，該階段由研究生自行研究，待提出對學術界有貢獻的論文後才可取得學位。

2 保爾・柯察金（Павел Корчагин）是長篇小說《鋼鐵是怎樣煉成的》（Как закалялась сталь）的主角。該作者蘇聯作家奧斯特洛夫斯基（Николай Островский，一九〇四～一九三六）於一九三四年寫成出版。

3 喀山（Казань）是蘇聯時代位於韃靼蘇維埃社會主義自治共和國（Татарская Автономная Советская Социалистическая республика）的城市，是今日俄羅斯境內韃靼斯坦共和國（Республика Татарстан）的首府。

4 亞當莫維奇（Алесь Адамович，一九二七～一九九四）是蘇聯時期的白俄羅斯作家及電影編劇，著有《我來自燃燒的村莊》（Я из огненной деревни）、《哈騰故事》（Хатынская повесть）等文學作品，以及《自己去看》的電影劇本；同時，亞當莫維奇也積極參與社會運動，不僅催生八〇年代末期至九〇年代初期主張政治改革、推動民主的「白俄羅斯人民前線復興運動」（Белорусский народный фронт «Возрождение»），也在一九八九至一九九二年間擔任「援助車諾比災民國際基金會」（Международный фонд «Помощи жертвам Чернобыля»）的共同理事長。

5 查拉圖斯特拉是德國哲學家尼采著名哲學書籍《查拉圖斯特拉如是說》（Also sprach Zarathustra）中的主角。在此書中，尼采借用古代波斯祆教先知查拉圖斯特拉（即瑣羅亞斯德）的名義講述自己的理論。

6 恰達耶夫（Чаадаев，一七九四～一八五六）俄國作家。一八三六年發表《哲學書簡》，被沙皇尼古拉送進精神病院。他是俄國十九世紀初葉具有進步的哲學觀點和政治思想的代表人物之一。他在《哲學書簡》中，對俄羅斯的歷史、文化進行了深刻的反省和批判，對沙皇專制統治表示強烈不滿，主張俄國學習西方先進文明，走自由民主的發展道路。

7 阿赫瑪托娃（Анна Ахматова，一八八九～一九六六），俄羅斯「白銀時代」的代表性詩人。阿赫瑪托娃為筆名，原名是「安娜・安德烈耶芙娜・戈連科」（Анна Андреевна Горенко）。在百姓心中，她被譽為「俄羅斯詩歌的月亮」（普希金曾被譽為「俄羅斯詩歌的太陽」）；在蘇聯政府的嘴裡，她卻被汙衊為「蕩婦兼修女」。代表性作品為《安魂曲》，女詩人藉這首長詩，在未曾平反的歲月裡，悼念那些在一九三〇年代肅反擴大化中被冤屈而死的所有無辜者。

8 美國物理學家亨利・史邁斯（Henry D. Smyth，一八九八～一九八六）撰著並於一九四五年八月十二日發行的《史邁斯報告》（Smyth Report）。該書是美國原子彈研發計畫——「曼哈頓計畫」（Manhattan Project）的沿革報告書，旨在說明原子彈的發展歷程與科學原理。

9 利加喬夫（Егор Кузьмиг Лигачев，一九二〇～），蘇聯黨和國家領導人。利加喬夫是蘇共黨內主張穩重改革的代表人物之一，主張在社會主義選擇範圍內進行改革，反對否定蘇聯七十年社會主義的成就，強調階級鬥爭、共產黨的領導。

10 斯基泰人（скифы），希臘古典時代在歐洲東北部、東歐大草原至中亞一帶居住與活動的農耕民族，一部分為半游牧民族。中國《史記》、《漢書》記錄的塞種可能源自這個民族，是哈薩克草原上印歐語系東伊朗語族之游牧民族，其隨居地從今日俄羅斯平原一直到河套地區和鄂爾多斯沙漠，與中國甲骨文和文獻的鬼方、犬戎是史載最早游牧民族之一。

11 可薩人（хазары），常指一西突厥的屬部落，所建汗國是中世紀初期最大的汗國。最早見於《隋書・北狄傳》，《舊唐書・西戎傳》和《新唐書・西域傳下》稱其為「突厥可薩部」。

12 薩爾馬提亞人（сарматы），上古時期位於西徐亞西部的游牧部落聯盟。

13 辛梅里安人（киммерийцы）最早的歷史紀錄出現在一份西元前七一四年的亞述編年史中。這份資料記錄了一個被稱為 Gimirri 的民族幫助亞述王薩爾貢二世打敗烏拉爾圖王國的事件。

14 瓦斯蒂克人（хуастеки）在前哥倫布時期是屬於中部美洲文明的一部分。據考古學對其遺址的研究，發現其文明可追溯至西元前十世紀。在前哥倫布時期，瓦斯蒂克人共建造了階梯金字塔上的神殿、雕刻獨立坐落的雕像，並製造了精心彩繪的陶器。

15 《自己去看》（Иди и смотри），一九八五年發行，蘇聯導演克利莫夫（Элем Климов,1933-）執導的戰爭題材電影。內容講述二戰期間納粹德軍在占領區對白俄羅斯人民施暴的悲慘故事。

16 庫巴拉（Янка Купала，一八八二～一九四二）是白俄羅斯詩人和劇作家，其作品公認為白俄羅斯文學經典。

17 科拉斯（Якуб Колос，一八八二～一九五六）是白俄羅斯詩人和作家，為現代白俄羅斯文學奠定根基的巨擘。

18 葛利格（Эдвард Григ 一八四三～一九〇七）是挪威浪漫主義作曲家，作品多以民間風俗、北歐傳說、文學作品及自然風景為創作題材。代表作有〈皮爾金組曲〉。

19 沙勒姆．亞拉克姆（Шолом-Алейхем，一八五九～一九一六）是帝俄時期的猶太裔作家和劇作家，是現代意第緒語文學創作的重要奠基者。著名歌舞劇《屋頂上的提琴手》即是以沙勒姆．亞拉克姆的短篇小說集《牛奶商人特維》（Тевье-молочник）為藍本改編而成。

20 《真相時刻》（Момент истины）是俄國的政論性談話節目，內容主要關注重大社會政治議題，諸如貪腐、毒品、犯罪等。節目自一九九二年開播，目前已於二〇一七年停播。

21 雅科夫列夫（Александр Яковлев，一九二三～二〇〇五）是蘇聯政治人物，曾任職於蘇聯共產黨政治局與書記處。是戈巴契夫改革計畫的重要幕後推手之一。

22 謝爾比納（Борис Щербина）是蘇聯政治人物，曾於一九八六年受命主管車諾比核災善後行動政府委員會的相關事務。

23 前白俄羅斯最高蘇維埃主席團主席舒什克維奇（Станислав Шушкевич，一九三四～）曾於一九九四年遭盧卡申科（Александр Лукашенко，一九五四～）指控竊取一盒鐵釘作為修繕私人鄉間別墅之用而被迫下台，此即「鐵釘竊盜案」（Дело о краже ящика гвоздей）。

24 葉羅費耶夫（Виктор Ерофеев，一九四七～），俄羅斯作家。其作品的主要著眼點是改革時代俄羅斯現實社會生活中的陰暗面，力圖以揭示現實生活中的種種惡現象來喚醒俄羅斯人民的良知。

孤獨人聲

不久以前我曾是那樣的幸福。為什麼呢？我已經忘記了……

一切都遺留在另一段人生當中……我不懂……我不知道該怎麼做才能讓生活重回正軌。我好想要正常的生活。雖然現在可以跟您談笑風生，但我以前其實過得很苦悶……整個人彷彿停了機一樣……我一直渴望找個對象傾訴心事，不過我不想找人談，所以我才會上教堂，因為那裡很安靜，靜得像在山林之中，靜得可以讓人拋開塵世間的種種。每天早上一清醒……我習慣伸手摸看看他人現在在哪。床上還擺著他的枕頭，房裡還有他的味道……不知名的小鳥常會叼著風鈴草在窗台上一邊徘徊，一邊啼叫，那樣的聲音我從沒聽過。他人在哪裡呢？很多話我沒辦法完整表達出來，並非所有事情都能夠用言語說清楚。我不知道我是怎麼活過來的。女兒晚上走上跟前：「媽媽，我書都念完了。」我才赫然想起自己還有小孩要顧。他到底去哪兒了呢？「媽媽，我的釦子掉了。幫我縫。」我要怎麼做才能到他所在的世界見上他一面呢？只要意識還清醒，我闔上眼睛，滿腦子想的都是他，睡著之後也會夢見他，但他的身影只是一閃而過，我甚至可以聽見他的腳步聲……他究竟消失到哪裡去了？他的人到底在哪裡啊？他根本不想死，生前總是眼巴巴地盯著窗外的天空……我會幫他多塞一顆枕頭將頭部墊高，一顆不夠就再塞第

二顆、第三顆……他在病床上拖了一年的時間才過世……我們實在沒辦法輕易說分就分……（沉默許久）

不會的，您不用擔心，我不會哭……我早已忘記怎麼哭了，我只想一吐為快……也許下一次我會因為無法承受內心的重擔，而和我的朋友一樣，試圖說服自己什麼都不記得了，以免精神崩潰……我那個朋友她……我們的先生是同一年過世的。他們曾一起在車諾比服役。她打算找個人重新開始，拋開過去，不再對死去的老公念念不忘……對，我能理解她的心情。我知道……人必須往前看……她還有小孩要照顧……沒有人走過我們走的路，也沒有人見識過我們見識到的事物。一直以來我總是把話往肚子裡吞，直到有一天在火車上我忍不住，對著素昧平生的乘客大吐苦水。為什麼呢？因為一個人承受這一切太可怕了……

他是在我生日那天出發去車諾比的……車子開到門口接他的時候，客人還在用餐。他向大家說聲抱歉，接著吻了我一下便離開了。一九八六年十月十九日，那天是我的生日……他的職務是裝配員，因為工作關係，常常得到蘇聯各地出差，我總是在家等他回來。這樣的日子持續了好幾年，我們像戀人一樣，不停地離別又重逢。那一天……只有我婆婆和我媽感到害怕，我和他反而相當鎮定。如今我常想：為什麼會這樣？我們明明知道他要去的是什麼地方啊！當初好歹也應該去跟隔壁小孩借十年級物理課的課本來翻翻才對。他在那邊不大戴帽子。一年之後，他那些弟兄一個一個都開始掉頭髮，他卻和別人相反，頭髮愈長愈濃密。他們那群弟兄全走了，同一支小隊裡面的七個人統統過世了。他們都還年輕氣盛……居然就這樣陸陸續續離開人世……第一個是退伍後第三年死的……當時大家以為只是巧合，覺得那是他的命。可是後來又接連走了一個、兩個、三個……搞得每個人都在盤算什麼時候會輪到自己……他們就這樣一天挨過一天！我老公是最後一個去世的……他們那群裝配員負責高空作業……必須爬上電線杆，將清空的村子的電源切斷。他們穿梭在空無一人的屋子和街道上，無時無刻不在高空中工作。我老公他身高將近兩百公分，體重九十公斤，壯得跟牛一樣。我們總以為：他哪有那麼容易就死掉？所以我們一直不覺得有什麼好怕的……（突然面露微笑）

哎呀！見到他回來那一刻，我實在太開心了。家裡歡天喜地，為他接風。每次他回到家我們一定會好好慶祝一番，那晚我換上一條又長又漂亮的睡衣。貼身衣物我喜歡買貴一點的。我的貼身衣物雖然都很不錯，不過唯獨那件睡衣是初夜時穿的，意義特殊，只有慶祝才會拿出來穿。我對他的身體瞭若指掌，我親吻了他全身上下每一寸肌膚，一個地方也沒放過。我甚至曾經夢過自己是他身體的一部分。我們就是如此密不可分。沒有他的日子，我茶不思，飯不想。少了他在身邊，我心如刀割。每次和他分開，我總會有一段時間變得悵然若失，不曉得自己在哪條街上，或是失去時間的概念，搞不清楚現在幾點鐘……他回到家，我親吻他的時候，感覺到他脖子上多了一粒一粒小小的淋巴結。我問他：「要不要去給醫生看看？」他安撫我：「沒多久就會消掉了。」「車諾比那邊怎麼樣？」「就是一般的工作而已。」他神情沉著鎮靜，從不炫耀自己有多威風。我從他口中只問出一件事：「不管在那裡還是這裡，情況都一樣。」列兵用餐的食堂在一樓，供應的餐點是麵條和罐頭；長官和將軍則是在二樓用餐，吃的是水果，喝的是紅酒和礦泉水。長官不只有乾淨的桌巾可以用，每個人還配有一支放射劑量計，可是他們整個小隊卻連一支也沒拿到。

我記得海的樣子……我曾經和他一起去海邊。浩瀚的海洋就像天空一樣，一望無際，那畫面深深烙印在我的腦海裡。我朋友和她的先生也跟我們一同出遊……她說印象中報紙寫道：「海水汙穢不堪，民眾生怕感染霍亂。」但是，我記得不是這樣……我記憶中一切都很美好……海水和天空一片湛藍，而且我還有他陪在身旁。我這個人生來就是為了去愛……去體會愛情甜蜜的滋味……念中學時，有的女同學立志考取大學，有的打算為共青團建設計畫貢獻心力，而我則憧憬婚姻生活，想要和《戰爭與和平》的娜塔莎一樣，轟轟烈烈愛一場。我只想好好談場戀愛！可是這番話我不敢說給任何人聽。您應該還記得，那個年代我們唯一可以抱持的夢想，除了加入共青團建設計畫，別無選擇。社會灌輸我們的觀念就是如此。許多人前進西伯利亞，深入濃密難行的泰卡林。您記得嗎？有一首歌是這樣唱的：「奔向迷霧，追求泰卡林的氣息。」我第一次考大學成績太低沒考上，於是到電話局謀了份工作。我和他是在局裡頭認識的……我負責值機……我在心裡打定主意，非他不嫁，所以我主動向他求婚：「我真的很愛你！我們結婚吧！」我愛他愛得無法自拔。他英俊瀟灑的風采……迷得我……迷得我神魂顛倒。「我們結婚吧！」這句話當初是我主動提出的。（面露微笑）

有時候我會陷在沉思的漩渦中，找各種藉口安慰自己。我常想：也許死亡並非終點，他只不過是以不同的形式活在另外一個世界而已。說不定他就在身邊守護著我？我現在在圖書館上班，平時讀不少書，也接觸形形色色的人。我希望能從談論中去了解何謂死亡。我透過各種管道尋求慰藉。我不只讀書看報……也上戲院看表演，只要主題和死亡有關我一定不缺席……少了他，我心如刀割。我實在無法一個人走下去……

他一直不願意就醫：「我沒感覺到有什麼不對勁啊，既不痛也不癢。」可是他身上的淋巴結早已腫得像雞蛋那麼大了。我費了好大一番功夫才將他拖上車，帶到醫院看診。院方要我們到腫瘤科報到。醫生幫他檢查完以後，叫了另一個醫生過來：「又是一個車諾比核災的受害者。」他們堅持要我先生住院觀察。隔周便進行手術，將甲狀腺和喉頭完全切除，並插上幾根細軟管。對……（沉默）對……我現在才知道那段日子還算幸福。天啊！我實在幹了太多無謂的蠢事。我跑遍大大小小的商店，買糖果和進口洋酒送醫生，買巧克力送看護。他們也沒拒絕。我老公笑我：「你要知道，他們不是神。這個地方別的沒有，就是化學的東西和放射線特別多，不用送糖，人人都有分。」儘管如此，我還是費盡心思四處奔走，只為了買鳥乳蛋糕[1]或法國香水。這些東西在那個年代不靠關係是買不到的。出院之前……我們……我們終於可以回家了！醫生給了我一支特殊的注射筒，還教我如何使用。我必須用注射筒幫助老公進食。該做的我都學會了。我每天煮四頓，而且絕對要是新鮮的食物。煮好的菜我會先用絞肉機絞碎，接著過篩，裝進注射筒，然後把食物注入直通胃部那條最粗的軟管中……可惜他再也吃不出味道了。我要是問：「好吃嗎？」他一句話也答不出來。

我們偶爾還是會上戲院看電影，甚至在影廳中接吻。即使生活如履薄冰，但是，感覺上算是恢復穩定了。車諾比的事情我們盡量不去提，也不去想。我們家對這個話題特別忌諱……若是電話響起，我會搶先一步，不讓他接聽，避免讓他得知弟兄一個接著一個過世的消息……某天早上我叫他起床，正當我把家居服遞給他的時候，發現他起不了身，也說不出話……他瞪著斗大的雙眼，這才驚覺事態嚴重……對……（再度沉默不語）在那之後，他拖了一年才嚥下最後一口氣……那一年他和病魔纏鬥，狀況日益惡化。其實他也知道其他弟兄性命垂危……因為這是預料中的事……車諾比核災在社會上引發熱議，不過實際上到底是怎麼一回事根本沒有人了解……我們生活中的一切全變了調──不只生出來的小孩和別人不一樣，連死法也和別人不一樣。您一定會問，車諾比核災爆發之後，人是怎麼樣的死法？我眼睜睜看著我深愛的人，我心頭上的那塊肉，變成一個怪物。他的淋巴結開刀割掉，導致血液循環系統無法正常運作；鼻子不知怎麼地歪了一邊，而且腫得比以前大上三倍左右；眼睛也變得怪怪的，兩顆眼珠子各看一邊；他的眼神讓我覺得好陌生，彷彿有人竊據了他的靈魂；後來，其中一隻眼睛再也睜不開了……我怕的是什麼？對我而言，只要他不要看見自己，不要讓那副模樣停留在他的心中就好了……可是他開始比手畫腳，要求我拿鏡子讓他照。遇到這種情形，我不是溜去廚房，假裝忘記或沒聽到，就是想辦法敷衍他。我這樣瞞了他兩天，到了第三天，他在筆記本上用粗大的字體加上三個驚嘆號寫下：「我要鏡子！！！」因為他完全無法說話，連一點點細微的聲音都發不出來，所以我們只能透過紙筆來溝通。我當下飛也似地衝進廚房翻鍋弄鏟，對他的要求視而不見，充耳不聞。他又寫了一次：「我要鏡子！！！」一樣畫上好幾個驚嘆號……我只好拿一面最小的鏡子給他。他看了鏡中的自己，雙手抱著頭，在床上不停打滾……我走向前安撫他……「如果你覺得城市人多擁擠，不想住在這裡，那麼等你身體好一點，我們就到沒有人的地方，買一棟房子，安頓下來，只有我和你兩個人一起住。」我沒騙他，只要他在，無論天涯海角我都隨他去。他就是我的一切。我對他說的字字句句全是真心話……

事情都已經發生了，如果什麼都不說，以後就什麼也想不起來了……我看得遠，也許看得

比死神還來得遠……（停頓）

我們認識那年我十六歲，他大我七歲。我們交往了兩年。我特別喜歡位於明斯克郵政總局旁那一區的沃洛達爾斯基街，我和他約會都是約在那邊的大鐘下碰面。我家住在精梳毛紡廠那一帶，赴約必須搭乘五號無軌電車，不過這號電車不停郵政總局，所以我得往前多坐一小段距離，等到了童裝店再下車。電車行駛到街角時會放慢速度，這正合我意。我每一次出門都會稍微耽擱一下，這樣我才有機會從車上偷看他。知道有一個帥哥在等我，總是讓我心花怒放。交往那兩年時間飛快，一眨眼就過去了。他有時會邀我去音樂會……聽我最愛的琵耶哈[2]演唱……舞廳我們倒是不曾去過，因為他不會跳舞。我們只要在一起，就是又親又吻……他都說我是他的「小寶貝」。我生日那天，又是我的生日……說也奇怪，我生命中的每一件大事剛好都發生在生日那一天。有過這些經驗，還能不相信命運是天注定的嗎？那天，我站在大鐘底下等他。我們約定五點見面，他卻遲遲沒出現。拖到六點，我流著眼淚，失望地走向站牌。過馬路時，一股感覺促使我回頭瞥了一眼，這才發現他穿著上班的工作服和靴子，闖過紅燈，追著我跑來……原來公司加班讓他不能早點離開……我最愛看他穿獵服和棉襖。不論他穿什麼都好看。我們到他家，讓他換好衣服後，決定上餐廳慶祝我的生日。可惜時間太晚，餐廳老早就客滿了。遇到這種情況，別人通常會塞張五盧布或十盧布的鈔票（用的是以前的貨幣）給門衛，可惜這種事我們兩個都做不來，自然也就無緣進餐廳用餐。「嘿！」忽然之間他抖擻起精神：「我們去買瓶香檳和一些甜點到公園慶祝吧！」在夜空下頂著滿天星斗過生日！他的個性就是這樣……我們在高爾基公園的長椅上促膝長談，直到天明。我從不曾這樣子過生日。那晚我對他說：「我真的很愛你！我們結婚吧！」他忍不住笑了出來：「你年紀還小吔。」不過隔天我們就到民事登記局提出結婚申請……

唉！我曾經是那樣地幸福。就算上天事先發出警告，說我未來的路坎坷難行，我也絕對不會改變心意……婚禮當天我們翻箱倒櫃，把家裡都搜遍了，就是找不到他的身分證。民事登記局的人只好隨便拿一張紙幫我們登記。「女兒啊，這是個壞兆頭。」我媽哭喪著臉說道。事後我們才從他放在頂樓的舊褲子口袋中摸出了身分證。愛就是愛了！我們之間的感情是一種持續不絕的熱戀，不是一個「愛」字可以形容的。以前早上起床照鏡子，看見自己年輕貌美的臉龐，想到我擁有他的愛，便會開心得手舞足蹈；現在我漸漸忘記自己和他在一起時的那張臉龐……鏡子裡的我已經不是以前那個我了……

這種事能夠用文字表達明白嗎？有些事情無法言喻……直到今天我依然無法理解。他過世前最後一個月會在晚上叫我過去……抒發那滿腔的情欲。他所表現出來的愛意比起以往更加濃烈……白天我看著他，對夜裡的事感到不可置信……我不想要他離開我……我親暱地輕撫著他。在那當下我總會回想起人生中最快樂、最幸福的時刻，例如：他蓄了滿臉鬍鬚從堪察加半島回到家的時候，還有在公園長椅上慶祝我生日的時候……那天晚上，「我們結婚吧……」這句話，我始終猶豫著，不知道該不該說，也不知道可不可以說。我像男人追求女人那樣主動向他示愛……除了藥物，我還能給他什麼？我能給他什麼希望？他一點也不想死啊……他深信我對他的愛能幫助我們脫離困境。我們的愛就是如此深刻強烈！對我媽我從未提及隻字片語。說了她也不可能理解我的立場，反而還會譴責我，痛罵我一頓。一般的癌症人人聞之色變，不過我老公罹患的不是一般的癌症，而是車諾比核災造成的病變。醫生曾向我說明：如果當初癌細胞發生遠端轉移，侵入五臟六腑，他絕對活不了這麼久。正是因為癌細胞往上擴散，他的身體表面和臉部才會冒出奇怪的黑色斑點。後來他的下巴沒了，脖子不見了，舌頭也收不回去，掛在嘴巴外面，血管還會不時爆裂，導致血流如注。「啊！」一碰到這種情形，我只能大喊：「又流血了！」從脖子、臉頰、耳朵流出來的血常常濺得到處都是……即使用加了藥水的冷水也止不住。那景象真的太嚇人了。整顆枕頭血跡斑斑……我只好從浴室拿臉盆擺在床下……血水打在盆子裡聽起來就像牛奶噴進擠乳桶一樣……那個聲音很平靜，給人置身鄉村的錯覺……如今每到夜晚，同樣的聲音就會在我耳邊響起，縈繞不絕……他意識還算清醒的時候，若是需要叫救護車，他會拍手示意——那是我們約定好的手勢。他並不想死……他才四十五歲而已……急救中心知道我們是誰，所以每次打電話過去，對方都不願意出車：「您先生的病我們實在幫不上忙。」至少打個嗎啡也好！注射我學過，我可以自己來。不過他的皮膚卻因為打針出現瘀青，黑一塊紫一塊的，久久消散不去。有一次終於讓我順利叫到救護車，隨車抵達的是一名年輕醫生……他走近看了我老公一眼，隨即踉踉蹌蹌往後退了好幾步：「請問他的病該不會和車諾比有關吧？他是不是去過那裡？」我回答：「是。」我不誇張，他一聽我這麼說，放聲尖叫：「太太，我親眼見過車諾比核災受害者死前掙扎的慘狀，他這個樣子還是早死早解脫！」我老公意識清醒，一字一句全聽在耳裡……幸好他不知道，也沒料到，他們整支小隊只剩他一個人還在世上。又有一次，醫院派來了一位護理師，她站在走廊上，遲遲不肯踏進我們公寓：「哎呀！這事我實在做不來啊！」那麼讓我來可以嗎？我什麼都能做！有什麼辦法？要怎麼做才能讓他免於折磨？他成天痛得不停哀號……於是我想出了一個解套的方法——用注射筒幫他注射伏特加，讓他昏迷得不省人事。這個方法其實不是我自己想出來的，而是其他同樣不幸的女人教我的……婆婆責怪我：「你怎麼會讓他去車諾比呢？你怎麼可以做出這種事？」我當初想也沒想到要阻止他。他自己大概也不曉得可以拒絕吧。那時候局勢危及，風雨飄搖，可不像現在這樣。而且人的心態也和現在大不相同。有一天我問他：「你後不後悔去了車諾比？」他搖了搖頭，意思是不後悔。他在筆記本上寫道：「等我死了，把車子和備胎拿去賣吧！千萬不要嫁給托立克（那是他弟弟）。」托立克那時對我有意思……

我知道有些事難以言喻……某一次他熟睡著，我守在一旁……看著他一頭漂亮的頭髮……我撩起一綹，用剪刀剪了下來……他睜開眼，看了看我握在手上的髮絲，露出一抹微笑。我還留著他的手錶、軍證，以及為車諾比核災貢獻心力的表揚獎章……（沉默了一陣子之後）唉！我曾經是那樣地幸福。我記得在產科醫院我連續好幾天坐在窗邊，望著外頭，癡癡地等他到來。對於發生了什麼事，或是我人在哪裡，一點頭緒也沒有。我一心只想見他一面……我有預感，能和他相處的日子所剩無幾了，所以就算成天看著他，我也不嫌膩。早上我常常一邊餵他，一邊觀察他吃東西。我也會注意他刮鬍子，或是上街走路的樣子。我算是個盡職的圖書館員，但我沒辦法理解為什麼有人可以熱愛工作愛到廢寢忘食。我這輩子除了他，什麼都不愛。沒有他，我活不下去。每天晚上我都會忍不住放聲哀號……為了怕給孩子聽見，我只能拿枕頭摀住臉……

我從來沒想過我和他有分開的一天……其實我心裡知道這一天必然會到來，只是不願去想罷了……我媽和小叔常常有意無意暗示我，簡單來說，他們的意思就是醫生建議將我老公轉診到明斯克近郊的一間特殊醫院。以前送去那裡等死的，是斷手斷腳、回天乏術的阿富汗戰爭退役軍人，只不過現在換成了車諾比核災的受害者……他們倆不斷勸告我，說那邊隨時有醫生照料，對他比較好，但我一個字也聽不進去。他們只好轉而說服我老公，搞到最後變成他來央求我：「帶我去吧！不要再這樣折磨下去了。」為了多陪陪他，我不但試著請病假，也拜託老闆讓我扣薪休假。只是法律規定，除非需要照顧生病的小孩，否則不能請病假；至於扣薪休假，最長不得超過一個月。他寫滿了整本筆記本，強迫我答應轉診的事。出發那天，小叔和我一起開車，在格雷比翁卡村的外圍我看見一棟大間的木造屋舍、坍毀的水井和露天化妝間，幾個身穿黑衣的老婆婆虔誠禱告著，車子來了也無動於衷……晚上我親吻著他：「你怎麼可以要求我做這種事？我不要！我不要！我死都不要！」我把他整個人都吻遍了……

最後幾個禮拜最可怕……光是小便就得花上半個小時。他覺得丟臉，眼睛都不敢直視著我。「你怎麼可以這樣想呢？」我親吻著他說道。臨終前一天，他睜開雙眼，坐起身來，淡淡地笑著說：「瓦蓮欽娜……」聽見他開口說話，我一時開心得人都傻了……

後來公司來電：「我們要送獎狀過去。」我詢問了他的意見：「同事想來探望你，順便把獎狀交到你手上。」他搖了搖頭，表示不想見人。儘管如此，他們還是來了……除了裝在印有列寧頭像的紅色證書夾中的獎狀，也另外給了我們一點錢。我收下後思考著：「到底是為了什麼要讓他這樣生不如死？每家報紙都說，炸毀的不只是車諾比核電廠，就連共產政權也遭受魚池之殃。不過就算蘇聯時代畫下了句點，紅色證書夾上的頭像還是沒變……」他們原本想說點話鼓勵他，但他拉起被子遮住了臉，只露出頭髮，所以他們站了一會便離開了。除了我以外，他已經不敢面對其他人了……不過人本來就是得獨自承受死亡……後來我叫他的名字，他奄奄一息，眼睛再也沒睜開過了。下葬的時候，我拿了兩條手絹蒙住他的臉，有人想要瞻仰遺容，我才掀開……有個女人看了一眼，嚇得跌坐在地……她曾經愛慕過他，我還為此打翻醋罈子。當她要求：「讓我再看他最後一眼。」我只回道：「嗯。」我忘了說，他身故之後，每個人都心生畏懼，不敢靠近遺體一步。按照斯拉夫民族的風俗習慣，親屬不得替亡者淨身、更衣，所以殯儀館派了兩名衛生員過來幫忙。他們向我們討了點伏特加喝，坦言道：「不管是摔得粉身碎骨的，砍得血肉模糊的，還是燒死的小孩，我們統統見過……這種倒是生平第一次……」（不再說話）他的遺體滿是輻射，想碰一下也難……家裡的時鐘停在早上七點，一直到今天，指針仍然沒動過……我請鐘錶師傅過來修理，他卻無奈地表示：「這個問題超乎常理，沒辦法用機械和物理的原理解釋。」

他剛走的那幾天……我整整睡了兩天，任人怎麼叫也叫不醒。就算起床，也只是喝點水，連東西也沒吃，又回床上倒頭大睡。我真搞不懂，當初怎麼睡得著。我朋友她先生垂死之際，常常朝她丟擲餐具，哭鬧著：為什麼她可以年輕又貌美？我老公卻只是盯著我一直看，一直看……他在我們溝通用的筆記本上寫道：「等我死了，把我的遺體火化，我不希望讓你心驚膽戰過日子。」他為什麼要做這種決定？當時流言蜚語滿天飛，說什麼車諾比核災受害者死後，遺體會「發光」……或是墳墓到了晚上會發亮……我讀過一篇文章：搶救核災現場的消防隊員在莫斯科的醫院往生之後，葬在莫斯科近郊的米金斯基墓園。人人見了退避三舍，就連家裡親人過世也不敢埋在這些消防隊員的墳墓附近。死人都怕死人了，更何況是活人。之所以如此，全是因為大家只知道一味猜測，預感未知，而不了解車諾比核災到底是怎麼一回事。我老公從車諾比回來的時候，把出勤穿的白色長褲和工作服也帶回家來……那套衣服在他過世前一直收在閣樓裡。我媽敵不過心中的恐懼，堅決對我說：「他的東西都應該丟掉。」可是我很捨不得那套衣服。真是罪過！女兒和兒子都在家，我竟然不顧他們的死活……東西最後當然還是讓人載到市郊埋起來了……我成天窩在書堆中，讀了不少書，但再多的書都無法給我一個令人信服的解釋。他的骨灰罈送到我手上時，我一點也不害怕……我用手輕撫他的骨灰，裡頭夾雜著一些細小的顆粒，類似海灘上的貝殼，那是粉碎的髖骨。以往碰他的東西，我並沒有什麼特別的感受，但摸著他的骨灰，我卻有種擁抱他在懷裡的悸動。我還記得，他死後，有一晚我坐在他的遺體旁，赫然瞥見一縷輕煙……第二次碰到這種情況是在火葬場……那是他的靈魂……除了我，沒有任何人看見……我當下覺得，我們倆又見面了……

唉！我曾經是那樣地幸福，那麼幸福……他離開家出差去的日子，我總是細數著還要多少天，多少分，多少秒，我們才能相見。少了他在身邊，我真的撐不下去……撐不下去啊！（用手摀住臉）我記得有一次我們到鄉下去探望他姊姊，晚上她帶我們到房間：「我準備了這間給你睡，至於他就睡另一間。」我和他兩個人互看了一眼，忍不住捧腹大笑。我們一直以來都是形影不離，從沒想過要分房睡。沒有他我真的沒辦法……沒辦法！很多人來向我提過親……他的弟弟也不例外……他們兩兄弟有如一個模子刻出來的……不只身高相仿，連儀態都十分相似。不過我總覺得，若是讓別人碰我，淚水肯定會潰堤，止也止不住……

究竟是誰把他從我身邊奪走？憑什麼帶走他？兵役委員會在一九八六年十月十九日寄來了畫記紅線的通知書……

（拿出相簿給我看婚禮的照片。我正要道別時，她又將我攔下）

我以後要怎麼活下去？我還有些話沒說完……我曾經那麼幸福……幸福得不得了……有些事不應該明講……也許您就別公開我的名字吧……禱告我也只在心裡默唸而已……（沉默不語）沒關係，還是把我的名字寫出來吧！就當作是幫我提醒上帝……我想要知道……我想要弄明白，為什麼我們要承受這樣的苦難？到底是為了什麼？一開始我隱隱覺得自己的眼神變得黯淡無光，變得陌生，覺得自己撐不下去……是什麼救了我？是什麼拉了我一把，讓我活了下來？是我兒子……我還有一個兒子……是我和他生下的第一個兒子……那孩子從小就病魔纏身……雖然現在已經長大成人，但是心智卻還停留在五歲小孩的童稚階段。現在的我想要陪著他……我希望搬到諾溫基附近居住。他待了一輩子的精神病院就在那邊。留他在精神病院是因為當初醫生宣判：要想他活命，他就不能離開。我每天搭車去探視他，他一見到我，開口就問：「爸爸呢？他什麼時候才會來？」還有誰會問我這種問題？他一心等待著爸爸出現。

我要和他一起等下去。我要為車諾比發生的事情祈禱……至於他，就讓他繼續抱持童真的心面對這個世界吧……

——瓦蓮欽娜，善後人員遺孀

注解

1 鳥乳蛋糕（торт «Птичье молоко»）是打發蛋白加上洋菜或吉利丁，並裹上巧克力糖衣的一道甜點。這種甜點最早由海參崴糖果工廠（Владивостокская кондитерская фабрика）於一九六七年開發販售。

2 琵耶哈（Эдита Пьеха，一九三七～）是蘇聯時期的女歌手及演員。

代跋

……基輔有家旅行社提供車諾比旅遊行程……

規劃的路線從鬼城普里皮亞季出發，遊客不只可以參觀陽台上晾著髒衣和擺著娃娃車的廢棄樓房，還可以遊覽以前的警察局、醫院和共產黨市委員會。這些地方仍保留著輻射也奈何不了的共產時代標語。

行程從普里皮亞季一路來到無人居住的村莊。繁衍不息、為數眾多的野狼和野豬常在光天化日之下穿梭於農舍之間。

遊覽的高潮，或如廣告所言的「獨家賣點」正是一睹俗稱石棺的「防護罩」。當初四號發電機組失事後，在興建這座屏蔽結構物時，因施工倉促，導致如今多處龜裂。留置其中的殘餘核燃料不斷從裂縫中洩漏出足以致人於死的高劑量輻射。這可不是加那利群島或邁阿密能夠相提並論的。結束回家，您和親朋好友絕對有說不完的心得感想。整趟旅程最後會在車諾比核災殉職英雄紀念碑旁照相留念，讓您拉近和歷史的距離。

離開前，喜好極限旅遊的朋友還可以享受戶外野餐的樂趣，品嚐旅行社準備的無毒餐點，並搭配上紅酒和俄國產的伏特加……在管制區一天活動下來您所吸收的輻射量保證比照X光還要低。話雖如此，仍然建議您避免下水游泳、食用溪魚野味、採集煎煮漿果蘑菇，或是摘取路邊野花贈送女性友人。

您以為上述一切全屬胡謅嗎？那麼您就大錯特錯了。核災區主題旅遊詢問度高，有意前往者尤其以西方遊客為大宗。傳統旅遊難度不高，消費者多已習以為常，所以才會有人轉而追求相對稀罕，而且新穎生猛的體驗。畢竟生活愈來愈乏味，需要一點經久不衰的刺激來調劑……

歡迎到核能的麥加朝聖……價格公道，經濟又實惠……

——根據二〇〇五年白俄羅斯報紙資料撰述

一九八六至二〇〇五年

車諾比影像敘事 二〇一四

林龍吟

時間的尺度，該如何計算？

一道禁區界線，劃開不再繁忙的普里皮亞季河。昔日渡口旁，矗立黑色石碑，上頭刻著那個眾人熟悉的年份。彼時他們還能乘船順流到基輔歡度假期。那是標誌夏天的一種方式。

來得無聲無息，如同傳言裡天際炸開的星火。

從那之後，日子像故障心電圖，在紙卷上畫著長長直線。一切並未歸零，只是卡在某個讀數，不再對應原有軸線。

圍牆築起，隔絕了與事件相關的一切。在那裡頭，時空有它自己的方向與姿態：春日依舊，只是無比寧靜。

1986

下午二時，國營電視新聞開播；一如往常，開場是總統談話。即便天塌下來，你幾乎能確定，這消息也會由他來宣布。一九九四年打著反貪腐名義上台的盧卡申科，至今已執政近三十年，被譏為歐洲最後獨裁者。

響亮口號早已是遙遠的過去。儘管新聞上仍是一片祥和。儘管最近一次大選，他帳面上的得票仍有百分之八十三。曾自詡為全民總統、被大批支持者親暱稱作「老爹」的盧卡申科，如今鐵腕鎮壓一波波愈趨高漲的反政府示威。

蘇聯倒台三十年，這被遺忘的國度，高塔仍直上雲霄。歐洲大片西傾浪潮裡，白俄羅斯如一方孤島，緊挨著身旁

的俄羅斯，一同緬懷往日榮光，一同希冀強人永生。

至少帳面上得是如此。

21

士兵攔下我的相機，原因是長鏡頭可能拍下台上高官們醜態。

人們歡欣鼓舞，擠進首都明斯克城郊公園，盛大慶祝獨立七十年。七月三日，是紅軍收復明斯克的日子。這個還算年輕的節日，由盧卡申科在二十年前的公投裡提出。同次公投，他順便給了自己立法財政權，還順道延長任期。

一切高票通過。

天頂掠過兩架蘇聯時代的伊留申運輸機，人們忘情高呼萬歲。長鏡頭構不到的遙遠舞台上，普丁是唯一賓客，和慶祝自創節日的總統，一起看台下人們疊羅漢，歌頌穩定與發展。

光鮮煙火照不到東南郊野。那裡留著另一個國度：小紅星村舍人去樓空；重症孩童終日沉睡，無意識地吸吮管中食物。

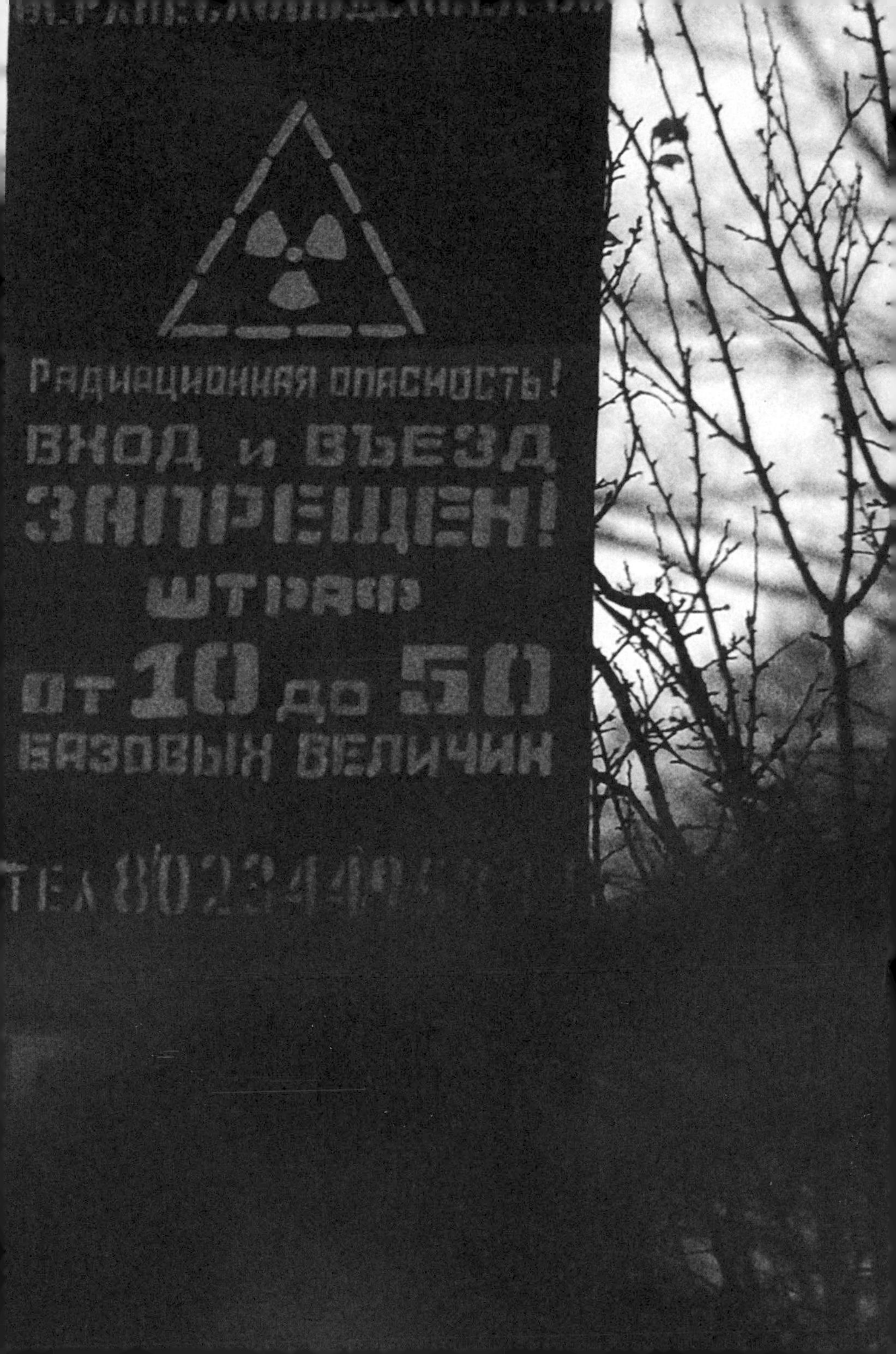
Радиационная опасность!
ВХОД и ВЪЕЗД
ЗАПРЕЩЕН!
ШТРАФ
от 10 до 50
БАЗОВЫХ ВЕЛИЧИН

餐桌上還留著未扒完的飯。名為「自然保護區」的輻射汙染禁區內，時間停止在倉促撤村那一天。藥瓶、相本、信件，生活與生存的從屬斷捨離，轉瞬便得永久決定。此生所為何事？捨下的那條界線，灑了滿屋，繼續它們漫長的半衰期。

地圖上，一個個昔日聚落名字被打上括號，順道一筆勾銷了所有連帶的問題。這些檯面上不再承認的村子，實則留有人跡。或因眷戀家鄉，或因難在城市生存，一些被撤離的村民，這些年悄悄回到故里。補

起陋屋，種個幾畝馬鈴薯，隱居在任何紀錄之外。

「寧願跟輻射線住，至少你看不見它。」

VOLTCRAFT
AKT: 0.55 µSv/h
MSG:
Menu

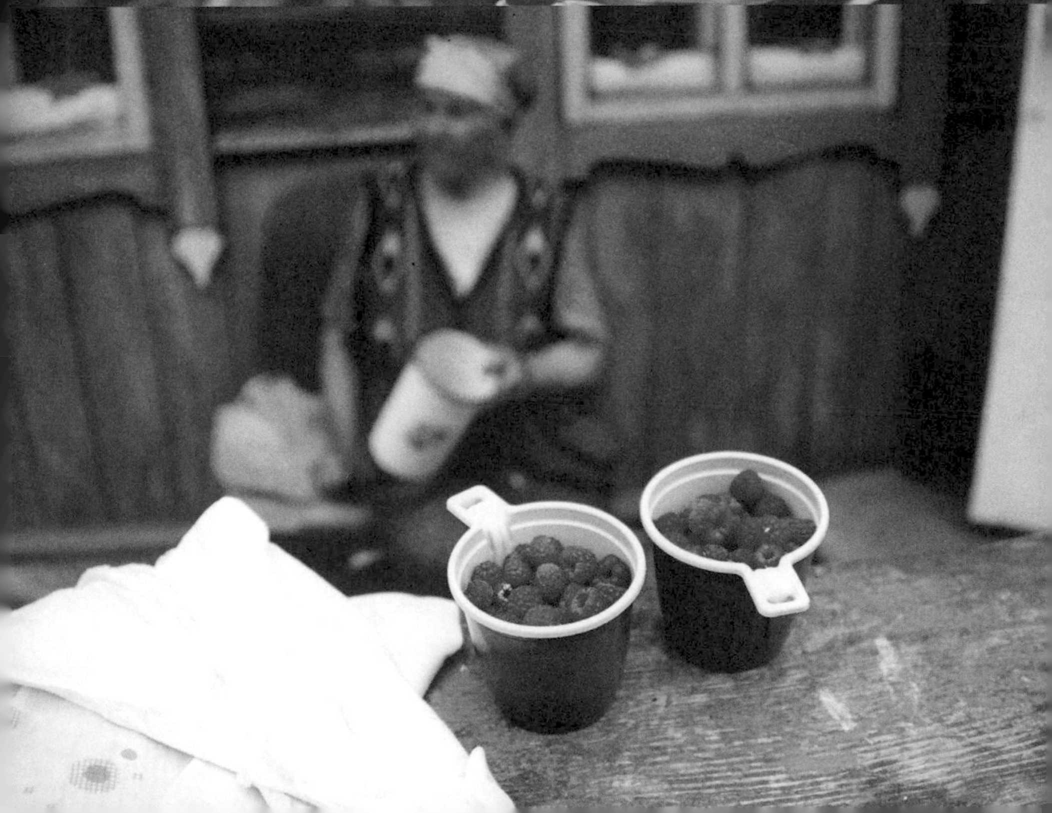

緊挨電廠不過二十五公里的禁區邊上，國營農場至今仍供應首都飲用的牛奶。住在簡陋篷車內的兩位工人，對電廠近在咫尺似乎沒太大感覺。「天氣好時，你從這裡就可以看到車諾比的煙囪。」

聯合國調查指出，飲用汙染牛奶，是鄰近國家近六千名兒童罹患甲狀腺癌的主因。今日，各界對輻射實際影響仍莫衷一是。乳牛群裡，手上的蓋格計數器微微作響。游離輻射，游離在曖昧數字間。

更往裡頭，禁區深處三不管地帶裡，農婦告訴我們，隔鄰又走了一個老人。幾個寡婦在過去十年分別送走了先生，死因都是癌症。如同科學界的對立，也有農人顯得樂天。「都是他們亂講，根本沒有什麼輻射線，我們過得很好。」

臨行前，阿嬤送我們兩勺新鮮莓果。這項傳統美食近年輾轉外銷，反轉了當地蕭條已久的經濟，也引來食品安全的質疑。

而世衛組織和國際原能總署的官方說法是：

此區的輻射劑量不足以產生重大健康影響，**除了略微增加罹癌機率之外。**

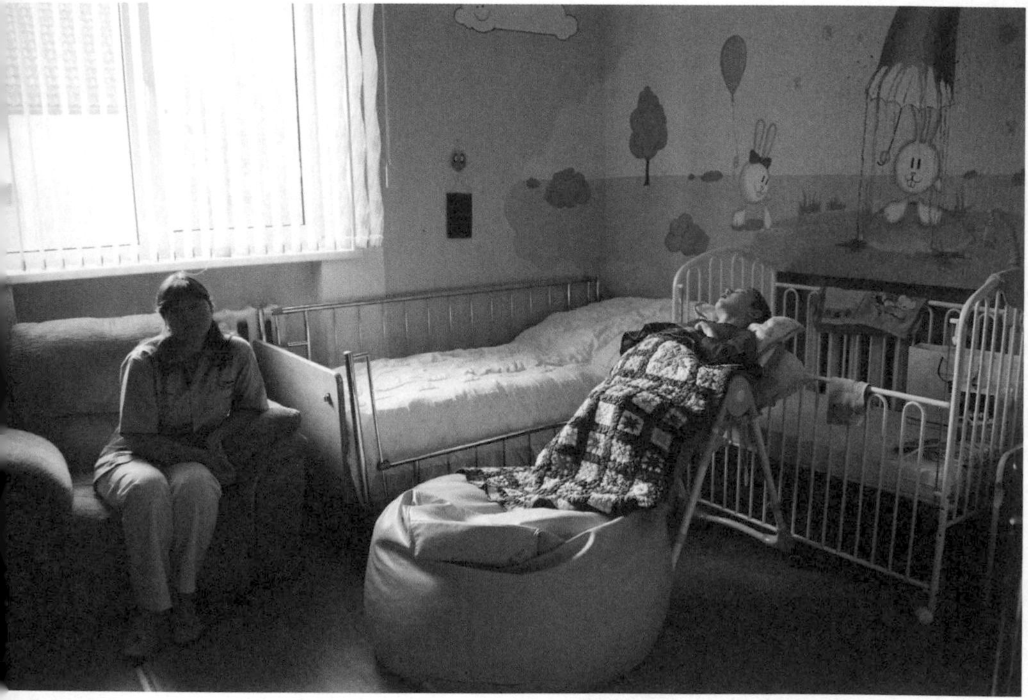

卡通音樂響起，丹尼斯在床上仰著頭、身形扭曲，此時跟著嗚嗚喔喔哼了起來。這是病發多年、意識模糊的他，日常唯一娛樂。他將在十年內死亡。

首都郊外，民間成立的兒童安寧之家，自籌經費撐了二十多年。面對無形而難以歸因的輻射傷害，政府態度始終模糊。承認相關性意味著承擔責任，對這經濟劇烈震盪的前蘇聯國家而言，是筆無法負荷的數字。幾年前，當行之有年的災民補助難以繼續支應，他們索性更改了輻射認定標準。所有人一夕之間重獲健康。

那些在療養醫院熏著蒸汽、症狀較輕的災區孩童，原本享有一年兩次「健康假期」，由政府出資，送到西歐北美等國遠離輻射線三個星期。然而，如同一個個拔掉輻射監測器的村子，地圖上認定的災區範圍年年縮小。新的線一劃，紙上完成治療，不再有所謂病患。

總統的說法是，這些人被福利養壞了。在這國家，不事生產是種罪過；新法令規定，每年工作未達一百八十三天的人，要繳兩百五十美元稅賦作為懲罰。

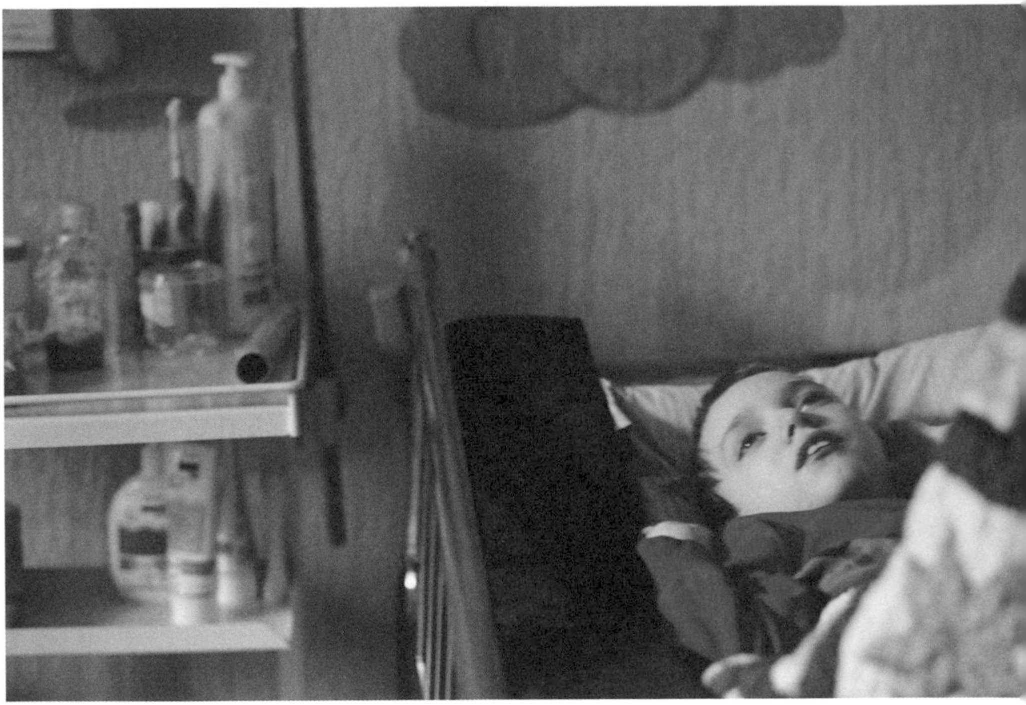

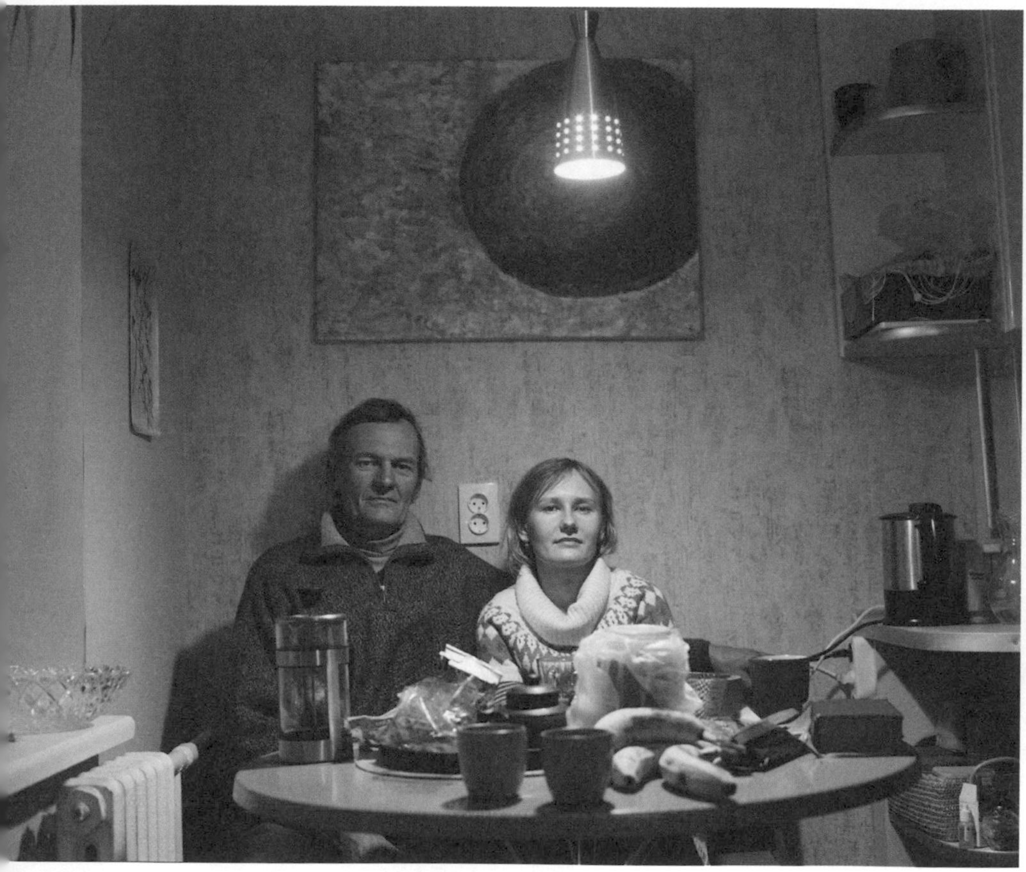

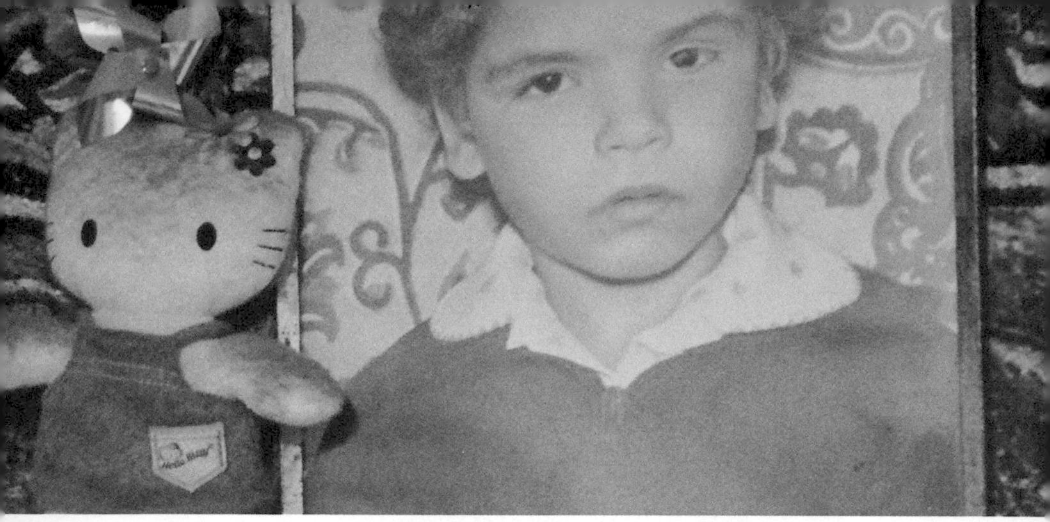

三十年前那場爆炸，至今到底帶走多少人？

如同一切來得無色無味，人們的蹤跡悄然飄散，飛鴻雪爪，徒留囈語。各方隔空抓出的死亡數字，從「上看」四千人，到九十八萬人都有。

那些搬到大城市的，想念不存在的兒時花園田野。那些偷偷回去的，整天望著滿屋子照片發呆。那些兩邊跑的，殷勤打掃雙親留下的老宅。

數十年，如一日。

二十八歲的絲維塔，這天開始於她兩個月大時。核災發生那早，絲維塔躺在

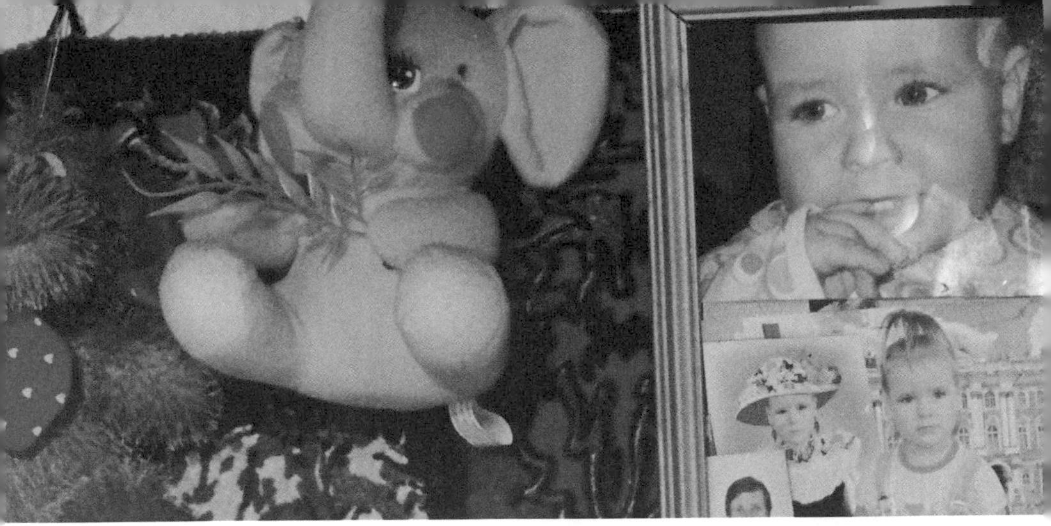

自家後院曬太陽，小小身子，吸飽了空中輻射塵。官方隔週才隱晦地宣布消息。長大的她，面臨多重器官病變，大半收入持續投入治療。

對她父親來說，這天到頭來像是個玩笑。當年他聽信政府承諾退休金加成，前往災區第一線，在重度汙染的環境，替救災軍隊搭建一間間房舍。辛勤了大半輩子，最近終於退休，得到的回應是：當年文件找不到了。一切像沒發生過。

時間，一如人跡，在這裡難以量化。它是靜止，是永續。它沒有刻度，只有個遙遠起點：１９８６。

夜幕低垂，塔緹雅娜煮起晚餐，邊忘情哼著歌。

她的那天，本是個團圓假期。那時她年輕光鮮，在烏克蘭的幼兒園帶小朋友。難得回家團聚，卻在村口看見軍車醫護出入，沒人知道出了什麼事。軍隊拆散家人，分批遣送至全國各處安置。父親躲在豬舍，保住了家園，卻也躲不過癌症。

四月二十六日，那是他們最後一次團圓。多年後，她帶著酗酒的兒子搬回災區老宅，靠後院菜園過活，成為另外兩個括號裡的人口。

臨行前，我請她一字字寫下村落地址，好在離開白俄後，寄些照片給她。

隔了幾個月，信被退回。封口拆過，上頭蓋了兩個斗大紅色印章：

地址不存在

查無此人

ВАНЯ
МАКС
АЛЕШКА
АНДРЮША
Серёжка
ВОВА
ТАНЮША
ТОЛЯЧКА
ДЕНИС
НАСТЕНЬКА
Верона
САША
Андрюша
ЖЕНЯ
СНЕЖКА

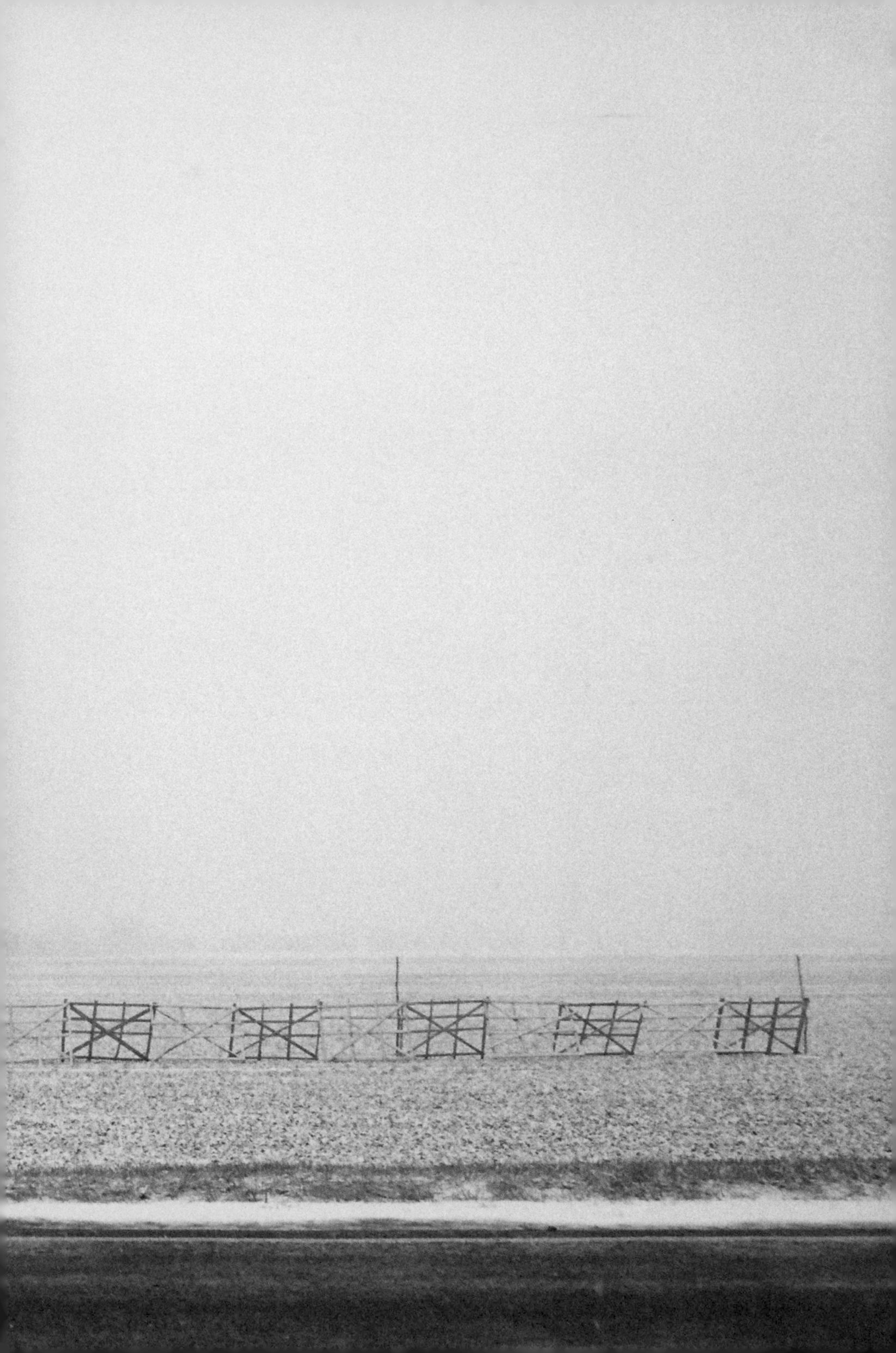

曠野裡的白楊樹

噢，這是誰的麥子，誰的田野？
噢，那個解開辮子的女孩是誰？
辮子解開，她不和任何人離開。

此刻，年屆半百的塔緹雅娜還在我眼前，剛說完年少時故事有了些情緒，躲到廚房偷抽菸。她翻攪鍋裡的馬鈴薯，邊唱起古老民謠。窗外霧藍天空剛下起雪，空氣透著某種躁動，裡頭混了風聲、森林低鳴，還有無言的滯悶。歌聲穿過靜寂，盪來陣陣回音。

一顆顆油亮馬鈴薯起鍋，配盤醃漬肥豬肉，硬是在老屋餐桌上擺出久違的宴席。塔緹雅娜生澀地招呼，邊就著微弱衛星訊號，看起雪花片片的古早蘇聯肥皂劇，隨劇情起伏，時而驚呼，時而沉靜，時而低語。一旁我們偷偷拿出輻射監測器，對著馬鈴薯，計算要吃幾顆才安心。

假如一棵樹在森林裡倒下，附近沒有任何人聽到，它到底有沒有發出聲音？

＊＊＊

二〇一四年，台灣核能爭議正熱。僵了三十年的核四案，蜂擁街頭聲浪中似乎轉眼要走到個關口。我和彼時合作搭檔廖芸婕甫在歐洲剛做完上個報導專題，想著能在這波浪潮裡做點什麼，便藉地利之便，起行前往白俄羅斯。

八、九〇世代的人大概對車諾比都不陌生。成長過程裡，這個教科書裡的樣板式名字，就像核災代名詞，每每在沉滯的核能爭議浮上檯面時，賦予一些想像。然而，隔著地理和時間，那依然斯拉夫的名字，始終只是遙遠的寄情與恫嚇。

二〇一一年，我在國境北端的東引軍營，和其他人一起看著電視裡海岸線上炸開的核電廠。所有人都沉默了，那是從小僅有耳聞，甚或玩笑嗤之以鼻的畫面，首次出現眼前。往後兩個月，我們奉命每天提著沉重的核生化儀，到海邊測量輻射塵。每當東北風吹來，隨指針微微波動，你能真實感知那無色無味的存在，正不斷流過身軀，漂向後方的家鄉。

來自同為漢字的地名，一切頭一次那麼近。往後，沉寂僵局像突然醒了過來，議題攻防日趨白熱，搭配傳入的即時畫面不斷升高衝突，逐漸推向決斷點。

不可逆的決策背後，許多效應卻非關即時。當所有目光集中於當下持續發生的事件，那些在已成歷史記憶的名詞裡活了三十年的人們，現在如何了？

烏克蘭境內的無人鬼城普里皮亞季早已是觀光景點，充斥在網頁廣告和臉書上炫耀式的探險貼文裡。旅遊團當日來回，天天在電廠石棺前打卡合影，輻射塵實際落下的北方，卻罕有人造訪。那年春季南風，將大半汙染物吹向一線之隔的白俄羅斯，落入數千平方公里土地。至今，記錄之外數以千計的居民，仍隱居在官方公告的輻射禁制區內。

事件的挑戰往往不是最駭人部分，一切視線遠去後，生存才正要開始。生命走過片刻抉擇，在漫長的遺忘裡活著，鋤下歲月，記憶斷裂的時光。

那年夏天，我們來到白俄羅斯。歐陸僅存的強權國度，封鎖一切足以釀成爭議的消息，此刻正大張旗鼓籌備國慶。史達林時代的灰色街道，重新染上豔紅標語旗幟。如同所有面臨困局的國家，脫離現實的簡單方法，便是訴諸民族情感，轉向年代久遠的昔日光輝，並希冀人民能跟著暫時忘掉手邊的一切，跟著高呼口號。

至少在首都是奏效的。多數人喜歡放假時，還能觀賞遊行表演，在這醫生僅月入台幣一萬元的國家，這是難得的華麗娛樂。然而隨行友人告訴我們，上週警察才在市中心公園壓下又一波示威。警棍齊飛，人們遭逮捕丟包，非常熟悉的劇情。

忘掉當下，往遙遠故事裡追尋典範。紀年的起點不斷前移，如活塞般竭力在近世抽出個真空。權力關係，角力記憶取捨。人們藉古老過去描繪虛幻的未來，至於當下，則更像是意識之外暫居的時空。

是以當我們向時下年輕人問起車諾比，多數人皆無比生疏。國境東南那片荒野禁地，像是已被畫到集體意識之外，更別提裡頭還住著活人，這事就如同所有圖紙上解決了的問題。

官方敘事裡，這塊區域的歷史停在一九八六年。事發多日終於承認災變的蘇聯政府，連夜遷走三十多萬人，拆毀村屋，填土掩埋。禁區倉促畫下，一切封存。名為自然保護區，卻諷刺地由軍隊把守。官方歷史大抵到此為止。沒寫下的，則是無數人漫長回家路。樹林裡新墳，暗暗標誌晚近年份。每年復活節前後兩日，昔日村民回到災區憑弔故人，其他安靜日子，零星人們或是回家，或是建立新家，翻過哨口外偏僻土路，成為理應死寂的大地上不存在的住民。村落重新有了生機，一些較大的村子，甚至有做生意的小貨車定期送來補給：蔬果、麵包、書報，偶爾還有城市家人託來的包裹。

生命以獨特韌性，在輻射荒野生長著。如同禁區裡異常繁盛的野生物種——如今這片土地，竟是歐洲少見的野生動物樂園。生存回到最基本形式，抵擋隆冬霜雪，搏鬥毒蛇狼群。相較之下，輻射是隱形的存在，只在多年後上門。

日出躬耕，日落便閉起門戶阻擋威脅，靠屋頂掛著的小耳朵，維持和外界一點聯繫，偶爾和隔著好幾鄰空屋的村人，一起坐在樹下發呆，這便是漫長的日常。家家戶戶顧著屋後菜園，什麼都種，屋內所有空間則留給遙遠故人，掛滿從神祇先祖到過世孫兒的照片。

瑪麗亞牆上最大張的，是幅耶穌聖像，來自過期的二〇一一年日曆。那年她抬頭看見黑雲，天空燒了起來，轉成耀眼橘色。一如戰爭景象。放射線燒壞她的胃，也帶走她先生，卻諷刺地給了份穩定差事。她的兒子在禁制區的管理單位擔任司機，收入尚稱穩定，每日開趟公家車，順道載來生活所需。

凱特種了片茂盛異常的菜園。夏日斜陽裡，鮮綠馬鈴薯開了花，恣意長滿整片山坡。無人村落裡，她精心打扮穿了件碎花洋裝，邊介紹起一落落引以為傲的作物。幾年前狼群從林間竄出，咬了她的腰，咬死了身旁友人。此後便剩她跟兒子了。牆上猶掛著孫女的玩偶。孩子出生於事件那年，上小學前死於腦部病變。

少部分村裡還開著小賣店，儘管一切物資匱乏，酒類銷量始終不輟。在國營農場工作的兩個年輕人告訴我們，政府對眼前輻射威脅的解藥，是提供每人每天一百西西的伏特加。官方說法是，酒精能中和輻射線。農場篷車破舊的補給櫃裡，除了罐頭麵條，下面塞了滿滿的小瓶烈酒。三十年前那波大遷徙裡，蘇聯政府用同樣說法安撫災民。五年過去，這是他們接收到的唯一醫療。一天一小瓶。

在今日的村落，酒精則是無望現實的唯一緩解。老者忙著耕作，兒女用以物易物的微薄收入買醉，鎮日遊蕩村路，數著時辰。一段訪談結束後，婦人央求我們陪她走趟雜貨店，買罐大瓶伏特加，省得晚點挨兒子打。念舊回鄉的老者，以及在大遷徙中難以適應外界經濟與脈絡，跟著回來過活的後代，是這些村落裡典型的組合。

雜亂拼貼中，事件突如其來，撕裂數個世代難以為繼的人們，帶走他們的新生。剩下的人，遁回一切開始的地方，試著用記憶裡剩下的本能，一天天度過餘生。這裡沒有像魯賓遜漂流的精采故事，生存不是使命，生存是日常。

沒人知道裡頭究竟有多少人。在這現實之外的真實國度，人們默默到來，也在寂靜中離去，不留痕跡。

＊＊＊

「啊……史達林！」年輕城市女孩，聽我們說起強人的名字，露出一臉陶醉神情。八〇年代末期出生的她，足足差了兩個世代，仍透過神話般的想像心馳神往。聽烏克蘭朋友說，基輔時下最熱門的夜店也叫「史達林」。統治者名諱，隔了半世紀，成為潮流標籤。在這什麼都遲滯難以確定的年代，果斷前行、風頭浪尖情懷，成為不少人心效法之所向。

但又有哪些事能真的果斷？除卻威權，平凡人看似堅毅的決定，往往只因山雨欲來，一念之間，轉身便是此生，只留長夜裡不斷疑問。有餘裕的人，得以戲劇化地感懷關鍵時刻的犧牲與勇氣；對那些無預警走過時代的人而言，只是情勢所逼，只是生活。是仍然未解，只漸漸衰微的進行式。莽蒼大地，人影蒼茫。

那些離開的，那些留下的。那些離不開的，與那些留不下的。

樹林裡天空已暗，塔緹雅娜依舊歌唱：

她刺痛著
她刺痛著
割下田裡的麥稈
直到太陽升起
她變成一棵白楊樹